술과 음식의 더 맛있는 만남

The Pairing

더 페어링

술과 음식의 더 맛있는 만남

The Pairing
더 페어링

강지영 · 김혜원 · 백수진 · 안동균 · 이대형 지음

BnCworld

주식궁합 3년간의 여정을 마치며

맛 좋은 음식과 어울리는 술 한 잔. 음식과 술을 즐기는 사람이라면 누구나 추구하는 욕심이 아닐까 싶다. 우리 역시 그러했다. 그래서 매번 모일 때마다 자연스레 맛있는 음식을 찾고, 그에 맞는 술을 찾고, 어쩌다 귀한 술이라도 생기면 그에 어울리는 음식을 선택하고자 의견을 교환하곤 했는데 그 과정이 꽤나 재미있었다. 그래서 막연하게 이런 연구나 책이 있었으면 좋겠다는 생각을 하곤 했는데 2022년 여름 어느 날, 우리 연구회의 리더인 강지영 선생이 그 일을 우리가 한번 해보자고 제안했다. 그 결과, 술과 음식의 어울림을 연구하는 가칭 주식궁합(酒食宮合)이라는 이름의 연구회가 결성되었다.

초기에는 음식을 정하고 그에 어울릴 만한 술을 골라 시음하고 간단히 기록하는 것으로 만족했다. 그러다 작업이 진행될수록 방법론에 대한 고민이 많아졌다. 와인과의 페어링은 이미 많은 책에 소개되었지만 우리는 와인뿐만 아니라 전통주, 사케, 맥주 등 다양한 술을 포괄하고자 했으며, 이런 연구는 아마 우리 연구회가 처음이지 싶다. 어떤 방법으로 시음하고, 어떻게 표현하고, 전달할 것인가를 고민하며 몇 개월간의 시행착오를 거친 끝에, 술에 대한 관능평가 후 음식과 각각의 술을 하나씩 마셔 보는 과정을 택하기로 방향성을 정했다.

쉬운 작업은 아니었다. 선택한 술과 음식이 맞지 않는 경우도 있어 평소에 좋아하는 술과 음식을 먹는 게 고역이 되기도 했다. 반면에 보편적인 법칙을 벗어난 술과 음식의 기막힌 조합을 찾았을 때는 그만큼 기쁨이 배가되었다. 이 책에 수록된 물냉면과 스파클링와인, 들기름 막국수와 사케, 똠얌꿍과 먹었던 레드와인, 치즈와 어울렸던 약주(전통주), 약과에 어울리는 증류주(전통주), 시저 샐러드와 어울렸던 맥주 등이 그것이다. 이런 색다른 조합의 어울림은 우리가 가지고 있는 편견을 바꾸기에 충분했으며 흡족한 기억이 되었다.

이 책은 월 2~3회 연구회가 했던 방식을 독자가 함께하는 방식으로 구성했으며 모두 3장으로 나누었다. 1장은 다시 둘로 나누어 첫 번째 파트는 술의 종류, 양조 방식, 재료 등의 술의 개론을 독자가 따분하지 않도록 최대한 핵심만 간략하게 정리하였다. 관능평가를 위해 맛의 요소들과 테이스팅 방식에 대해 설명하고 술 고르는 법, 보관하는 법, 용어 사전도 함께 실었다.

두 번째 파트는 음식과 술이 만나는 페어링(혹은 마리아주)에 대해 알아보는 장으로 페어링이 무엇인지, 왜 필요한지 설명하고 직접 술과 음식을 먹어 보며 어떤 감각적 요소로 어울리는 맛을 느낄 수 있는지에 대한 정보를 수록했다.

2장과 3장은 음식과 술을 페어링한 뒤 음식을 기준으로 시음한 10여 종의 술 중 어울리는 술 3가지를 순서대로 선정하여 선정 이유와 그에 대한 설명을 곁들였다. 음식은 모두 우리가 쉽게 접근할 수 있고 좋아하는 메뉴로 외식, 홈술, 혼술 등의 상황을 고려해 정했다. 2장은 외식이나 배달음식 위주인데 특히 각각의 음식에 대한 설명은 간단하면서도 깊이가 있어 의미 있는 정보가 되도록 했다. 3장은 집에서 만들어 먹을 수 있는 일상적인 음식에 술을 페어링할 수 있도록 쿠킹레시피와 함께 담았다.

3년이라는 기간 동안 엄청난 양의 음식과 술을 접했다. 그럼에도 불구하고 세상의 술을 다 마셔 볼 수는 없는 일이었다. 어쩔 수 없는 한계를 인정해야 했다. 이미 잘 맞다고 알려진 음식과 술의 페어링도 의외로 좋지 않은 경우가 많아 우리 스스로의 판단을 반신반의하기도 했다. 그럼에도 불구하고 솔직하게 의견을 모았고 배워 나갔으며 서로 격려했다. 이제 나머지 여정은 독자의 몫으로 남긴 채 이 책 『더 페어링』으로 끝을 맺고자 한다. 부디 이 책을 읽는 독자 여러분도 맛있는 음식과 술을 탐험하며 새로운 즐거움을 경험했으면 하는 바람이다.

이 책의 원고는 강지영, 이대형, 안동균이, 레시피 구성과 스타일링은 김혜원이, 요리는 백수진이 맡았다. 이 책이 나오기까지 많은 분들의 도움이 있었다. 이 자리를 빌려 감사를 드린다. 이승훈(백곰 우리술 연구소 소장)님께 특별히 감사를 전한다. 사진과 함께 멋진 책을 엮어 준 비앤씨월드 출판사에도 감사를 드린다.

강지영, 김혜원, 백수진, 안동균, 이대형

이택희(언론인, 전 중앙일보 기자 및 경희대 특임교수)

난생 처음 보는 내용과 형식의 책이다. 술로는 주력 50년이요, 독서로는 아무 책이나 닥치는 대로 읽는 남독가(濫讀家)인데 참 놀랍기도 하고 다른 한편으로는 부러움이 모락모락 피어나기도 한다.

1950년대 말에 태어난 나는 호기심에 술을 배우고 취하기 위해 마셨다. 마음속에 억눌린 무언가를 잊거나 삭히려고 마시다 보니 마실 때마다 폭음이었다. 늘 술의 포로가 되어 적당히 마시고 즐기는 음주를 못했다. 개발연대에 청년기를 보내고 사회생활한 사람들 대부분이 그랬을 것이다. 술과 안주의 어울림(?) 술 마실 돈도 제대로 없어 어디 한잔 얻어 걸릴 데 없을까, 눈을 희번덕거리던 궁핍의 시대여서 그런 건 상상조차 안 했다.

그런데 이 책은 72가지 음식과 각 음식에 가장 어울리는 술을 3순위까지 정리해 담고 있다. 아울러 술 빚기 기초 지식부터 술을 고르고 보관하고 마시기까지 전 과정의 길라잡이 정보까지 정리했다. 온라인 공간을 떠도는 단편 정보를 그러모은 모래성이 아니라 철저하게 실전에서 길어 올린 창의적인 내용들이다. 광복 70년 동안 한국 경제를 이끈 기업인 어록 가운데 최고로 꼽힌 말이 현대그룹 정주영 창업주의 "이봐, 해봤어?"였다. 2015년 조사에 참여한 경제인 278명 중 20%가 이 말을 뽑았다. 말하자면 이 책은, 그 누가 물어도 자신 있게 "그래 해봤어!"라고 대답하는 기록이다.

세계음식문화 비교연구가인 강지영 대표저자는 3년 전 양조 연구가, 요리 연구가, 요리사, 푸드컬처리스트 등 4인과 '주식(酒食)궁합 연구회'를 조직했다. 회원의 태반은 나와도 친교가 있는 고수들이고, 이 분야에 진심인 사람들이다. 5인 연구회는 거의 매주 토요일, 음식 한 가지에 7~8가지 술을 곁들여 맛보는 테스트를 했다. 사람이 몸으로 느끼지 않고는 판단이 불가능한 영역이기 때문에 무한도전 생체 실험을 감행한 것이다.

매주 음식 한 가지에 4~6시간, 어쩌다 사정이 있어서 건너뛰면 다음 주엔 하루 종일, 두 가지 음식과 술을 짝지어 검토하는 자리를 3년간 이어갔다. 약 100가지 음식을 그렇게 해치웠다. 마라톤 풀코스 완주를 능가하는 대장정이다. 어찌 보면 무모하다고 할 수도 있는 이 일은 정부나 대기업 또는 관련 협회가 자금을 지원하는 프로젝트가 아니었다. 미식과 음주 애호가들이 자발적으로 모이고, 자기 돈과 시간과 몸을 바쳐서 강행한 작업이다. 내가 아는 한, 회원들이 이런 방대한 작업을 재능기부 하듯 해낸 이유와 목표는 작게는 이 책 한 권을 내려 함이요, 궁극적으로는 우리 사회의 음주문화 전반을 고양시키는 데 있을 터이다. 부산물로 각자 불어난 체중이 남았다고 한다.

책을 보면 술, 그리고 술과 음식의 마리아주에 관한 기초지식도 유용하지만, 더 눈길이 가는 부분은 안주로 좋은 동서양 음식 72가지와 각각에 맞는 술 1, 2, 3을 정리한 부분이다. 시켜 먹을 수 있는 음식과 집에서 요리할 음식으로 나눠 음식마다 만물박사 같은 설명과 스토리를 들려주고, 집에서 요리할 음식은 레시피까지 소개했다. 어울리는 술 3종에 관한 안내도 상세하고 친절하다.

음주 생활 50년 가운데 20년은 술자리가 있으면 행운이라 여기고 허겁지겁 마셔대기 바빴다. 나머지 세월도 그 관성에서 크게 벗어나지 못했거나 벗어난 것처럼 보여도 의식의 밑바탕에는 그게 잠복해 있었다. 그런 궁핍의 트라우마를 앓는 애주가에게 이 책은 신세계를 보여 준다. 개인적으로 앞으로의 음주 생활에 새로운 야전교범(FM; Field Manual)이 될 것 같다.

주식궁합 연구회의 '무한도전 생체실험'은 우리 음식문화 발전에 기념비적 공헌으로 남으리라고 나는 믿는다. 이런 시도가 계속됐으면 좋겠지만, 당분간은 기대하기 어려울 거라는 현실이 이 책을 한층 빛나게 한다.

류인수(한국 가양주 연구소 소장)

술과 음식의 페어링은 단순히 취향의 문제를 넘어 미각과 후각, 음식의 풍미와 술의 조화까지 고려해야 하는 매우 섬세한 작업이다. 개인의 취향에 따라 동일한 조합이 완전히 다른 반응을 불러일으킬 수 있기 때문에, 그만큼 주관적인 영역이기도 하다. 그러나 이 복잡한 작업을 능숙하게 해내며, 이를 통해 술과 음식의 새로운 세계를 제시하는 분이 있다. 바로 대한민국 최고의 술과 음식 페어링 전문가, 강지영 미식아카데미의 강지영 원장님이다.

내가 소속된 가양주 연구소는 한국에서 가장 많은 전통주 소믈리에를 배출한 곳으로, 교육 과정 중 가장 핵심이 되는 술과 음식 페어링 수업을 강지영 원장님께 항상 의뢰하고 있다. 원장님의 페어링 수업은 단순한 이론을 넘어서 실제 경험과 철저한 연구를 바탕으로 한 실용적인 지식으로 가득 차 있다. 그 결과, 수강생들은 각자의 미각을 더욱 섬세하게 다듬고, 자신만의 감각을 확립할 수 있는 기회를 얻는다.

이번 책은 강지영 원장님과 다른 전문가 네 분이 모여 오랜 시음과 토론을 통해 도출해 낸 유의미한 결과물이라고 할 수 있다. 오랜 연구와 노하우가 집약된 결정체이니 만큼 독자들에게 새로운 미식의 세계를 열어줄 것이다. 이 책을 통해 술과 음식의 조화에 대한 깊이 있는 통찰을 얻을 수 있기를 기대한다.

홍신애(요리연구가)

맛이란 원래 조합으로 이루어진 결과물이므로 원재료도, 요리 기술도 중요하지만 식탁 위에서 무엇을 어떻게 조합해 먹는가가 제일 중요한 과제이기도 하다.

같은 음식이 차려진 동일한 식탁이라도 선택적으로 무엇을 먹고 마실지, 고르고 조합하는 과정에서 어떤 이는 극락을 경험하고 또 어떤 이는 그저 그런 식사를 할 때도 있다. 흔히 맛은 '개인차'라고들 하지만 이렇게 가장 마지막에 이루어지는 식탁 위에서의 선택은 천당과 지옥의 차이처럼 명확하다.

이 책은 다양한 세계 음식의 경험을 기반으로, 우리가 즐겨 먹는 가장 보편적인 메뉴와 술과의 궁합을 다루고 있다. 또한 우리가 아직 경험하지 못한 맛을 찾아가는 많은 경우의 수를 집대성하고 최적의 페어링을 제안하는 맛의 길라잡이 역할을 하기에 손색이 없다.

어떤 음식을 어떻게 잘 먹어야 하는지 그 음용법에 대한 구체적 예를 명시한, 가장 가까이에서 도움이 될 만한 책이다. 알고 먹으면 더 맛있다는 가설에서 더 나아가 음식과 술, 각자의 특성을 잘 알고 현명하게 조합하면 최고의 맛과 효율을 끌어낼 수 있다는 것을 보여주는 책! 주식궁합의 기본 원리를 이해할 수 있는 책! 먹고 마시는 것에 누구보다 진심인 저자들의 프로페셔널한 제안이 가장 보편적인 식재료 및 메뉴에서부터 다이닝 요리들까지 이어져 맛의 사전처럼 오래오래 참고가 될 것이다.

정하봉(소피텔 앰배서더 서울 식음총괄이사, 한국국제소믈리에협회 수석부회장)

20년 넘게 소믈리에로 살면서 가장 어려운 것 중 하나가 다양한 음식에 어울리는 와인을 찾는 것이다. 전 세계의 와인을 테이스팅하다 보면 특정한 음식에 어울리는 특정한 술이 있다는 사실을 몸소 경험하게 된다. 지역마다 재배되는 토착 품종의 와인에 잘 맞는 음식을 매칭하면 와인의 풍미가 더욱 풍성해지고, 반대로 맛있는 음식에 잘 어울리는 와인을 곁들이면 음식의 풍미가 더욱 훌륭하게 느껴진다. 이런 '술과 음식의 궁합이 주는 즐거움'을 널리 알리는 것이 쉬운 일은 아니지만 또 양보할 수 없는 소믈리에의 숙명이라고 받아들이고 있다.

술과 음식의 페어링을 다룬 책이 없는 것은 아니지만 흔쾌히 이 책의 추천사를 쓰겠다고 나선 이유는 술과 음식의 좋은 궁합을 찾기 위해 집단지성을 활용한 데 있다. 주관적인 입맛과 생각보다는 함께 테이스팅하고 논의하면서 답을 찾아간 과정이 신뢰할 만하다는 판단이다. 특히 와인 외에도 맥주, 사케, 전통주까지 술의 영역을 확장한 점도 좋았다.

이 책은 '주식궁합연구회'라는 집단지성이 오랜 시간을 함께 보내며 순수하게 경험에 의해 얻은 결과여서 더 귀하고 활용 가치가 높은 책이다. 소믈리에라는 직업을 가진 식음전문가에게도, 혹은 페어링을 경험해 보고 싶은데 어떻게 시작해야 할지 망설이는 초보자에게도 무척 반가운 안내서라고 할 수 있다. 아무쪼록 이 책을 읽는 독자가 다양한 음식과 술이 제공하는 궁합의 즐거움을 실제 삶 속에서 경험해 보고, 삶을 풍요롭게 하는 숨은 열쇠를 찾아가길 바란다.

조윤주(식품명인체험홍보관 관장)

음식과 술의 조화는 단순한 미식을 넘어, 진정한 예술과도 같은 풍류를 경험하게 한다. '주식궁합연구회' 는 지난 몇 해 동안 매주 만나 음식과 술의 궁합을 탐구했다고 들었다.

그 과정에서 연구회는 총 100여 종의 음식과 이의 10배수는 됨직한 술을 경험하고, 그중 72가지 음식과 각각에 어울리는 최적의 술을 선별해 한 권의 책으로 엮었다. 따라서 이 책은 학술적인 접근이 아닌, 오 랜 시간의 실험과 경험에서 비롯된 실제적 탐구를 기반으로 하고 있다. 각 음식에 대한 세밀한 설명과 함 께 술의 특징, 그리고 그들의 조화에 대한 깊이 있는 이해는 독자들에게 실용적이면서도 흥미로운 미식 가이드가 될 것이다. 또 연구회가 제안한 술과 음식의 궁합은 독자에게 새로운 미각의 세계를 열어 주며 풍요로운 경험을 선사할 것이다. 또 독자는 저자들이 제시하는 음식과 술의 페어링을 통해 마치 자신이 직접 체험하는 것처럼 페어링의 여정을 쉽게 따라갈 수 있을 것이다.

전 세계적으로 우리 음식과 술에 대한 관심이 증가하고 있는 요즈음, K-드라마, K-팝과 마찬가지로 K-푸드가 K-컬처의 중요한 축이 되길 바라며, 『더 페어링』 또한 이러한 흐름에 일조할 것이라 믿는다.

최성순(와인21 대표)

30여 년간 음식평론가로 활동해 오고 있는 강지영과 술과 음식 분야에서 각자 활발히 활동해 온 전문가 4인의 내공이 고스란히 녹아 있는 책이 발간되었다는 즐거운 소식이다. 특히 강지영은 오랜 기간 지적에 서 활동을 지켜봐 온 친구이자 내가 오래 전부터 즐겨 읽었던 책들의 저자이기에 더욱 반가웠다. 세계 음 식과 와인을 포함한 다양한 주류를 생생하게 경험해 온 저자들이 꾸린 유니크한 구성과 내용도 무척 신 선하고 재미있다. 두말할 나위 없이 전 세계 다양한 음식에 관한 개괄적인 설명과 개별 특징에 맞춘 술과 의 멋진 조합을 제안하는 것은 오랜 기간 전문성과 직접적인 경험이 축적되어야만 가능한 일이다.

이 책은 음식과 술의 특징을 매우 체계적으로 설명한다. 특히 한식은 물론 한국인이 좋아할 만한 아시아 식, 즐겨 먹는 양식도 그 특징에 따라 잘 선별했다. 특히 추천 음식에 대한 정보는 이해하기 쉬우면서도 깊이가 있어 읽는 재미가 쏠쏠하다. 해당 음식에 어우러지는 추천 와인, 혹은 술에 대한 기술도 매우 상 세해 어떤 맛일지 쉽게 연상이 된다. 이 책을 가이드 삼아 많은 독자가 음식과 술의 절묘한 페어링을 시 도해 보며, 미각이 주는 색다른 즐거움을 마음껏 맛보길 기대한다.

저자들의 깊이 있는 지식과 경험, 연구회 활동이 고스란히 농축된 이 책은 교육적인 요소도 충분하다. 때 문에 수시로 열어 볼 참고서로 전혀 부족함이 없다. 나 또한 저자의 추천 가이드에 따라 음식과 와인, 혹 은 술의 훌륭한 조화를 시도해 보려 한다. 덧붙여 이를 체험할 수 있는 프로그램이나 이벤트도 함께 기획 되길 기대한다.

남선희(전통주갤러리 관장)

음식과 어울리는 술을 추천해 달라는 이야기를 자주 듣고 시음주를 선정해 주기도 하지만 매번 고민에 빠지는 것 중 하나가 바로 어울리는 음식 찾기이다. 음식과 어울리는 술, 술과 어울리는 음식. 둘 중 무엇이 더 중요한지를 따지는 것은 매우 어리석은 일이다.

음식과 술은 친구와 같다. 때때로 정반대의 성격이 만나면 서로 조율하는 데 시간이 걸리지만 새롭고 신선한 즐거움을 얻을 수 있고, 비슷한 친구를 만나면 익숙하고 편안함을 느끼면서 서로에게 어울려 가는 것처럼, 음식과 술은 이런 관계이다.

지금은 글로벌 시대에 맞게 많은 다국적 음식들이 우리의 식탁에 올라온다. 반대로 세계인들은 비빔밥이나 갈비 같은 전통 음식부터 김밥, 떡볶이, 만두 같은 분식에 이르기까지 K-푸드에 관심을 갖고 다양하게 즐기고 있다. 또 우리가 음식과 함께 사케, 맥주, 와인 등을 마시는 것처럼 세계인들은 자연스레 우리 음식에 어울리는 우리 술을 찾는다. 우리 밥상의 특징인 담백한 나물에도 맛나게 술을 곁들인다. 밥상 위에 올라오는 모든 반찬 중에 술과 어울리지 않는 것이 있을까?

이 책은 술과 다양한 음식의 페어링을 탐구하는 훌륭한 길잡이다. 저자들은 오랜 시간 각자의 분야에서 쌓아 온 깊이 있는 지식과 경험을 바탕으로 각기 다른 문화와 요리의 조화를 아름답게 풀어내고 있다. 이 책을 통해 독자들은 음식의 풍미와 다양한 술이 어우러지는 매력을 발견하게 될 것이다. 전통주, 사케, 와인, 맥주와 다양한 나라의 음식들이 만들어 내는 다채로운 경험을 통해 독자들은 미각의 세계를 한층 넓히게 될 것이다. 술 이야기만이 아니라 음식 이야기도 함께 소개하고 있으며, 다양하게 페어링하는 방법도 실려 있으니 술 편식을 즐겨 온 나에게도 또 다른 호기심을 선물해 주는 것 같아 새삼 설레는 기분이다.

3년이라는 긴 시간 동안 귀한 시간을 쪼개어 멋진 결과물을 만들어 낸 열정이 고스란히 녹아 있는 이 책이 독자 여러분의 식탁에 특별한 즐거움을 더해 주리라 믿는다.

The Pairing

3

집에서 만드는 요리와
어울리는 술

White Wine   Red Wine   Sparkling Wine

Chapter.

1

술과 음식

Beer	Sake	Korean sool

각종 술의 특징

1. 술의 역사

예로부터 우리는 기쁠 때나 슬플 때나 특별한 날에 술을 마셔 왔다. 오늘날에도 무언가 축하하는 자리나 위로를 전하는 자리에 빠지지 않는 게 술이다. 인류는 지금으로부터 10,000년도 훨씬 전인 신석기 시대부터 술을 마셨다고 전해진다. 강이나 바다 근처에 모여 살면서 가축을 키우고 농경 생활을 시작한 이유가 술을 만들기 위함이라는 이야기가 있을 정도이다. 사실 발견된 유적으로 미루어 보았을 때 신석기 시대라는 것이지, 구석기 시대에도 술이 존재했을 것으로 짐작된다.

다양한 술의 종류 중 가장 먼저 만들어졌을 것으로 추정되는 술은 발효주이다. 다만 사람이 아닌 동물이 먼저 접했을 것이다. 동물 중에서도 영장류는 과일을 저장해 놓는 습성이 있는데, 더운 날씨에 시간이 지나면서 자연스럽게 발효가 이루어지며 술이 만들어졌으리라. 수렵과 채집 생활을 하던 구석기 시대의 인류 역시 과일을 모아 저장하는 과정에서 우연히 알코올을 접할 기회가 있었을 것으로 생각된다. 그 후 신석기 시대로 접어들고 농경사회가 자리를 잡으면서 발효주를 만드는 이치를 깨닫게 된 것으로 보인다. 이에 대한 증거는 농경사회를 그린 벽화나 고고학적 발견인 토기 등의 유물에서 알 수 있다. 인류 초기의 술은 신이나 죽은 이들을 위해 제사를 지낼 때 사용했다는 의견이 많다. 이렇게 시작된 발효주는 점차 세월이 흐르면서 인간의 희로애락과 함께하며 발효 음식의 대명사로 자리잡게 되었다.

증류주는 기술이 필요한 영역이기 때문에 발효주보다는 훨씬 후에 만들어졌다. 고대 약이나 향수를 만드는 기술을 통해 증류주가 만들어졌을 것으로 추측된다. 특히 중세 아랍의 연금술은 증류 기술을 크게 발전시켰다. 십자군 전쟁과 몽골의 유라시아 침략은 아랍의 증류 기술을 동양과 서양으로 전파하는 데 큰 역할을 했다. 그럼 술의 역사를 종류별로 나누어 간략히 알아 보자.

(1) 맥주 *Beer* | 인류 역사와 함께해 온 친근한 술

맥주는 기록상 가장 오래된 발효주이다. 최근에는 이스라엘에서 13,000년 전 양조장 유적이 발견되었으며, 최초의 기록은 기원전 약 5,000~6,000년 전 메소포타미아와 이집트에 등장한다. 당시 이집트는 피라미드 건설 수당으로 매일 맥주를 지급했다고 쓰고 있다. 또한 많은 기록들 중에는 이런 것도 있다. 어느 건설 노동자 아무개가 술(맥주)에 취하여 출근을 안 했다는 이야기, 맥주 지급이 원활하지 않아 파업했다는 이야기 등이다. 이 파업은 기록상 세계 최초의 파업으로 보인다. 지금으로서는 상상하기 힘들지만 맥주가 급료라니. 이 글을 읽는 맥주 애주가들은 이집트에 살았으면 좋았겠다고 생각할지 모르겠다. 하지만 당시 맥주는 식사의 역할도 했다. 발효법이 발달하지 않아 지금의 맑은 맥주 형태가 아니라 막걸리와 비슷한 걸쭉한 형태였다. 이런 맥주를 '액체 빵(Liquid Bread)'이라고 했고 현재도 영국에서는 이렇게 부른다.

이집트 문명의 영향으로 맥주는 그리스, 로마를 거쳐 유럽으로 퍼져 나갔다. 그러나 포도 수확량이 많았던 그리스, 로마의 경우에는 맥주 대신 와인의 생산이 많아 맥주가 발달하진 못했다. 반면 프랑스, 벨기에, 독일 등의 서유럽에서는 밀 농사 비중 또한 높아 맥주가 퍼지게 되었다. 중세 유럽에서는 와인과 마찬가지로 신을 위해 맥주를 만들기도 했지만, 식사 때 물처럼 일상적으로 마셨다. 아무래도 와인보다는 생산 비용이 적고 열량도 높아 식사 대용으로 먹었을 것이다. 그리고 이 시기까지는 에일(Ale) 스타일의 맥주가 주를 이루었지만 15세기 초에는 라거(Lager) 스타일의 맥주 제조법이 생겨났다.

16세기 초, 독일의 바이에른(Bayern)에서 공포된 맥주순수령으로 맥주 생산 방식에 변화가 일어났다. 맥주순수령(Reinheitsgebot)은 맥주의 원료를 물, 보리, 홉만으로 제한하였으며, 이는 당시 중구난방으로 만들어 품질이 천차만별이던 맥주 제조 방식을 통일하고 규격화한 것에 의의가 있다. 이후로 독일은 깔끔한 맛의 맥주를 생산하는 대표 국가가 되었다. 19세기에는 프랑스 미생물학자인 파스퇴르(Louis Pasteur)가 공헌한 효모의 발견과 연구로 인해 발효 식품과 맥주 생산이 대중화되었다. 저온살균법으로 맥주의 장기 보관이 가능해지고 냉장 기술의 발달로 대량 생산과 유통이 원활해지면서 세계에서 맥주를 못 구하는 나라가 없을 정도가 되었다. 현재 맥주는 세계에서 가장 인기 있는 술로 자리매김했다.

(2) 와인 Wine | 양조 기술로 만든 과일 발효주
과일 발효주의 예를 들 때 가장 먼저 떠오르는 와인도 맥주에 버금갈 만큼 오래된 역사를 가지고 있다. 포도는 기원전 7,000년경 조지아와 튀르키예 동북부의 코카서스(Caucasus) 지역에서 재배되었을 것으로 추정된다. 와인이 어디서 처음 만들어졌는지는 정확하게 알 수 없지만 조지아에서 세계 최초의 와인 양조장으로 추정되는 유적이 발견된 바 있다. 지금처럼 대량 생산된 농장 포도가 아니라 야생 포도를 사용하여 와인을 만든 것으로 보인다. 와인은 이집트를 거쳐 그리스, 로마 그리고 지중해 지역에서 발달하였다. 현재도 그렇지만 당시 이탈리아, 그리스, 북아프리카, 스페인은 포도 생산에 적합한 조건을 갖추고 있었다. 따라서 이 지역은 맥주보다는 와인 생산이 주를 이루었다.

로마 제국은 정복하는 땅마다 포도를 심어 광범위한 지역에서 와인을 만들었다. 그렇게 꾸준히 와인 산업이 발달했지만 게르만족의 침략으로 로마 제국이 멸망하면서 서로마 지역인 프랑스, 독일, 스페인의 와인 산업 역시 황폐화되었다. 그 후 침체기를 거치다가 유럽에 기독교가 정착되면서 와인은 다시 부흥하게 된다. 미사 예식에서 '주님의 피'라는 이유로 와인이 사용되었기 때문이다. 교회에서 와인을 다시 만들기 시작하면서 황폐화된 포도 농장, 양조장도 다시 돌아오게 되었다. 와인이 다시 유럽에 자리 잡을 즈음, 유통 수단이 발달하면서 프랑스가 와인의 중심지가 되었다. 16세기 이후 와인 소비가 증가하게 되었고 상류층은 고품질의 와인을 요구하였다. 품질을 따지기 시작하면서 프랑스에서는 와인을 등급제(AOC, Appellation d'Origine Contrôlée)로 나누어 관리하게 되었고, 이를 따라 유럽 전역에서 등급 체계를 만들었다.

대항해시대, 신대륙의 발견은 와인을 신대륙에서도 생산하게 되는 계기가 되었다. 그리고 이는 구대륙 와인과 신대륙 와인을 구분하는 경계를 만들었다. 앞서 나온 조지아, 튀르키예부터 그리스, 이탈리아, 프랑스, 독일 등은 구대륙으로 불린다. 그리고 미국, 호주, 칠레, 남아프리카공화국 등에 와인 신생국인 일본, 중국 등을 더하여 신대륙이라고 한다. 현대에 들어 와인은 고급스러운 술이라는 인식이 있다. 그래서인지 많은 나라들이 와인을 생산하고 있으며 식사할 때 페어링하기 좋은 술로 사랑받고 있다.

(3) 사케日本酒 | 세계적으로 알려진, 쌀로 만든 술
사케는 벼농사와 함께 시작되었을 것으로 추측되지만 실제로 어떤 술이 언제 제조되었는지는 정확히 알 수 없다. 다만 탁주와 유사한 니고리자케(にごり酒)가 7~8세기경 기록으로 남아 있으며, 8~10세기경에는 현재와 비슷한 맑은술인 세이슈(淸酒)가 등장한다. 수도원에서 맥주와 와인을 만들었던 것처럼 일본에서는 승려들이 좋은 품질의 사케를 만들기도 하였다. 에도 시대에는 유명한 양조장들이 탄생하기 시작했으며 메이지 유신 때, 제조와 유통이 현대화되면서 일본 술은 한층 발전하게 되었다. 그리고 유럽과 미국에서 인기를 얻으며 세계화에 성공, 사케라는 명사가 널리 알려졌다.
사케는 본래 명사 술(酒)이라는 뜻이다. 그래서 정확한 표현은 일본주(니혼슈, 日本酒) 혹은 청주(세이슈, 淸酒)로 표현해야 한다. 다시 말해, 사케(술)라는 큰 범위 안에 니혼슈와 세이슈가 들어간다. 그러나 현재는 '니혼슈' 대신 '사케'라는 단어가 세계적으로 널리 사용되고 있으므로 이 책에서도 사케로 표현하기로 한다.

(4) 전통주傳統酒 | 새롭게 떠오르는 한류의 다양성을 상징하는 K-술
우리의 전통주는 우리 고유의 것이지만 역사적 기록이 많이 남아 있지 않아 아쉽다. 연구도 술의 제조에 관한 복원 위주여서 인문학적인 접근이 부족한 편이다. 기록으로는 고려중기 이규보의 『동국이상국집(東國李相國文集)』에 서술이 있다. 고구려 주몽의 탄생과 관련된 설화로, 당시 술을 빚어 마셨다는 것을

알아 두면 재미있는 술 이야기
정종(正宗)
일제강점기에 한반도에서도 일본식 사케가 생산된 적이 있다. 이렇게 만들어진 사케는 일본으로 역수출할 정도로 품질이 좋았다는 기록이 남아 있다. 당시 대표적인 수출지는 군산으로, 수탈된 질 좋은 쌀이 모이는 곳이었다. 지금도 군산에는 일제강점기 때의 공장이 남아 있으며 우리가 아는 백화수복이 생산되고 있다.
한국 한정으로 생산된 사케를 정종이라고 부른다. 정종이라는 이름은 19세기 일본의 한 양조장의 브랜드명에서 시작되었다. 일본에서 잘나가게 되자 명사화되어 여러 양조장에서 너도나도 쓰게 되면서 한국으로 건너오게 되었다. 그리고 정종이라는 단어가 고급술로 인식되면서 해방 이후에도 자연스레 한국에 남게 되었다

추측할 수 있다. 다만 어떤 술이 제조되었는지는 알 수 없다. 다음 기록은 송나라 사신 서긍이 쓴 『고려도경 (高麗圖經)』으로, 탁한 술에 대한 기록을 살펴 볼 수 있다. 원나라 시기에는 한반도에 증류주가 전해지면서 탁주(濁酒, 탁한술), 약주(藥酒, 맑은술), 소주(燒酒, 증류한 술)의 기틀이 만들어졌다. 조선시대에는 집안마다 관혼상제 및 세시풍속을 위해 다양한 술들이 빚어졌으며 탁주 외에도 약주와 소주도 즐겨 마시게 되었다.

그러나 전통주는 일제강점기를 맞으며 어려움을 겪게 되었다. 1916년에 내려진 주세령(酒稅令)으로 인해 집에서 술을 빚지 못하게 되면서 쇠퇴하였다. 해방 이후에도 일제의 주세법이 그대로 이어지면서 술이 세금을 걷는 하나의 수단으로 여겨져 엄격하게 관리되었다. 군부독재기의 양곡 정책은 쌀의 사용량을 제한하는 '양곡관리법'을 통해 쌀 대신 밀가루나 고구마 등의 잡곡으로 술을 빚도록 했다. 특히, 이때 발달한 막걸리가 밀 막걸리이다.

현재 전통주는 탁주부터 약주, 증류주, 그리고 국산 와인까지 인기몰이 중이다. 특히 젊은 세대들의 관심으로 인하여 옛 방식으로 생산하는 전통주뿐만 아니라 색다른 재료들을 사용하여 다양한 우리술이 만들어지고 있다. 한류가 K문화를 이끌고 전 세계에서 화두가 되고 있는 요즘, 다양한 전통주가 K-푸드와 발맞춰 세계로 나아갈 것으로 기대된다.

(5) 증류주 蒸溜酒 │ 시간이라는 가치를 느끼게 해 주는 술

증류주는 발견보다는 과학 기술에 의해 발명된 술이다. 발효주는 다양한 문화권에서 자연 발생된 반면 증류주는 향수와 약초를 침출해 약을 만들기 위한 증류 방식에서 시작되었다. 현재의 증류 방식은 중세 아랍인들이 발전시킨 방식이며, 십자군 전쟁과 몽골의 침략, 그리고 무역을 통해 동서로 전파되었다. 이렇게 전파된 기술은 서양에서 맥주로 위스키를, 와인으로 브랜디를 만들었으며, 동양에서는 쌀 술을 이용해 소주를 만드는 데 기여했다. 또 대항해시대에 다양한 식재료를 접하게 되자 남미에서는 사탕수수를 원료로 하는 럼주가, 북미에서는 옥수수를 원료로 하는 버번 위스키가 발전하게 되었다. 세월이 가면서 다양한 재료로 만든 각양각색의 증류주들이 탄생하였고, 증류가 끝나면 숙성 단계를 거치기도 했다. 짧게는 수개월, 길게는 몇십 년을 숙성하여 증류주의 가치를 올렸다.

2. 술의 발효 방식

알코올을 만들기 위해서는 효모와 당분이 필요하다. 발효 방식은 주재료의 당분 정도에 따라 크게 단발효와 복발효로 나눌 수 있다.

(1) 단발효 單醱酵

발효 과정이 한 번에 이루어지는 발효 방식을 말한다. 방식이 단순하고 재료가 가진 당분이 충분하여 효모가 당분을 바로 알코올로 만든다. 간단하기 때문에 오래전부터 사용해 온 발효 방식이다. 원료가 주는 향과 맛이 술의 맛에 영향을 준다. 과일은 조기에 수확하면 산도가 높고, 늦게 수확하게 되면 당도가 올라가 발효 시간에 영향을 주기도 한다. 꿀로 만드는 벌꿀술(mead), 포도로 만드는 와인과 사과로 생산하는 사이더가 대표적인 단발효 술이다.

(2) 복발효複醱酵
두 단계의 과정을 거치거나 두 단계가 동시에 이루어지는 방식이다. 주재료인 보리와 쌀의 주요 성분인 전분을 당분으로 분해하는 과정(당화)이 필요하며 이때 만들어진 당분으로 알코올이 생성된다. 맥주, 사케, 탁주, 약주가 여기에 속하나 술마다 만드는 방식은 조금씩 차이가 있다.

맥주
맥아의 전분을 α-아밀라아제라는 효소가 분해해 당으로 만든 후 발효 과정을 거쳐 알코올을 만드는 것으로, 당화 후 발효가 단계적으로 이루어져 단행복발효라고 한다.

사케
쌀을 쪄서 전분을 분해되기 쉽게 만든 뒤 쌀 분해를 도와 주는 곰팡이를 넣어 섞는다. 이렇게 곰팡이가 자란 쌀을 물과 혼합해 발효를 통해 알코올을 만든다. 전분 분해와 발효가 한 공간에서 동시에 이루어져 병행복발효라고 한다.

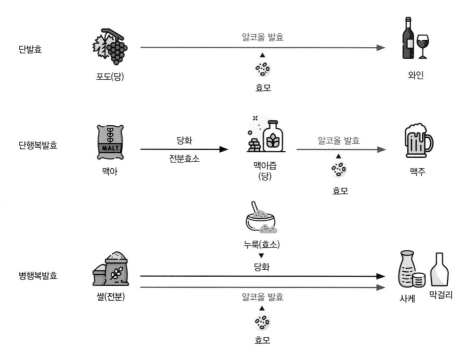

그림) 와인, 맥주, 사케, 막걸리의 발효 방식 차이

막걸리, 약주

쌀을 찌고 곰팡이를 넣어 만드는 방식은 사케와 동일하다. 다만 막걸리, 약주의 경우는 통밀을 분쇄해 물을 넣고 곰팡이를 키워 누룩을 만든 뒤 술을 만들 때 첨가한다. 우리나라에서 법적으로 맑은술인 사케와 약주의 구분은 전통 누룩의 사용량에 따라 달라진다.

3. 술의 원료

(1) 맥주의 원료
맥주의 대표적인 주재료는 보리, 홉, 효모, 물 4가지이다.

보리(맥아, Malt)

싹이 튼 보리인 맥아를 사용한다. 맥아를 사용하는 이유는 싹이 틀 때 만들어지는 전분분해효소(아밀라아제) 때문이다. 이 전분분해효소가 맥아의 전분을 당으로 변화시켜 쉽게 당을 추출할 수 있다. 또한 맥아는 맛을 좌우하는 요소가 된다. 어떤 맥아를 사용하느냐에 따라 맥주의 맛과 색이 달라진다. 맥주의 달콤함과 곡류의 맛도 맥아에서 나온다.

홉(Hop)

홉은 식물의 일종이며 맥주에서 쓴맛과 독특한 향을 담당한다. 또한 양조 과정에서 맛에 영향을 주는 잡균의 번식을 억제하며 방부제 역할을 한다. 맥주의 특징 중 하나인 거품을 만들며 소화를 돕기도 한다.

기타

독일은 맥주순수령 이후 보리 맥아만을 사용하도록 엄격하게 규제 중이다. 그러나 그 외 국가에서는 다양한 재료를 섞기도 한다. 주로 곡물을 첨가하는데 유럽에서는 밀을, 아시아에서는 쌀을, 아프리카 케냐에서는 옥수수를 넣기도 한다. 오랜 양조자들은 홉 이외에도 고수와 같은 허브를 이용하거나 향신료와 과일을 사용하여 맛과 향을 내기도 한다.

알아 두면 재미있는 술 이야기
거리의 많은 호프집은 어디에서 왔을까?

한국에서는 맥주 파는 곳을 '호프'라고 부른다. 호프는 맥주의 원료인 홉(Hop)이 아닌, 독일어인 호프(Hof)에서 유래되었다. 호프의 의미는 궁의 안마당, 혹은 안마당이 있는 저택을 의미하며 맥주 양조장인 '호프브로이(Hofbräu)'나 '호프브로이하우스(Hofbräuhaus)'에서 따온 것으로 추측된다.

1986년 11월 5일, OB맥주가 현재 서울 대학로에 'OB호프라는 이름의 생맥주 체인점을 열었다'라는 신문기사는 호프집이라는 용어의 시작을 짐작하게 한다. 이후 OB호프의 인기로 호프가 생맥주집의 대명사가 되면서 널리 사용되기 시작했다.

(2)사케의 원료

사케는 쌀, 물, 입국을 주재료로 만들며 부가적으로 효모, 양조알코올, 당류, 산미류를 넣는다. 부재료를 사용하면 다른 명칭으로 구분하여 부른다.

정미보합(精米步合)	쌀, 입국	쌀, 입국, 양조알코올
50% 이하	준마이다이긴조(純米大吟釀)	다이긴조(大吟釀)
60% 이하	준마이긴조(純米吟釀)	긴조(吟釀)
60% 이하(특별 제조법)	도쿠베츠준마이(特別純米)	도쿠베츠혼조조(特別本釀造)
70% 이하		혼조조(本釀造)
준마이(純米)		

※준마이는 정미율 기준 없음(2000년 재정)
※정미보합은 쌀을 깎아 낸 후 남은 수치. 낮을수록 더 많이 깎아 낸 것이다.

쌀(米)

일본에서 쌀은 와인을 만드는 양조용 포도처럼 양조에 적합한 쌀을 따로 재배한다. 이렇게 양조에 적합한 쌀을 주조호적미(酒造好適米)라고 한다. 일본에서 재배되는 쌀 약 300종 중 약 100종이 이에 해당하며 주조호적미를 쓰는 이유는 일반 밥쌀용보다 크기가 크고 전분이 많아 발효, 양조에 유리하기 때문이다.

물(水)

쌀의 당화 과정에 도움을 주며 만들어진 알코올과 결합한다. 또한 양조 과정 중 여러 단계에서 사용한다. 보통 양조 용수는 양조장이 위치한 지역의 현지 수원으로 만들며 수돗물보다 엄격한 기준을 적용한다. 이런 엄격한 기준은 술맛을 좋게 하며, 효모의 번식을 돕고 유해 성분을 방지한다.

입국(粒麴)

입국은 술을 만들기 위해 필요한 재료이다. 쌀에 함유된 전분을 당화하기 위해서는 효소가 필요한데, 그 효소를 생성하는 곰팡이를 찐쌀에 뿌려 배양해서 만든다. 입국에서 나온 전분분해효소가 쌀을 분해해서 당을 만들고 효모가 이 당을 이용해 발효에 관여하면서 알코올이 만들어진다.

양조알코올(釀造アルコール)

양조알코올은 선택 사항이지만 자주 사용되는 부재료이다. 술의 양을 늘리는 역할도 하지만 보존력을 올리는 방부제 효과를 얻을 수 있으며 향미를 끌어내는 역할도 한다. 그래서 양조알코올이 들어가도 상을 받는 경우가 있다.

(3) 와인의 원료

와인은 다른 발효주와 비교할 때 주재료가 포도 하나로 단순하다. 이는 발효 방식의 단순함과 관계가 있다. 많은 과일 중에서 포도가 선택된 것은 다른 과일과 비교해 당과 산의 비율이 좋기 때문이다. 또한 포도는 알코올을 만들기에 적합한 당도를 가지고 있다.

포도

포도는 대표적으로 양조용 포도와 과일로 먹는 생식용 포도로 나눌 수 있다. 양조용 포도는 비티스 비니페라(Vitis Vinifera)라고 하며 생식용 포도는 비티스 라브루스카(Vitis Labrusca)라고 한다. 잘 익은 비티스 비니페라는 달고 부드러우며 즙이 많다. 또한 껍질이 두껍고 쫄깃하며 생식용 포도와 비교해서 산이 높다. 비티스 비니페라 중에서 카베르네 소비뇽(Cabernet Sauvignon)은 세계에서 가장 널리, 가장 많이 재배되는 품종이다. 그 다음으로는 메를로(Merlot), 아이렌(Airen), 템프라니요(Tempranillo), 샤르도네(Chardonnay, 샤도네이), 시라(Syrah/Shiraz, 쉬라즈), 그르나슈(Garnacha) 순이다. 재배되는 상위 10가지 품종은 비티스 비니페라 재배 면적의 40%를 차지한다.

(4) 전통주의 원료

전통주는 기본 재료인 쌀, 누룩, 물에 추가적인 재료를 첨가한다. 최근에는 추가적인 재료를 사용하여 재미있는 상상력이 가미된 술이 많아져 고르는 재미가 있다.

탁주와 약주(濁酒, 藥酒)

탁주와 약주의 주원료는 멥쌀 또는 찹쌀, 누룩, 물이다. 발효가 끝난 상태에서 윗부분의 맑은술을 떠내면 약주가 되고, 가라앉은 찌꺼기(술지게미)에 물을 부어 내면 탁주가 된다. 최근에는 약주를 만들지 않고 발효가 끝난 술 전체를 탁주로 만든다.

쌀은 주로 멥쌀을 쓰지만 단맛과 감칠맛을 위해 찹쌀을 쓰기도 한다. 근래에는 흑미나 홍미(홍국) 등 색이 있는 쌀을 사용해 독특한 색의 술을 생산하는 곳들도 있다. 기본 재료에 솔잎, 꽃잎 등 식물성 재료나 약재를 넣어 기능성을 강화하기도 한다. 과거에는 양곡 정책으로 쌀 대신 밀을 강제로 사용하기도 했으나 현재, 밀 막걸리는 많이 빚지 않는다.

알아 두면 재미있는 술 이야기
물의 경도와 술의 관계

어떤 물로 술을 만드는지에 따라 술맛은 변한다. 물은 경도가 큰 영향을 주는데, 경도는 칼슘과 마그네슘의 함유 정도이다. 칼슘과 마그네슘이 많으면 경수, 적으면 연수로 구분한다. 일반적인 음용수는 연수이지만 에비앙은 경수이며, 산에서 마시는 약수가 미네랄이 풍부하면 경수인 경우가 많다. 물을 원료로 쓰는 사케, 위스키, 전통주, 맥주는 경도에 영향을 많이 받으며 맛이 달라진다. 연수로 술을 만들면 가볍고 깨끗하며 섬세하고 부드럽다. 경수로 술을 만들면 쌉쌀한 맛이 난다. 그래서 일반적으로 술은 연수로 많이 만든다.

소주(燒酒)

탁주나 약주를 증류하여 만드는 술이다. 과거에는 시간과 만들어지는 양 때문에 귀중한 술이었다. 술을 가열해 만드는 점은 모든 양조장이 동일하지만 차별화를 위해서는 술의 재료가 되는 원료, 증류기의 증류 온도, 증류 완료 시점 등의 기술이 필요하다. 안동소주는 기본 재료로 투명한 소주를 만들며 진도 홍주는 지초를 이용해 붉은 소주를 만든다.

혼성주-리큐어(混成酒-Liqueur)

혼성주는 일반 증류주나 희석식 소주에 침출하는 인삼주, 매실주, 또는 약재, 과일, 향료 등 여러 재료를 첨가한 술을 말한다. 침출 방식 중 대중적인 방식은 시중에서 파는 소주를 구입하여 제조자가 재료를 선택해 넣는 것인데, 다양하게 만들 수 있다는 장점이 있다.

전통주 중 대표적인 혼성주로는 과하주를 꼽을 수 있다. 과하주는 '여름을 넘긴 술'로, 여름에도 맛이 변하지 않고 잘 유지된다는 의미이다. 과하주는 발효주에 증류주를 첨가하여 약주향이 나지만 알코올 도수가 조금 더 높다. 현재 우리나라에서는 과하주를 약주에 포함시키고 있다.

4. 술맛의 요소

(1) 균형이 좋은 술

술맛을 이야기할 때 중요한 요소는 알코올, 신맛(산미), 단맛(당분)이다. 그 외 짠맛, 쓴맛 등 다른 맛은 각각 발효주의 특성 요소로 부각된다. 이런 요소들은 우리가 술을 마실 때 맛과 질감을 느끼는 데 필수적인 부분이다. 술맛은 한 가지 요소가 아닌, 여러 가지의 요소들이 섞인 복합적인 맛으로 이루어진다. 이렇게 맛의 요소가 서로 잘 어울리는 술을 균형이 좋은 술로 여긴다. 또 맛을 볼 때는 온도도 중요한데, 온도에 따라 신맛, 단맛, 알코올 등의 요소들이 민감하게 변하기 때문이다.

알코올(Alcohol)

양조에서는 당의 양에 따라 술의 도수가 결정되고 이는 바디감에도 영향을 준다. 당이 많으면 높은 알코올 도수에 무거운 바디감으로, 적으면 낮은 알코올 도수에 가벼운 바디감으로 술이 만들어진다. 높은 도수의 술을 마시면 입 뒤쪽으로 쓴맛과 타는 듯한 감각이 느껴지는 게 일반적이지만 간혹 높은 도수임에도 부드러운 경우도 있다.

신맛(酸)

다른 맛과 비교해 신맛(산미)은 모든 술에서 맛으로 표현되는 중요한 요소이다. 신맛은 술의 전체적인 골격을 잡아 주며 다른 맛에 대한 균형을 잡아 준다. 레몬이나 신 귤을 먹었을 때처럼 입에 침을 고이게 하며 신맛의 정도가 높을수록 침이 더 고일 수 있고 식욕이 생긴다.

단맛(甘)

신맛 다음으로 중요한 요소이며 신맛과 함께 술의 균형을 만든다. 술마다 다르지만 원료에 의해 자연스럽게 당도가 생기는 경우가 있고 의도적으로 첨가하는 경우도 있다. 당도는 술의 바디감과 연관이 있으며 당도가 높을수록 바디감을 무겁게 만들고 점성도 더해 준다. 향이 달다고 해서 맛까지 단 것은 아니며 향이 달지 않아도 맛이 단 경우도 있다.

짠맛(鹹)

소금을 넣는 것은 아니지만 술맛을 보다 보면 짠맛이 느껴지는 경우가 있다. 특히 와인에서 많은데 바닷가 근처에서 자란 포도나 토양의 영향을 받았을 때 그런 경우가 있다. 와인뿐만 아니라 다른 발효주에서도 짠맛을 느낄 수 있다. 짠맛은 감칠맛과는 다르며, 페어링으로는 해산물 등의 식재료와 잘 어울린다.

쓴맛(苦)

쓴맛은 첨가된 재료나 알코올의 강도에 의해 영향을 받는다. 맥주에서 특히 중요한 요소 중 하나인 홉의 쓴맛은 맥주 맛을 좌우하며 볶은 보리의 풍미가 영향을 주기도 한다. 와인의 경우에는 포도 품종이나 양조 방식에 따라 담배, 초콜릿, 커피, 나무 껍질 등의 씁쓸한 맛을 경험할 수 있다. 전통주 역시 첨가물(한약재 또는 허브 등)에 영향을 받기도 한다. 인삼이나 도라지가 들어간 술은 사포닌 성분이 주는 씁쓸한 맛이 날 수 있다. 사케의 경우 15도를 넘으면 알코올에 영향을 받아 쓴맛이 두드러지는 경향이 있다.

감칠맛(旨味, Umami)

감칠맛은 조미료에서 나온 말이지만, 조미료도 자연에서 온 식재료를 가공해서 만든다. 이는 자연에도 감칠맛이 존재한다는 의미이며 특히 발효를 거쳐 천천히 숙성되는 음식에서 도드라진다. 조개 육수를 기본으로 한 봉골레 파스타, 바지락 칼국수나 미역국, 된장국에서 많이 맛볼 수 있다. 감칠맛은 특히 사케와 전통주에서 많이 발견되며 쌀의 단백질이 분해되어 아미노산으로 변형되면서 감칠맛을 느끼게 된다. 그리고 일부 와인이나 맥주에서도 감칠맛을 맛볼 수 있다.

탄닌(Tannin)

레드와인에서 발견되기 쉬우며 탄닌 성분이 있는 과실을 첨가해서 만든 전통주에서도 찾을 수 있다. 주로 포도 껍질 같은 과일의 껍질에서 추출되며 녹차나 홍차를 오래 우렸을 때, 혹은 덜 익은 감, 귤이나 레몬 껍질을 먹었을 때 느껴지는 떫은맛이 탄닌이다. 맛 말고도 입안에서 촉감으로 탄닌을 감지할 수 있다.

바디감(Body)

술을 입에 머금었을 때 느껴지는 무거운 정도를 말하는데 보통 입자의 구조에서 느껴진다. 바디감의 차이를 쉽게 느껴볼 수 있는 방법은 물과 우유를 비교해 보면 된다. 물은 가벼운 무게감으로 느껴지는 반면, 우유는 무거운 무게감으로 느껴진다. 바디감은 맛은 아니지만 맛과 긴밀한 연관을 가지고 있다. 알코올의 높고 낮음, 신맛과 단맛의 정도에 따라 바디감이 높거나 낮게 느껴지기도 한다.

목넘김

마시기 편한 정도를 말하며, 마시기 편하게 목 안으로 잘 넘어가는 경우 '목넘김이 좋다'라고 표현한다. 알코올 도수, 탄산감의 정도에 따라 영향을 많이 받으며 다른 맛의 요소와도 연관이 있다.

탄산감

탄산의 발현으로 기포를 가져 청량하게 느껴지는 부분이다. 라거 스타일 맥주와 샴페인 같은 와인의 경우 거의 필수 요소이며 일부 사케, 전통주에서도 발견할 수 있다. 와인은 별도로 스파클링와인이라는 카테고리가 있으며 사케와 전통주는 효모가 살아 있는 경우 병에서 탄산이 계속 생성되기도 한다. 단맛처럼 탄산은 자연적으로 효모가 당분을 소비하고 알코올과 함께 생성되기 때문에 병에 남는 경우도 있지만 인공적으로 탄산가스를 주입하는 경우도 있다.

5. 테이스팅

(1) 시각 | 눈으로 살펴 보기

술에 따라 색과 탁도가 다른 것을 알 수 있다. 사용한 원료와 제조 방법을 간파하는 데 도움이 된다. 또한 술잔을 부드럽게 흔들어 보면 '눈물' 혹은 '다리(레그, legs)'라고 불리는 점성이 술잔을 타고 내려오기도 한다. 보통 점성은 당도가 높을 때 끈적이는 것처럼 천천히 내려온다. 간혹 알코올이 높을 때도 생기지만 절대적인 것은 아니다.

맥주

맥주의 색은 연한 노란색부터 황금보리가 연상되는 황금색, 단호박처럼 짙은 황색, 커피처럼 진한 갈색, 그리고 검은색까지 스펙트럼이 넓다. 맥주의 색은 맥아가 가진 색과 술을 만들 때 넣는 맥아의 첨가량에 따라 진하고 연한 정도가 정해진다.

사케

사케는 입국을 만들 때 황국균(黃麴菌)을 사용하며 황국균은 대체로 흰색이나 약간 노란색을 띠고 있다. 탁도는 투명한 경우가 많지만 침전물을 그대로 둔 니고리자케(にごり酒)는 막걸리(탁주)처럼 탁도가 있고 하얀색이 난다.

와인

와인의 색은 포도 껍질에서 시작되어 만드는 방식이나 숙성 정도에 따라 변화가 이루어진다. 포도 품종에 따라 다르지만 일반적으로 잘 익은 포도로 만든 와인은 색상이 짙은 편이고, 기온이 서늘한 곳에서 수확하여 덜 익은 포도를 사용한 와인은 색이 옅은 경우가 많다. 내추럴와인(Natural Wine)처럼 자연적인 방식으로 만드는 생산자의 경우에는 종종 여과를 하지 않아 탁도를 가지기도 한다.

화이트와인(White Wine)은 대체로 빛이 투과되는 투명도를 가지고 있으며, 색은 물처럼 투명한 것부터 진한 노란빛이나 꿀을 탄 물 같은 진한 노란빛이 나기도 한다. 레드와인(Red Wine)은 퍼플, 루비, 석류 같은 짙은 색도 있고 주황색에 가까운 바랜 색이 날 때도 있다. 간혹 짙은 갈색이나 검붉은 색의 레드와인들도 있다. 로제 와인(Rose Wine)은 생산자가 원하는 색이 나올 때까지 포도 껍질을 담갔다 빼내는 방식으로 만드는 것이 가장 보편적이다. 예전에는 청포도와 적포도를 함께 으깨서 같이 발효시켜 색을 내기도 하고, 아주 드물지만 샹파뉴(Champagne)지방에서는 화이트와인과 레드와인을 섞어 만들기도 했다.

전통주(발효주 중심)

전통주의 색은 발효 과정에서 만들어지며 재료가 다양한 만큼 색을 하나로 정의 내리기는 어렵다. 주로 접하게 되는, 쌀로 만든 술을 기준으로 볼 경우 막걸리는 흰색에서 아이보리와 가벼운 노란빛이 돈다. 추가되는 재료에 따라 그 재료의 색이 자연스레 입혀진다. 약주는 대체로 노란빛을 기본으로 투명도가 있는 편이지만 약간 탁도가 있는 약주도 있다.

(2)후각 | 올라오는 향 맡기

후각은 향의 깊이가 판단 기준이 된다. 시각보다 먼저 다가오는 경우도 있으며 술의 온도가 너무 차가우면 향을 맡기 어려운 경우도 있다. 이럴 땐 차가워진 온도를 조금 올리면 향을 맡기 수월하다. 술마다 향의 깊이와 특징이 다양하며, 이는 술을 즐기기 위한 요소가 된다. 향을 맡는 방법은 그대로 전달되는 향을 맡을 수도 있지만 보다 섬세하게 향을 맡으려면 잔을 스월링(Swirling)하며 술로 잔의 안쪽을 코팅해주면 향기가 보다 확실하게 퍼져서 향의 특징을 간파하기 쉽다.

맥주

맥주가 가진 향은 몰트, 효모, 홉으로부터 오며, 몰트는 고소한 향기가 주를 이룬다. 효모와 홉은 종류에 따라서 과일이나 꽃, 풀향 등 엄청나게 다양한 향을 만들어 낸다. 신맛이 나는 사워맥주는 시큼한 향이 나며 부재료를 넣은 경우, 첨가되는 양에 따라 부재료의 특징이 강하게 나타나기도 한다.

사케

쌀의 단 향이 나며, 때로는 견과류나 곡물의 향이 난다. 효모의 종류나 정미율에 따라 과실향과 유사한 긴조(吟釀)향을 맡을 수도 있으며 알코올 도수에 따라 알코올향도 강하게 맡을 수 있다.

와인

와인은 포도가 주는 과실향을 기본으로 하지만 다양한 포도 품종과 숙성에 따라 각양각색의 향을 가지게 된다. 다른 발효주에 비해 향의 스펙트럼이 매우 넓다.

전통주(발효주 중심)

사케처럼 쌀의 향이 기본이지만 사케와 성격이 다르다. 맵쌀과 찹쌀의 향도 다르고 사용하는 누룩과 숙성에 따라 다양한 향기가 감지되는 것이 사케와 다른 점이다. 막걸리의 경우 대체로 쌀에서 나는 고소한 곡물향과 함께 발효에서 생긴 향이 대부분이며, 여과가 되지 않아 강한 향이 나기도 한다. 약주도 비슷하지만 여과를 통해 곡물의 향이 적게 나기도 하며 숙성 정도에 따라 향의 강약이 달라진다.

(3)미각 | 허로 느껴 보기

시각과 후각적인 면보다 직관적으로 평가하기 좋은 부분이다. 신맛, 단맛, 짠맛, 쓴맛을 감지하는 부분들이 입안 여러 곳에 분포하고 있기 때문에 술을 한 모금 입에 담고 맛을 충분히 느끼는 것이 중요하다. 앞서 설명한 다양한 맛의 요소를 음미하듯이 천천히 느껴 보면 술에 대한 이해도가 훨씬 높아질 것이다.

맥주

향처럼 맛도 몰트, 효모, 홉에서 나온다. 몰트와 홉의 맛이 서로 조화를 이루면 좋은 맥주라고 할 수 있다. 첫맛은 주로 몰트에서, 끝맛은 홉에 의해 결정된다. 쌀이나 옥수수를 섞거나 홉이 적은 맥주는 첫맛과 끝맛이 밋밋하여 물 같은 특성이 느껴지고 단맛이 난다. 몰트에서는 고소한 맛이 나오며 씁쓸한 맛은 홉으로부터 온다.

탄산이 주는 청량감도 라거 스타일의 맥주에서는 빼놓을 수 없는 부분이다. 탄산의 강도에 따라 시원한 느낌이 들기 때문에 동아시아와 북미의 맥주는 탄산이 강한 라거인 경우가 많다. 또한 탄산은 부드러운 거품을 만들기도 한다.

사케

사케 맛은 쌀과 물에서부터 시작된다. 원료인 쌀 당분의 맛을 그대로 느낄 수 있으며 물은 와인의 떼루아(Terroir)처럼 지역 용수에 따라 맛이 바뀐다. 보통 쌀의 단맛과 발효에서 생기는 신맛을 가지고 있다. 대부분의 사케는 감칠맛을 더하기도 한다. 정미율도 맛을 구성하는 요소가 되는데 정미비율이 낮은 준마이(純米)는 개성적인 특성이 강한 편이며, 정미율이 높은 준마이다이긴조(純米大吟釀)는 마시기 편한 물과 같은 성질이 강한 편이다.

와인

와인의 맛은 대표적으로 포도로부터 오는 과실의 맛, 발효와 양조 과정에서 오는 맛, 그리고 숙성에서 오는 맛이 있다. 맛은 이 외에도 복합적으로 느낄 수 있는데 다른 발효주에 비해 많은 맛의 속성을 가지고 있다. 예외가 있겠지만 두드러지는 특성은 신맛을 중심으로 범위가 넓혀진다. 예를 들면 신맛에 단맛이 더해지는 경우(독일 모젤Mosel의 리슬링Riesling), 신맛에 탄산감이 더해지는 경우(스파클링 Sparkling Wine), 신맛에 탄닌이 주는 질감이 더해지는 경우(레드와인 Red Wine) 등을 들 수 있다.

전통주(발효주 중심)

전통주는 그 다양함으로 인해 하나의 맛으로 표현하기에는 어려움이 있다. 전통주의 가장 중요한 특징은 식사의 반주로서 음식과 함께 발달해 왔다는 것이다.

탁주는 과거에는 단맛 위주였지만 최근에는 단맛의 강약이 다양해지고 신맛이 골격을 잘 만들어 주고 있다. 대중적인 막걸리의 경우도 아스파탐(Aspartame) 등의 감미료 대신 최근에는 양조 기술의 발달로 순수한 쌀의 단맛을 잘 이끌어 내고 있다. 또한 주세법이 허용하는 부재료(바나나, 땅콩, 밤, 딸기 등)를 넣어 맛에 변주를 주기도 한다.

약주는 한약재를 넣은 술이 유행하면서 쓴맛이 강했는데 이 쓴맛을 감추기 위해 단맛과 신맛을 강조하였다. 최근에는 쌀만을 이용한 순곡 약주가 많아지고 있는데 탁주와 비슷하게 쌀을 이용한 단맛과 발효 미생물에 의한 신맛을 인위적인 첨가물을 넣지 않고 만들어 내고 있다.

6. 라벨로 술 고르기

(1) 맥주 *Beer*

맥주는 어느 정도 지식을 가지고 있다면 고르기 쉬운 발효주이다. 보통 제품에 라거(Lager), 필스너 (Pilsner), 에일(Ale), 스타우트(Stout) 등 어떤 종류인지 표기가 되어 있는 경우가 많다. 가끔 소개가 없는 브랜드도 있지만 이는 소수 소규모 양조장 제품이다. 큰 틀에서 분류를 하면 발효할 때 효모가 있는 위치에 따라 상면발효와 하면발효, 두 가지로 나눈다.

상면발효(High Fermentation)

오랜 전통을 가진 맥주들은 보통 상면발효 방식을 통해 생산되고 있으며 통틀어서 에일(Ale)이라고 한다. 영국, 아일랜드, 벨기에에서 많이 만들어지며 페일 에일(Pale Ale), 포터(Porter), 스타우트(Stout), 바이젠 (Weizen) 등이 있다.

페일 에일(Pale Ale) 로스팅을 연하게 한 페일 몰트를 사용한 에일 맥주이다. 황금색과 단호박색이 나며 18세기 초, 영국에서 시작되었을 때는 탁도가 강했다.

스타우트(Stout) 보리를 볶아서 발효시켜 색이 검기 때문에 보통 흑맥주라고 한다. 아일랜드가 대표적인 생산 국가이다. 달콤 쌉싸름하면서도 짙은 맛을 지녔지만 목넘김이 매우 부드럽고 거품이 크리미하다. 기네스(Guiness), 머피스(Murphy's), 비미쉬(Beemish)가 유명하다.

인디아 페일 에일(India Pale Ale, IPA) 인디아 페일 에일, 줄여서 IPA라고 부른다. 19세기, 영국의 식민지 였던 인도의 영국인에게 보내기 위해 만든 맥주이다. 배로 수송되는 동안 온도의 영향을 덜 받게 하기 위해 저장성을 향상하여 알코올 도수와 홉의 함량을 높인 에일이다. 강한 맛을 가지고 있어 초보자에게는 어렵다. 인디카 IPA가 대표적이다.

임페리얼 스타우트(Imperial Stout) 영국에서 러시아로 수출하기 위해 도수를 높인 스타우트. 올드 라스 푸틴(Old Rasputin)이 대표적이다.

퀼쉬(Kölsch) 독일 퀼른 지역의 맥주이며 라거에 가까운 맑은 색과 깔끔한 맛을 가지고 있다. 가볍고 산 뜻하다. 가펠 퀼쉬(Gaffel Kölsch)가 대표적이다.

스카치 에일(Scotch Ale) 스코트랜드 지방에서 생산되는 에일이다. 몰트가 강해 고소한 단맛이 두드러지 고 입에 달라붙는다. 홉은 최소한만 넣는다. 테넌츠 스카치 에일(Tennents Scotch Ale)이 대표적이다.

알트비어(Altbier) 독일 뒤셀도르프 지역의 맥주로 오래된(Alt)이라는 뜻처럼 라거 스타일의 맥주가 개발 되기 전부터 만들어져 이런 이름이 붙었다. 짙은 색이며 구수하면서 묵직하다.

바이젠(Weizen, Weissbier) 밀과 보리를 섞은 독일맥주. 달콤한 바나나향과 진득한 거품이 특징이며 쓴 맛이 적고 풍부한 맛을 가지고 있다. 맥주 초보자가 입문하기 좋은 맥주 중 하나. 효모의 여과 여부에 따 라 걸러 낸 것을 크리스탈 바이젠(Kristall Weizen), 걸러 내지 않은 것을 헤페바이젠(Hefeweizen)이라고 한다. 대표적인 바이젠으로 호가든(Hoegaarden)과 블루문(Blue Moon)이, 헤페바이젠으로는 파울라너 (Paulaner)가 있다.

포터(Porter) 맥아의 농도가 진하고 홉 사용량이 높은 강한 흑맥주이다.

하면발효(Low Fermentation)

하면발효 방식의 맥주는 냉각 기술이 보급된 19세기 중반부터 만들어지기 시작했다. 라거(Lager), 둥켈 (Dunkel) 등이 있으며, 전 세계 맥주의 90%를 차지한다.

필스너(Pilsner) 체코의 플젠(Plzeň)에서 개발된 최초의 맑고 투명한 노란색 맥주. 홉의 쌉싸름한 맛에

❶ 맥주 이름
❷ 맥주 유형*
  Ex. 라거, 에일, 필스너, 스타우트…
❸ 지리적 표시 보호 인증
❹ 맥주에 대한 설명

❺ 원재료 및 성분*
  일부 국가에서 필수 항목
❻ 보관 방법
❼ 알코올 도수
❽ 양조장 이름 및 주소*
❾ 용량*

❿ 기타
  경고 문구 및 주의사항: 일부 국가에서
  포함
  알레르기 경고 문구: 원재료 Gerstemalz
  (보리 맥아)에서 추출 가능
* 법적 표기 대상

시원하고 청량한 맛이 특징이며 일반 라거에 비해 강한 쓴맛을 가진다. 대표적으로는 필스너 우르켈 (Pilsner Uequell)이 있다.

둥켈(Dunkel) 독일 바이에른 지방에서 주로 생산되는 흑맥주. 검게 볶은 보리를 사용하지만 스타우트와 는 달리 하면발효이다. 쓴맛이 적고 부드러우며 보리 맥아의 질감이 강조된다. 둥켈은 독일어로 어둡다는 의미이다. 대표적으로 파울라너 바이스비어(Paulaber Weißbier Dunkel)가 있다.

아메리칸 페일 라거(American Pale Lager) 라거를 대표하는 가장 일반화된 맥주. 보리와 홉의 사용량을 줄이고 옥수수와 쌀 등 곡물을 섞어 생산한다. 향미가 적은 대신 달작지근하며 단가를 절감해 대량생산 에 적합하다. 전 세계의 70%를 차지한다.

복(Bock) 일반적인 라거보다 많은 원료와 긴 발효기간을 가져 강한 맛과 높은 도수로 만든다. 빛깔이 진 하고 오랫동안 보관이 가능하다.

(2) 사케

사케는 봉인(封印), 어깨라벨(肩ラベル), 몸통라벨(胴ラベル), 뒷라벨(裏ラベル)로 구성되어 있으며, 특히 눈여겨볼 부분은 몸통라벨과 뒷라벨이다. 이 두 가지 라벨에 일본 주세법상 필수적으로 표기돼야 하는 사항이 표기되어 있다.

사케의 라벨

봉인 양조장에서 봉인을 했다는 표시이며 잘못된 유통을 방지하기 위한 라벨이다. 뚜껑 부분에 위치.

어깨라벨 특정 양조 방식이나 쌀, 효모 등에 대한 정보를 알려 준다. 병 목 부분에 위치.

몸통라벨 술의 명칭, 상품명, 호칭이나 특징이 적혀 있다. 병 몸통 부분에 위치.

뒷라벨 술의 상세한 데이터와 맛의 기준이 적힌 라벨이다. 병 몸통 부분에 위치. 간혹 몸통 라벨에 표기 하기도 한다.

특정명칭주(特定名称酒)

양조 방식에 따라 구분해 놓은 표기로 이 이름으로 원료에 대한 정보나 정미비율 등의 정보를 자연스럽 게 알 수 있다. 양조알코올의 첨가 여부에 따라 준마이슈(純米酒)와 혼조조(本醸造)로 구분된다. 준마이 슈의 재료는 쌀, 누룩, 물이며, 혼조조슈는 양조알코올이 추가된다. 참고로 준마이의 뜻은 순수한 쌀을 사 용했음을 의미하는 순미(純米)이다(p.22 사케분류표 참조).

정미율에 따라서도 명칭이 달라진다. 정미비율이 낮을수록 들어가는 시간과 인력이 많아져 값도 올라가 게 된다. 정미비율이 61% 이상인 경우는 준마이(純米), 혼조조(本醸造), 60% 이하는 준마이긴조(純米吟 醸), 긴조(吟醸), 50% 이하는 준마이다이긴조(純米大吟醸), 다이긴조(大吟醸)로 표기한다. 또한 양조장 에서 자신만의 방식으로 특별 제조를 한 경우, 특정명칭주 앞에 특별이라는 단어를 붙여 도쿠베츠준마이 (特別純米), 도쿠베츠혼조조(特別本醸造) 등 별도의 등급으로 분류하기도 한다.

그리고 정미율과 상관없이 첨가물을 넣게 되면 보통주라고 부르는 후츠슈(普通酒)가 되는데 여기에 속하 는, 우리에게 익숙한 술로는 간바레 오토상이 있다.

정미비율(정미보합)

쌀을 정미하는 비율을 말한다. 정미비율 70%는 쌀의 30%를 깎아 냈음을 의미한다. 쌀을 정미하는 이유는 양조에 불필요한 성분(단백질, 지방)을 제거하고 안쪽의 심백 부분(전분)만 남겨 술의 맛을 좋게 하는데 있다. 정미비율 70%는 감칠맛과 균형미가 있는 개성적인 맛의 사케가 되고 정미비율 50%는 잡미가 없고 물같이 깨끗한 맛의 사케가 된다.

쌀(米)

주조호적미로 사용되는 상위 4품종이 75%를 차지하며 쌀의 특성은 다음과 같다.

야마다니시키(山田錦) 양조용 쌀의 왕이라고 불리며 향기가 뛰어나고 부드러운 술을 만들 수 있으며 맛의 밸런스가 좋다.

고햐쿠만고쿠(五百万石) 심백이 크고 누룩균이 들어가기 쉬우며 깔끔하고 깨끗한 맛을 낸다.

미야마니시키(美山錦) 섬세한 향기가 있으며 가볍고 깔끔한 맛으로 바나나와 완숙 멜론 등의 과일 맛이 특징이다.

오마치(雄町) 진하면서 감칠맛 있는 술을 만들며 터프하다.

일본주도(日本酒度)

사케의 당분 정도를 나타내는 지표이다. 물의 비중 0을 기준으로 (+)표기는 드라이한 카라구치(辛口) 사케라고 하며, (−)표기는 단맛인 아마구치(甘口) 사케라고 한다. 특정명칭주의 특성이나 산도 등 다른 요소들과 같이 작용하기 때문에 입에서 느끼는 맛은 절대적이지 않아 참고용으로만 사용한다.

❶ 사케 이름*
❷ 경고 문구 및 주의사항*
❸ 양조장 이름 및 주소*
❹ 특정명칭주
❺ 제품명 및 분류*
　청주(淸酒) 혹은 니혼슈(日本酒)
❻ 용량*
❼ 원재료명*
　쌀, 누룩, 양조알코올의 첨가 여부
❽ 정미비율*
❾ 알코올 도수*
❿ 사케에 대한 설명
⓫ 제조일
⓬ 기타 사항
　유통기한–생주(生酒)만 해당
　일본주도 표기
* 법적 표기 대상

(3)와인

눈으로 보는 것이 가장 간단하게 와인을 구분하는 방식이다. 화이트와인은 청포도를 사용하며 투명하고, 녹색에서 노란색까지 다양한 색을 띤다. 로제 와인은 적포도를 사용하며 포도 껍질을 담가 놓는 침출 시간을 줄여서 투명하고 분홍빛을 띤다. 레드와인은 적포도를 사용하며 침출 시간을 길게 하여 진한 붉은 색을 띤다.

라벨 읽기

지역적 구분 방식은 구세계 와인(Old World)과 신세계 와인(New World)으로 나누는 것이다. 구세계 와인은 발상지인 조지아와 튀르키예, 그리고 그리스, 로마의 지배 영역이었던 북아프리카와 유럽을 말한다. 신세계 와인은 대항해시대 이후 새롭게 포도를 키워 와인을 만든 지역을 말하며 아메리카, 남아프리카, 호주, 뉴질랜드를 말한다. 최근에 와인을 만들기 시작한 우리나라와 중국, 일본도 신세계 와인에 속한다. 구세계 와인의 라벨은 나라마다 등급 제도가 존재하고 언어 또한 다르기 때문에 매우 어렵다. 등급이 높은 와인일수록 포도 품종 정보를 제공하지 않지만, 지역 정보가 있다면 알 수 있다. 가령 부르고뉴(Bourgogne) 와인이라면 레드와인은 피노누아(Pinot Noir), 화이트와인은 샤르도네(Chardonnay)이다. 이는 프랑스(AOC)에서 시작해 유럽으로 퍼진 원산지 통제 명칭(PDO)으로, 어디서 어떤 품종을 재배하는지가 결정되어 있기 때문이다. 반면 구세계 와인이라도 등급이 낮은 와인들은 포도 품종을 표시하는 경우가 대부분이다. 신세계 와인은 포도 품종에 대한 정보를 라벨에 표기해 놓아 읽고 판단하기 쉽다. 빈티지(Vintage)는 와인을 만들 때 사용한 포도의 수확연도를 의미한다.

❶ 와이너리 이름*
❷ 빈티지 – 샴페인이나 스파클링의 경우 넌 빈티지(Non-Vintage)가 있기도 하다
❸ 와인 이름*
❹ 품종 – 구대륙의 경우 원산지 통제 명칭으로 알 수 있는 지역은 표기를 하지 않는 경우도 있다
❺ 원산지통제명칭(PDO)* 참고 라벨은 스페인 규정으로, DO로 표기
❻ 알코올 도수*
❼ 용량*
❽ 와인에 대한 설명(생산 지역, 포도밭 환경, 양조 방식 등)
❾ 생산자 정보*
❿ 경고 문구 및 주의 사항*
⓫ 로트 번호(Lot Number)* 병별 생산 추적을 위한 번호 표기
⓬ 병입 업체 정보
　Ex. Embotella por N.R.E: 28/40372M
* 법적 표기 대상

(4) 전통주

전통주는 필수적인 법적 표기 사항을 제외하고는 라벨이 자유롭다. 필수 사항은 주종, 원료, 알코올 도수, 회사명 등이다. 모든 정보가 라벨에 표기되어 알기 쉽다.

원료

라벨에는 쌀, 누룩 등, 술의 원료가 표기되어 어떤 원료가 들어갔는지 알 수 있다. 주세법에 의해 수입되는 맥주, 와인, 사케에도 다른 나라와는 다르게 한글로 이러한 원료 표시가 되어야 한다.

유형

예외적인 술도 있지만 전통주는 육안으로 탁주인지, 약주인지 쉽게 구분할 수 있다. 증류주와 리큐어의 경계가 모호한 부분도 있지만 라벨을 보면 주종(탁주, 약주, 소주 등)을 적게 되어 있어서 정보를 쉽게 찾아볼 수 있다.

❶ 전통주 이름*
❷ 알코올 도수*
❸ 용량*
❹ 경고 문구 및 주의 사항*
❺ 전통주에 대한 설명

❻ 식품 유형*
　탁주, 청주, 약주, 증류주 등으로
　구분한다
❼ 원재료 및 함량*
　외국과 비교해 자세하게 적는다
❽ 양조장 이름 및 주소*

❾ 소비 기한 표시*
❿ 보관 방법에 대한 표기
⓫ 재활용 및 분리 배출 표시
⓬ 바코드
* 법적 표기 대상

7. 술 보관 방법

보관 방법은 각각의 술이 다르지만 공통적으로 직사광선은 술의 성질을 바꾸기 때문에 피해야 한다. 효모가 살아 있는 술인 경우에는 냉장 보관을 해야 할 수도 있다.

발효주는 뚜껑을 연 순간 산화되어 변질이 시작되기 때문에 오픈 후 1~2일 내에 먹기를 권장한다. 만약 그 이상 마시길 원한다면 산화를 천천히 진행시켜 술을 보관한다. 좋은 방법은 얼기 직전까지 보관 온도를 낮춰서 보관하는 것이다. 술에 따라 다르지만 일주일까지 품질이 유지되기도 한다. 사케와 전통주 애호가들은 일부러 권장 기한 혹은 유통 기한과 관계없이 일반적으로 저온에서 숙성해 마시기도 한다.

(1) 맥주
냉장고의 등장은 맥주의 변질을 막고 보관을 용이하게 하는 데 기여했다. 맥주는 다른 술과는 다르게 캔의 형태로도 생산이 되어 유통과 휴대가 편리하다. 탄산이 있는 라거 스타일의 맥주는 출고일로부터 최대한 빨리 소비하는 것이 좋다. 직사광선에 노출되면 홉에서 불쾌한 냄새가 날 수 있다.

높은 온도에서는 맥주 안의 산소와 효소 반응으로 불쾌한 냄새를 유발할 수 있으며 온도 변화가 자주 있으면 혼탁현상이 생겨 품질이 저하되기도 한다. 그러므로 서늘한 곳에서 일정한 온도(4~10℃)로 보관한다.

(2) 사케
사케는 크게 술의 열처리 여부에 따라 보관 방법이 다른데 이는 효모의 생존 여부가 기준이 된다. 일반적으로 대부분의 이자카야나 마트에서 판매하는 사케의 경우 열처리를 한 히이레(火入れ)가 많으며, 이러한 사케는 상온에서 보관이 가능하다. 나마자케(生酒)는 효모가 살아 있는 술이기 때문에 냉장 보관을 원칙으로 한다.

직사광선을 받으면 맛이 변하고 좋지 않은 향이 난다. 구입할 때 받은 박스나 신문지로 싸서 빛이 들지 않는 곳에 보관한다. 또 와인과 다르게 세워서 보관하며, 술의 안정성을 위해 진동이 없는 곳에 보관한다.

알코올이라 별도의 유통 기한은 없지만 각각의 권장 기간은 있다. 다만, 권장 기간을 넘어 오래 보관해서 마시는 방법도 있다. 권장 기간은 열처리를 한 경우 오픈 전 상온 8~12개월, 오픈 후 냉장 2주~3개월이다. 열처리를 하지 않은 경우 오픈 전 냉장 6개월, 오픈 후 냉장 2주이다. 오픈한 경우, 최상의 컨디션으로 마시고 싶다면 2~3일 이내에 소비하는 게 좋다.

(3) 와인
온도와 습도 등 보관이 꽤 까다로운 편이며 고가의 고품질 와인이나 스파클링와인일수록 보관에 주의해야 한다. 특히 와인은 일정한 온도로 보관하는 것이 중요한데, 일정한 온도는 와인의 품질을 유지하며, 온도가 높으면 끓는 현상(corked)이 발생하여 와인이 변질된다. 적정한 보관 습도는 55~75%(고급 와인의 경우 65~70%)이며 80%가 넘는 경우 곰팡이로 손실될 수 있다.

투명한 병은 직사광선에 약하니 빠르게 소진하거나 보관에 유의한다. 갈색병은 직사광선의 영향은 덜하지만 그럼에도 불구하고 피하는 것이 좋다. 진동은 와인의 상태에 영향을 주며 해외에서 와인을 구입했다면 2주 정도 여유를 두고 안정화 기간을 거친 후 마시는 것이 좋다.

코르크가 와인에 적셔져 마르지 않아야 산소 접촉면을 최소화할 수 있다. 만약 세워 놓는다면 일정 기간 코르크를 적시는 작업을 해야 한다. 코르크가 아닌 스크류 캡(Screw Cap)의 경우 세워서 보관도 가능하다. 코르크는 와인의 숨구멍과 다름없다. 냉장고나 김치냉장고에 보관하면 다른 식재료의 향을 다 흡수한다. 잠시 보관하는 정도로는 영향을 받지 않지만 장기 보관은 피해야 한다.

와인은 일반적으로 병의 형태로 유통되지만 벌크 제품도 있으며, 벌크 제품의 경우 산소가 차단되어 최대 한 달까지 마실 수 있다. 근래에는 캔 제품도 출시되어 보관과 유통이 편리해지고 있다.

(4) 전통주

사케처럼 효모의 생존 여부에 따라 보관 방식이 달라진다. 효모가 살아 있는 경우 냉장 보관이 필수이며, 살균한 경우에는 상온에서도 보관이 가능하다. 직사광선을 받으면 맛이 변하고 좋지 않은 향이 난다. 또 눕혀서 보관하면 생막걸리의 경우 병 입구의 탄산가스 배출 틈으로 내용물이 샐 수 있으므로 세워서 보관한다.

보관 기간 역시 효모의 생사에 따라 달라진다. 탁주의 경우 효모가 살아 있으면 보관 기간이 짧고, 효모가 죽은 경우(살균막걸리)는 일 년 이상 보관이 가능하다. 약주 역시 비슷하다. 과거에는 비용 절감을 위해 페트병을 사용해 왔으나 고급화가 진행되면서 유리병 사용이 증가하는 추세이다.

8. 알아 두면 자랑거리가 되는 술 용어 사전

(1) 맥주

괴즈(Geuze) 향을 낸 곡류 베이스의 유산 발효 맥주. 새콤하고 과일향이 좋다. 벨기에에서 주로 생산되며 신맛의 람빅 맥주와 숙성된 단맛의 람빅 맥주를 블렌딩하여 만든다.
맥아(麥芽, Malt) 보리를 발아시켜 싹을 틔운 뒤 말린 것으로 맥주 양조 재료로 사용한다. 보리가 물을 만나면 발아되는 과정에서 전분분해효소가 나와 녹말이 분해되며 당화 과정이 이루어진다.
매싱(Mashing) 맥주 제조에서 몰트(맥아)와 물의 혼합물을 가열하여 맥아즙을 만드는 공정이다. 몰트 이외에 다른 곡물을 쓰는 경우는 곡물을 이 과정에서 첨가한다. 주목적은 몰트에서 만들어진 당분을 추출하거나 곡물의 전분을 당으로 분해하기 위한 것이다.

맥주순수령 맥주를 양조할 때 물, 맥아, 효모, 홉만 사용해야 한다는 것을 명시해 놓은 독일의 법령. 1516년 바이에른의 공작 빌헬름 4세가 공포. 정치적 목적이 있었지만 맥주가 규격화되고 품질이 일정하게 되는 데 기여했다.

상면발효 발효 중에 발생하는 이산화탄소의 거품과 함께 효모가 액체 표면 위로 뜨고 가라앉지 않는 발효 형태이다. 일반적으로 에일 맥주 생산에서 많이 볼 수 있다.

하면발효 발효할 때 효모끼리 뭉쳐서 발효탱크 밑으로 가라앉는 발효 형태이다. 10℃ 정도의 저온에서 발효하고 여과가 쉬우며 깨끗하고 부드러운 맛과 향이 특징이다. 라거, 필스너가 대표적이다.

생맥주 병백주, 캔맥주와 같은 원액, 재료, 방식으로 양조되며 용기만 달리한 것이다. 우리나라에서 케그(통)로 판매되는 생맥주는 효모를 여과 과정에서 제거해서 저온에서 판매하는 형태이다. 반면 국내 크래프트 맥주 제조사에서 판매하는 생맥주는 대부분 여과 과정을 거치지 않은, 효모가 있는 생맥주이다.

옥토버페스트(Oktoberfest) 독일 바이에른주 뮌헨에서 9월 말부터 10월 초까지 2주간 열리는 맥주 축제이다.

크래프트숍(Craft Shop) 수입 맥주를 구입할 수 있는 숍이며 바틀숍이라고도 한다.

첨가물 맥주순수령 이전에는 여러 첨가물이 문제가 되어 건강을 해치는 경우가 있었다. 현재는 순수한 맛을 내기 위해 첨가물을 적게 쓰지만 향신료나 허브, 과일 등을 넣는 경우도 있다.

홈 브루잉(Home Brewing) 자가 양조로 집에서 만드는 맥주를 말한다. 전용 키트를 이용하여 편리하게 만드는 경우도 있다.

홉(Hop) 맥주를 만드는 데 들어가는 식물. 씁쓸한 맛을 낸다.

(2) 사케

겐슈(原酒) 알코올 도수를 조절하는 물을 첨가하지 않은 사케를 말한다. 알코올 느낌이 강하고 술을 구성하는 성분들이 단단하다.

고슈(古酒) 1년 이상 장기 숙성한 사케이며 숙성할수록 맛이 든다. 오래 숙성한 사케는 벌꿀과 유사한 맛이 나기도 한다.

긴조(吟釀) 정미율을 구분하는 의미이기도 하지만 긴조의 순수한 뜻은 시간을 들여 신중하게 양조한다는 의미를 가지고 있다. 술이나 간장, 된장의 올바르고 오랜 숙성을 일컫는다.

입국(粒麴) 코지(麴, 국)라고 하며 쌀을 당화하고 알코올을 만드는 데 도움을 준다. 별도의 공간을 둘 정도로 섬세한 작업이 필요하다.

니고리자케(にごり酒) 일본식 탁주이며 여과 과정을 생략하여 침전물을 거르지 않는다. 발효로 탄산이 발생하기도 한다.

니혼슈(日本酒) 일본에서 사케를 부르는 말. 지리적표시제처럼 일본에서 생산된 쌀, 물을 이용하고 일본에서 병입할 때는 니혼슈로 표기하며, 일본 이외 지역에서 작업할 때는 세이슈(淸酒: 청주)로 표기한다.

도부로쿠(どぶろく) 사케를 짜내고 남은 지게미를 포함하여 만든 술이다. 색이 탁하고 맛이 진하다.

사카바(酒場) 술(酒)을 먹는 장소(場)로서 말 그대로 술집이라는 의미. 최근에는 이자카야보다 사카바라는 말이 많이 쓰이고 있다. 사카바를 내세운 가게들은 보다 술에 전문성을 가지고 있다. 술에 대한 해설과 많은 리스트의 술을 가지고 있어 본격적으로 술을 즐길 수 있다.

주정(酒精) 양조알코올을 의미한다. 수입한 당밀과 옥수수를 발효한 뒤 증류한 것을 사용했으나 최근에는 쌀을 원료로 하는 양조장이 증가하고 있다. 주정을 넣은 사케는 장기 보관에 유리하며 향이 풍부해진다.

주조호적미(酒造好適米) 양조에 적합하게 만든 쌀로 일반 식용쌀과 비교해서 알이 크고 길이도 길다.

정미(精米) 쌀을 깎는 과정. 사케 맛을 내는 데 핵심 요소 중 하나이다.

나마자케(生酒) 열처리를 하지 않은 사케를 말한다. 효모가 살아 있어 지속적으로 발효가 된다. 냉장 보관이 필수이다.

히이레(火入れ) 열처리를 한 사케이다. 상온 보관과 장기 보관에 유리하다. 열처리는 사케 제조에서 두 번 있는데, 앞에 열처리를 생략한 것이 나마쵸조(生貯蔵酒: 생저장주), 뒤에 열처리를 생략한 것을 나마즈메(生詰: 생힐)라고 한다. 두 가지 방식 모두 국내에 수입이 많지 않다.

(3) 와인

교배종(Crossing) 비티스 비니페라 품종 간의 교배는 꾸준하게 진행되어 왔다. 두 품종으로 탄생한 대표적인 품종은 카베르네 프랑과 소비뇽 블랑이 교배된 카베르네 소비뇽이 있다.

내추럴와인(Natural Wine) 어떠한 첨가물 없이 제조된 와인을 말한다. 과거의 전통적인 와인 방식 중 하나이며 지속 가능한 개발을 기준으로 삼고 있다. 초기에는 산화 캐릭터가 강했지만 점차 연구를 거듭하여 안정화가 돼 가는 추세이다.

디켄팅(Decanting) 올드 빈티지 와인에 생기는 침전물을 제거하기 위해 와인을 다른 용기로 옮겨 따르는 행위로, 와인에 산소를 접하게 하여 와인의 풍미를 깨우는 데도 이용된다.

스테인리스 스틸 발효 스틸 와인으로 표기하며 위생, 온도 조절에 편리한 스테인리스 발효통에서 하는 발효 방식이다. 균일한 맛과 향을 유지할 수 있으며 포도 자체의 맛을 유지하는 데 유리하다.

오크 숙성 오크통에서 숙성시키는 방식이다. 참나무 재배지와 오크통 사용 횟수 그리고 숙성 기간에 따라 와인의 맛이 변화한다. 오크의 풍미를 입히기 위해 대체물로 오크칩을 쓰기도 한다. 오크통을 사용하면 오크의 풍미가 와인에 입혀지고 탄닌이 부드러워진다.

콘크리트 발효 스테인리스 발효 전에 사용했던 방식이다. 저온이 유지되고 산소의 접촉도 적당히 일어나 과일 특징을 보존하고 탄닌을 부드럽게 만들어 준다.

블렌딩(Blending) 두 개 이상의 품종을 섞어 만든 와인. 복합적인 풍미와 균형감이 있으며, 술을 만들 때 환경의 영향을 덜 받아 향미의 일관성을 유지하고 스타일을 생성한다.

빈티지(Vintage) 와인 생산을 위해 포도가 수확된 연도를 라벨에 명시한 것을 말한다.

비건와인(Vegan Wine) 양조 과정 중 동물성과 관련된 제품을 사용하지 않은 와인을 말한다. 대표적으로 여과 과정 중 달걀 흰자를 사용하지 않거나 와인을 밀봉할 때 밀랍을 사용하지 않는다.

스크류캡(Screw Cap) 코르크를 대신하기 위해 선택한 대안이며 알루미늄으로 뚜껑을 만든다. 저렴한 와인이라는 편견이 있지만 호주에서는 고급와인에서도 사용되며 코르크를 사용한 와인처럼 숙성도 가능하다.

앙금(Lee, 리) 와인 양조 과정 중 생기는 앙금으로 큰 앙금인 포도 껍질, 씨, 줄기 등은 분리하지만 작은 앙금인 죽은 효모들은 같이 숙성하여 풍부한 풍미와 부드러운 질감을 부여한다.

유산 발효(Malolactic Fermentation, MLF) 와인 양조 과정에서 유산균에 의해 와인에 함유되어 있는 사과산(malic acid)을 유산(젖산, lactic acid)으로 변화시켜 자극적인 신맛을 부드럽게 만들어 준다. 버터와 헤이즐넛 풍미가 추가되어 앙금 숙성으로 착각하기도 한다. 샤르도네는 대표적인 유산 발효를 활용하는 품종이며 리슬링과 소비뇽 블랑은 유산 발효를 거의 하지 않는다.

주석산염(Tartrate) 와인잔에 반짝이듯 달라 붙어 있는 가루이며 차가운 온도에서 생성된다. 마시는 사람의 건강, 맛, 향에 영향을 주지 않는다. 화이트와인에서 생긴 결정은 다이아몬드, 레드와인에서 생긴 결정은 루비라고도 부른다.

코르크(Cork) 코르크 나무 껍질을 이용하여 만든 와인 마개. 콕트(corked)라고 일컬어지는 코르크 마개의 부패가 발생될 수 있으나 오랫동안 사용된 전통 방식이다. 최근에는 오염을 방지하기 위해 인조 코르크도 사용한다.

콜키(Corky)/콕트(corked) 유통이나 보관 과정에서 코르크나 온도 문제로 발생하는 와인의 변질 현상으로, 전체 와인의 약 3~4% 정도에서 발생한다. 젖은 신문지나 종이박스의 습한 향이 나며 와인 맛이 변질되는 경우도 있다.

테루아 또는 테루아르(Terroir) 토양을 의미하는 프랑스어이며 포도를 재배하는 데 영향을 끼치는 모든 요소를 말한다.

필록세라(Phylloxera) 북미 토착 해충으로 19세기에 유럽으로 유입되어 양조용 포도나무를 초토화시키며 와인 산업을 멸망 단계까지 가게 했으나 필록세라에 저항력 있는 미국 포도나무에 유럽 포도나무 줄기를 접목하는 것으로 해결하였다. 필록세라에 영향을 받지 않은 지역은 접붙이기를 하지 않고 기존의 포도나무 뿌리를 사용한다.

(4) 전통주

가양주(家釀酒) 집안에서 빚어 마시던 술. 우리나라는 전통적으로 지역주 대신 가양주가 강세였으나 1916년, 일제시대에 주세령으로 인해 집에서 술을 빚는 것이 어려워졌고, 이후 집에서 빚어 마시는 술은 밀주라 하여 탄압을 받았다. 1995년에 와서야 가양주 빚기가 허가되었다.

고두밥 꼬들꼬들하게 지은 된밥. 고두밥을 만들기 위해서는 쌀을 씻어 물에 불린 뒤 물기를 빼 찜통이나 시루에 증기로 쪄내야 한다. 이렇게 고두밥을 만들면 전분을 당분으로 만드는 당화가 쉽게 일어난다.

과하주(過夏酒) '여름에 빚어 마시는 술' 또는 '여름이 지나도록 맛이 변하지 않는 술'이라는 뜻. 여름에 술의 산패를 방지하기 위해 약주에 증류주를 부어 알코올 도수를 높여 저장성을 높인 술이다. 유럽의 주정강화 와인(셰리 또는 포트)과 비슷하다.

단양주(單釀酒) 술을 만들 때 밑술과 덧술을 나누지 않고 쌀, 누룩, 물을 한 번에 넣고 빚은 술이다. 단양주에 원료를 추가하면 이양주가 된다.

밑술 술을 빚을 때 덧술을 첨가하기 전 단계의 술. 쌀을 다양한 형태로 전처리한 후 누룩을 섞어 적절한 온도에 보관하면 밑술이 만들어진다. 밑술에 원료를 추가하는 것을 덧술이라 한다.

덧술 술의 품질을 높이기 위해 앞에 만들어진 술(밑술)에 추가로 원료를 혼합해 주는 과정이다. 단양주에 곡물, 물, 누룩 혼합한 것을 한 번 더 추가로 넣는 것을 덧술이라 한다.

막걸리 맑은술인 약주(청주)에 상대되는 개념인 탁주를 말하며 원주(전내기)에 물을 타서 알코올 도수와 농도를 맞춘다.

약주 맑은술을 부르는 법적인 용어이다. 예로부터 약용식물을 넣어 약으로 마시는 경우나 술을 높여 부를 때 사용됐다. 현재 주세법에서는 맑은술을 약주라 부르고, 일본 사케식 제조법으로 만든 맑은술을 청주라 지칭한다.

목로주점 선술집에서 술을 팔 때 술잔을 놓기 위해 널빤지로 좁고 기다랗게 만든 상을 목로(木爐)라 한다. 목로에서 서서 먹는다 하여 목로주점 혹은 선술집이라 한다. 20세기까지 볼 수 있었지만 요즘에는 단어의 사용마저 드물어졌다.

백국균 빛깔이 흰 곰팡이로 검정 곰팡이 흑국균의 변종이다. 산 생성 능력이 우수하여 초기 잡균 번식을 억제한다. 우리나라에서는 입국을 만들 때 많이 사용한다.

삼해주(三亥酒) 음력으로 정월 첫 해일(亥日) 해시(亥時)에 술을 빚기 시작하여 12일 후나 한달 간격으로 돌아오는 해일 해시에 세 차례에 걸쳐 술을 빚는다 하여 삼해주라 한다.

소곡주 누룩을 적게 사용하여 빚는다는 뜻에서 소곡주 혹은 소국주라 하며, 별칭으로 백일주, 앉은뱅이술이라고 한다.

소줏고리 발효주를 증류시켜 소주를 만들 때 쓰는 기구이다. 아래짝과 위짝 두 부분으로 이루어져 있다. 위짝 위에는 차가운 물이 든 용기를 올려 놓고 아래짝 밑에는 발효주가 든 가마솥을 둔다. 가마솥을 가열하면 술이 끓어 증발한 기체가 위짝으로 올라가게 되고 차가운 물이 담긴 용기에 닿으면 식으면서 다시 액화되어 가운데 있는 주둥이로 내려가게 된다. 이를 모아 증류주인 소주를 만든다. 고려 시대, 원나라에 의해 한반도에 전해졌다고 알려져 있다.

술덧 항아리나 용기 안에서 발효되고 있는 술을 일컫는 말이다.

술지게미 술을 만들 때 마지막에 술을 짜고 남은 쌀과 누룩 고형물이다. 일반적으로 탁주를 거르고 남은 찌꺼기를 술지게미라고 한다.

주정 전분(타피오카, 쌀 등) 또는 당분(사탕수수 등)이 포함된 재료를 발효시켜 알코올 85도 이상으로 증류한 것을 말한다. 희석식 소주의 원료로 사용된다.

The Pairing. 02

음식과 술의 페어링(마리아주)

1. 페어링의 정의

"맛있는 음식을 먹으려 하는 것은 신에게 조금 더 가까이 가기 위함이다."

음식은 허기를 달래 주고 신체에 영양분을 공급하는 본연의 역할 외에도 인간의 삶에 즐거움과 만족감을 주고 삶의 질을 향상시키는 데 기여한다. 특히 현대에 들어서면서 경제적 여유가 생기고 요리 기술이 발달하면서 미식에 대한 관심이 폭발적으로 증가하고 있다. 또 미식이 대중화되면서 맛있는 음식에 맛있는 술을 곁들여 함께 즐기는 페어링이 유행처럼 번지고 있는 추세이며, 이는 국내에서도 예외가 아니다.

'페어링'은 '매칭'이라는 뜻의 또 다른 영어 표현으로, 예전에는 '궁합'이라는 말로 서로의 조화나 어울림을 표현했다. 궁합처럼 서로 어울리는 음식과 술을 찾아내 조화를 맞추고 최상의 맛을 얻어내는 것을 프랑스에서는 '마리아주(Mariage)'라고 한다. '결혼'이라는 의미인데, 이 책에서는 영어식 표현인 페어링을 주로 사용하였다. 페어링은 이제 미식가들이 모이는 자리라면 어디에서나 빼놓을 수 없는 화두가 되고 있다.

2. 페어링의 필요성

음식에 잘 맞는 술을 곁들이면 금상첨화가 된다. 소화도 잘 되고 분위기도 좋아질 뿐 아니라 맛의 균형과 영양까지 고려할 수 있으니 미식에 적당한 양의 술은 빼놓을 수 없는 필수품이다. 하지만 세상에는 너무나 많은 음식과 술이 존재한다. 또한 이러한 음식과 술은 각각의 특성이 있어 일일이 궁합을 맞춘다는 것은 너무도 어렵고 긴 시간이 소요되는 일이다.

물론 경험상 늘 잘 어울렸던 음식과 술도 있다. 삼겹살과 소주, 파전과 막걸리, 프라이드 치킨과 맥주 등이 그것이다. 그러나 일반적인 지식을 바탕으로 잘 어울릴 것이라 예상했던 페어링이 좋지 못한 결과를 보일 때도 있다. 반대로 생각지도 못한 조합이 환상적인 어울림을 보일 수도 있다. 특히 와인이나 맥주가 주류를 이루는 서양과 달리 여러 전통주와 동양의 술이 혼재하고, 안주가 중시되는 우리나라의 경우는 아직 검증되지 않은 조합이 많다. 따라서 마치 미지의 영역을 탐험하는 모험가처럼 경험하지 못한 페어링에 도전해 보는 것도 또 다른 묘미이자 즐거움이 될 것이다.

3. 페어링의 기본 자세

첫 번째 기본 자세는 자신이 가지고 있는 편견에서 벗어나 음식과 술의 특징을 객관적으로 파악하고 분석하는 습관을 들이는 것이다. 특히 외식 서비스업에 종사하는 소믈리에 같은 전문가는 주관성을 배제하고 객관적으로 분석하는 자세가 철칙과도 같다.

두 번째 중요한 자세는 음식과 술을 꾸준하게 자주 먹어 보고 마셔 보면서 기억에 남기는 것이다. 사진으로 기록을 남기거나 나만의 시식·시음 노트를 만들어 기록하는 것이 좋다. 만약 전문가로서 일을 하고 있다면 반드시 지켜야 하는 자세이다. 식문화 분야에서 오랫동안 일을 하고 있더라도 지속적으로 음식과 술을 먹고 마시며 학습하는 습관을 갖는 것이 중요하다.

4. 페어링의 기본 공식

음식과 술의 페어링은 음식과 술, 두 분야를 모두 알고 이해해야 하며 오래 기간 숙련된 노하우를 발휘하여 '페어링'을 이끌어 내야 하기 때문에 매우 어려운 일이다. 선천적인 감각에 더하여 후천적으로 꾸준히 공부하고 연구해야 이와 같은 능력을 갖출 수 있다. 하지만 약간의 공식을 통해 조금 쉽게 접근하는 방법도 있다. 다음에 열거하는 몇 가지 사항을 참조하면, 어떤 음식에 어느 술을 마실 것인지를 결정하는 데 효과적인 팁을 얻을 수 있을 것이다.

음식과 술의 페어링은 감각으로 느끼는 요소를 먼저 파악하는 것으로 시작한다. 다음은 식재료, 조리법, 소스가 가지고 있는 특성을 파악하여 원하는 술의 스타일에 대입한 뒤 조화를 이루는지 찾는 것이 관건이다.

(1) 감각으로 느끼는 요소

무게감(바디감)
음식과 술 모두 가벼운 것과 묵직한 느낌이 드는 것, 그리고 중간 정도의 무게감을 갖는 것으로 나뉜다. 가벼운 음식은 가벼운 무게를 지닌 술들과, 무거운 음식은 당연히 알코올이나 조직감이 묵직한 헤비 바디의 술들과 맞춰야 한다. 즉, 음식과 술 모두 같은 중량의 체급을 선택해야 어느 한쪽이 밀리지 않고 조화를 이루게 된다.

예를 들어 닭고기로 만든 두 가지 요리를 비교해 보자. 첫 번째 요리인 담백한 닭백숙은 가벼운 무게감의 음식이므로 어울리는 술을 선택할 때는 같은 가벼운 무게감의 술을 선택하는 것이 좋다. 물론 닭이 채소에 비해 가볍지는 않지만 육류치고는 가벼운 편이며 특히 닭을 삶아 익힌 백숙은 다이어터들도 즐길 만큼 가벼운 음식에 속한다. 두 번째 요리는 각종 야채와 진한 양념으로 맛을 낸 닭볶음탕이다. 파, 마늘, 간장, 고춧가루, 설탕 등의 양념이 닭, 감자, 당근 등의 여러 재료들과 함께 조려지면서 묵직한 바디감이 생겨난다. 여기에 가벼운 술을 곁들이면 술의 특징이 묵직한 닭볶음탕에 가려질 것이다. 따라서 같은 계열의 바디감, 즉 미디엄에서 헤비한 바디감 사이의 술을 선택하는 것이 무난하다.

이렇게 무게감을 고려할 때에는 주재료의 특성과 소스의 무게감이 주를 이루기 때문에, 대체로 소스의 맛과 색이 강하면 술 또한 강한 것이 잘 맞으며, 소스가 적거나 없는 경우라면 주요 식재료의 특성에 맞춰 술을 선택한다. 술의 무게감은 보통 알코올 도수와 입안에서 감지되는 조직의 복합성에서 느껴진다.

향의 깊이

입안에서 느껴지는 음식과 술의 무게감만을 고려해 술을 선택하더라도 대개 50% 이상은 성공한다. 그럼에도 불구하고 향을 고려해야 하는 것은 음식과 술, 모두 향을 품고 있기 때문에 더 극대화된 시너지 효과를 얻기 위해서이다. 음식이 무겁다고 해서 향이 다 무겁거나 강하지는 않으며, 그 반대로 가벼운 음식에 속하지만 향이 짙은 음식들도 허다하다. 예를 들어 참치회나 방어회는 기름져 무게감이 있지만 향이 진하지 않고, 참기름으로 버무린 나물이나 허브 가득한 동남아 샐러드는 가볍지만 향이 진한 음식에 속한다.

이럴 때는 먼저 무게감으로 1차 선정을 하고, 폭을 좁혀서 선정된 술들 중 향의 깊이가 비슷한 술로 2차 선정을 하여 더욱 세밀하게 페어링을 한다. 술의 향은 원재료와 추가적으로 들어가는 부재료의 향과 더불어 숙성되는 과정에서 향이 만들어지는 경우가 많다.

맛의 균형

음식과 술은 단순한 맛을 하나씩 가진 경우도 있지만 보통 복합적으로 다양한 맛을 가지고 있다. 그 복합적인 맛 중 가장 강조된 맛을 찾아 서로 어울리거나 혹은 보완할 수 있는 짝으로 페어링하면 조화로운 식사를 할 수 있다.

우리의 혀가 인지하는 5가지 맛이 페어링의 기반이 된다. 단맛, 신맛, 짠맛, 쓴맛, 감칠맛이 기본이지만 근래에는 통각에 해당하는 매운맛이 추가되는 추세이다.

(2) 맛의 분류

단맛

단맛은 과일처럼 새콤달콤한 단맛과 초콜릿 케이크처럼 쌉쌀한 단맛, 그리고 갓 튀겨 설탕을 묻힌 단팥 도넛처럼 매우 진한 단맛으로 구분된다. 새콤달콤한 단맛의 음식은 산도가 있는 단맛의 술을, 쌉쌀한 단맛의 음식은 쌉싸름하면서도 살짝 당도가 있는 술을 매치하는 것이 좋다. 그리고 단맛이 두드러지는 매우 진한 단맛의 음식은 당연히 같은 느낌의 당도가 높은 술을 선택해야 균형 잡힌 맛을 느낄 수 있다.

단 음식에 단 술은 행복감마저 선사한다. 그렇지만 단 음식에 단맛이 전혀 없고 탄닌이 강한 떫은 술을 함께 마신다면 어떨까? 과일이 듬뿍 들어간 생크림케이크를 묵직한 레드와인이나 알코올 도수가 40도가 넘는 소주와 함께 먹는다면 서로 부딪치며 장점을 해하는 맛이 날 것이다.

신맛

초무침이나 식초 베이스의 샐러드, 혹은 감귤류를 이용한 음식에는 산도가 강한 술을 선택하는 것이 좋다. 그렇지 않으면 술이 음식에 비해 맛이 상대적으로 약하기 때문에 술의 맛과 향이 잘 느껴지지 않아 밍밍하고 심심하다고 느낄 것이다. 혹은 반대의 경우가 될 수도 있다.

짠맛

짠맛은 단맛과 조화시키는 것이 좋다. 사람들이 좋아하는 이른바 단짠의 조합이 그것이다. 음식이 짜다고 짠맛이 나는 술을 고르면 비슷한 두 짠맛이 겹쳐 반갑지 않게 느껴질 것이다.
국이나 찌개를 끓이다가 짠맛이 강하게 나면 보통은 남은 재료를 더 넣거나 물을 부어 싱겁게 조절한다. 또 하나의 방법은 설탕을 조금 넣어 짠맛을 잡아 주는데, 바로 이 방법을 이용해 짠 음식을 먹을 때는 달콤한 소스를 첨가하거나 단맛의 술을 곁들이면 환상의 궁합을 만나게 된다.

세계적으로 익히 알려진 단짠의 조화를 살펴 보면 이해가 쉬울 것이다. 소금을 많이 넣고 발효시켜 만드는 고르곤졸라와 스틸톤 같은 블루 치즈들은 단맛이 강한 포트 와인이나 꿀, 혹은 말린 과일을 곁들여 먹는다. 염장 처리를 한 샤퀴트리를 먹을 때는 보통 포도, 무화과, 멜론 같은 달콤한 과육이 가득한 과일을 접시에 함께 담아 낸다. 짭조름한 어리굴젓 한 입에 달달한 막걸리 한 사발이 주는 기쁨을 맛본 이들이라면 충분히 이해가 될 조합이다.

쓴맛(떫은맛)

감, 밤, 포도의 껍질처럼 떫은맛이 나는 음식이나 더덕, 도라지, 여주처럼 맛 자체가 쓴 식재료를 시용한 음식을 먹을 때는 술을 선택하는 것이 몹시 어렵다. 하지만 각각의 술은 저마다 다양한 맛과 향을 담고 있기 때문에 애주가들이라면 어울리는 음식을 찾는 데 또 다른 재미를 느낄 수 있을 것이다.

쓴맛의 음식은 다소 단맛이 있는 술과 페어링하면 보완 효과가 있어 잘 맞는 편이다. 때론 쓴맛이 어느 정도 느껴지는 허브나 약재가 들어간 동일 재질의 술을 더해도 괜찮은 경우가 있다. 탄닌이 많아 떫은 레드와인을 흰 살 생선이나 달걀과 곁들이면 비릿함과 함께 쇠맛이 나므로 피하는 것이 상책이다. 소금기가 강한 짠 음식과 떫고 쓴맛의 술을 함께 마시면 쓴맛이 심하게 나니 주의한다..

감칠맛

감칠맛은 깊고 풍부한 맛으로, 주로 아미노산과 핵산의 조합으로 만들어진다. 이 맛은 고기나 해산물, 일부 채소(토마토, 버섯 등)에서 맛볼 수 있으며 음식의 풍미를 더욱 풍부하게 해 준다. 감칠맛은 음식의 매력을 한층 높여 주는 중요한 요소이며 그 조화를 이해하면 식사가 더욱 풍성해질 것이다.

감칠맛이 강조된 음식에는 기름기가 적은 술이나 깔끔한 화이트와인이 잘 어울린다. 이들 술은 감칠맛의 풍미를 한층 더 돋보이게 해 주며, 음식의 깊이를 살려 준다. 반면 감칠맛이 약한 음식에 강한 향이나 맛을 가진 술을 곁들이면 상반된 맛이 충돌할 수 있으니 주의해야 한다.

고소한 음식과 감칠맛의 조합은 환상적인 경우가 많다. 예를 들어 구운 육류나 지방이 풍부한 해산물과 함께 마시는 풍부한 레드와인은 서로의 맛을 보완해 주며 즐거운 식사 경험을 선사한다. 또 일본의 된장국(미소시루)이나 한국의 김치찌개처럼 깊은 감칠맛을 가진 요리는 일반적으로 전통주와 함께 즐기면 더욱 풍미가 살아난다.

매운맛

앞에서도 말했듯이 매운맛은 맛의 범주라기보다 아픔을 느끼는 통각으로 분류된다. 하지만 요즘 몇 년 사이 엽기떡볶이나 불닭볶음면, 마라탕과 같이 혀가 마비될 정도의 캡사이신이나 매운 양념이 가득 들어간 음식들이 유행하면서 매운맛으로 정의가 내려지고 있다.

도전 정신을 자극하는 매운맛이 아니라 맛나게 매운맛이라면 물과 비슷한 성질의 가벼운 알코올에 단 향이 살짝 도는 술이 잘 맞는 편이다. 때로는 탄산이 들어간 가벼운 술도 맵기를 씻어 주며 좋은 어울림을 자아낸다.

식감

음식이나 술이 입안에 들어와 입천장, 치아 사이, 그리고 혀의 여러 부분에 닿을 때 느껴지는 복잡하면서도 미묘한 감각을 식감이라 한다 맛에 포함되지는 않지만 식감도 음식과 술의 페어링에 매우 중요한 요소이다. 어떤 음식은 부드러워 물 흐르듯 넘어가기도 하고, 어떤 음식은 입안에 쌓여 있는 것처럼 질깃하고 텁텁하면서 잔여물이 남아 있는 느낌을 준다. 이러한 음식에 곁들이는 술 역시 같은 질감으로 선택해야 서로를 해치지 않고 조화를 더해 준다.

(3) 식재료의 특징

음식보다 술을 좋아하거나 술 전문가라면 술을 먼저 고르고 그에 맞는 안주나 음식을 선택할 확률이 높다. 아마도 술이 주는 즐거움을 먼저 생각하기 때문일 것이다. 반대로 음식을 좋아하는 사람이나 대부분의 소믈리에는 음식에 맞춰 술을 선택하게 된다. 특히 식당이나 주점, 레스토랑에서 근무하는 소믈리에나 서비스 종사자들은 요리사가 구성한 음식을 손님에게 제공해야 하기 때문에 음식에 맞는 술을 고르게 된다. 어느 쪽을 먼저 선택해 페어링하든 식재료의 특징을 아는 것이 중요하다. 식재료마다 갖고 있는 본연의 향, 맛, 재질 같은 특성이 술을 선택하는 데 도움이 되기 때문이다.

(4) 각양각색 조리법

조리법에 따라 음식의 풍미, 식감, 영양 등이 달라지며 이에 따라 술도 영향을 받는다.

생식

열을 가하지 않고 날 것으로 섭취하는 것을 말한다. 보통 과일과 채소, 싱싱한 생선이나 해산물이 주로 생식의 대상이 되지만 지역에 따라서는 육류를 생식하는 사람들도 꽤 있다. 식재료의 특징만을 고려하면 되기 때문에 술과의 페어링이 가장 쉬운 편이다.

데치기

끓는 물에 여리고 섬세한 식재료를 넣어 짧은 시간 열을 가하는 방식이다. 재질을 단단하게 잡아 주고 색을 보존하며 변질을 막아 주는 효과가 있다. 데쳐서 바로 섭취하는 경우도 있지만 대부분은 조리의 중간 단계인 경우가 더 많다. 식재료에 따라 다르나 데쳐서 바로 섭취하는 경우에는 생식만큼 술과의 페어링이 수월하다.

삶기

단단하거나 익는 데 시간이 걸리는 덩어리가 큰 식재료를 물 또는 육수에 넣고 일정 시간 열을 가해 조리하는 방식이다. 삶은 식재료는 그냥 먹기도 하지만 로스팅이나 소테잉 등 다른 조리법을 더하기도 한다. 이 조리법 또한 술과의 페어링이 그리 어렵지 않다.

무치기

다른 나라에 비해 유독 우리나라에서 많이 사용하는 조리법이다. 생것이든 익힌 재료든 따로 혹은 같이 원하는 양념을 넣고 버무려 먹는데, 나물이 대표적인 예지만 간혹 해산물 같은 식재료도 쓰인다. 우리나라에서의 무침은 식초와 참기름의 사용이 많아 산도가 어느 정도 받쳐 주는 술과 페어링하는 경우가 많다.

찌기

식재료 본연의 모습과 맛을 가장 잘 유지하면서 익혀 내는 조리법으로 수증기의 열을 이용한다. 수용성 성분의 손실이 적고 영양적으로도 좋다. 식재료의 익힘 정도만 잘 파악하면 술과의 페어링이 쉬운 편이다.

조리기

단단한 뿌리 채소나 생선, 육류 등을 주로 사용한다. 육수나 양념한 국물에 식재료를 넣고 저온에서 시간을 두고 요리하여 국물 맛이 식재료에 배도록 하기 때문에 술과 페어링할 때, 식재료만큼 양념의 향미가 중요하다.

끓이기

국이나 찌개, 스튜처럼 물에 갖가지 양념과 다양한 식재료를 넣고 장시간 익혀 내는 조리법이다. 여러 가지 재료들이 많이 섞이다 보니 재료 본연의 향미 외에 새로운 향미가 만들어지기도 한다. 국물을 자작하게 해서 건더기를 주로 먹는 경우보다 국물 위주로 먹는 경우가 페어링이 훨씬 어렵다.

볶기

약간의 기름만으로 음식의 풍미를 살리는 조리법이며 한두 가지의 식재료를 이용할 때도 있지만 여러 가지 식재료를 넣는 경우가 많다 보니 다양한 향미가 연출된다. 단시간에 골고루 익혀야 하므로 주걱으로 뒤적이며 요리하는 이 방식을 영어로는 스털 프라잉 (Stir-Frying)이라 하며 술과의 페어링은 식재료뿐만 아니라 소스에 따라서도 달라진다.

부치기

그리 많지 않은 양의 기름을 프라이팬에 두르고 식재료의 속이 잘 익도록 서서히 지져 내는 방식의 조리법이다. 식재료를 자주 뒤집는 것보다 불의 온도를 조절함으로써 음식의 모양을 살리고 기름이 너무 많이 배는 것을 방지하는 것이 좋다. 기름이 사용된 부침은 기름기를 제거해 줄 만한 산도가 있거나 탄산이 들어간 술이 제격이다.

튀기기

많은 양의 기름을 사용해 고온에서 단시간 익혀 내는 조리법으로, 식재료 본연의 향미가 잘 살면서도 기름의 고소함과 바삭한 식감까지 더해져 인기가 있다. 부침과 마찬가지로 입안의 기름기 제거를 돕고 깔끔하고 개운한 맛을 위해 산도가 있고 탄산이 들어간 술을 페어링하면 좋은 조화를 이룬다.

열 구이

오븐이나 건식 열로 조리할 수 있게 만든 도구를 이용한 간접 구이이다. 육류, 큰 덩어리의 생선, 뿌리 채소처럼 장시간 가열이 가능한 식재료가 적합하다. 오래 조리하는 동안 훈제향이나 불향이 입혀져 바디감이 어느 정도 있기 때문에 오크 숙성하여 불향이 있는 술처럼 대적할 만한 것을 고르는 것이 좋다.

직화 구이

숯불이나 장작, 연탄, 짚불 같은 타는 재료 위에 석쇠나 불판을 얹어 직화로 음식을 구워 내는 조리법이다. 불향이 가장 잘 배며 식재료 본연의 향미 또한 잘 느낄 수 있다. 열 구이와 마찬가지로 훈제 혹은 불향이 있는 오크 숙성 술이나 바디감이 어느 정도 있는 술과의 페어링이 잘 맞는다.

(5) 소스의 다양성

소스(Sauce)는 '소금 간을 한'이라는 뜻의 라틴어에서 파생된 프랑스어로 그 당시에는 살수스(Salsus)라고 불렸다. 소금을 의미하는 살(Sal)에서 파생된 단어들이 유럽의 언어에서 종종 보여지는 것은 그만큼 소금이 중요한 위치를 차지했다는 증거이다. 물론 지금도 라틴어가 베이스인 스페인과 이탈리아에서는 소스를 살사라고 한다. 서로마가 멸망할 때까지 주요 언어로 사용되었던 라틴어는 현재도 유럽의 다양한 언어, 특히 음식명의 어원이 되고 있다.

어떠한 형태의 소스든 조리 전이나 조리 중, 혹은 조리가 끝난 후에 더해지면 음식의 향을 돋우고 맛을 풍부하게 한다. 또한 촉촉한 식감을 주고 시각적으로도 아름답게 표현할 수 있어 음식 문화와 요리가 발달할수록 소스의 역할이 매우 중요하다. 특히 음식 문화가 더욱더 발달하기 시작한 19세기 프랑스에서는 소스의 활용도가 매우 커서 요리사들 사이에서는 소시에(Saucier)라는, 소스만을 관리하는 직책을 맡는 것을 영광스럽게 여길 정도였다. 지금도 소시에는 헤드 셰프급의 요리사들이 주로 담당한다. 소스를 정리하고 체계화해서 전 세계로 퍼트린 마리-앙투안 카렘 (Marie-Antoine Carême)과 조르주 오귀스트 에스코피에(Georges Auguste Escoffier) 같은 프랑스 요리의 대가들이 수백 년 전에 만들어 놓은 모체 소스들은 이제 수많은 파생 소스들로 우리의 혀를 만족시켜 주고 있다.

아시아의 다양한 소스 또한 오랜 역사를 가지고 민족별로 사는 거주 지역의 특성에 맞게 발달하여 이제는 동서양 모두 누구나 원하는 소스를 어울리는 음식에 적용하여 즐기게 되었다. 전 세계에서 활용되는 소스의 종류가 무궁무진하기 때문에 어떤 특정 국가나 지역의 소스들을 다 거론할 수는 없지만 우리가 가장 많이 접하는 한식 소스의 특징을 간략하게 살펴 보자.

우리나라 소스를 달리 말하면 '양념'인데 다양한 발효 식품과 조미료, 그리고 향신료가 혼합되어 쓰이고 있다. 이미 발효 과정을 거친 장류를 이용함으로써 양념을 만드는 시간은 서양의 소스에 비해 짧고 간단하다. 다만 어느 나라나 마찬가지로 발효 식품은 만드는 과정이 복잡하고 오랜 시간 정성을 들여야 하는 만큼 완성되는 수고와 번거로움이 따른다. 우리나라에서 사용하는 주요 소스들은 크게 3가지로, 식초 베이스, 젓갈 베이스, 그리고 장 베이스로 그 갈래를 나눌 수 있다.

식초 베이스
조리 방식 가운데 무침이 유난히 발달한 한식에는 식초가 매우 중요한 위치를 차지한다. 생채든 숙채든 혹은 생채와 숙채를 합쳐 요리를 하든, 식초를 넣고 손으로 조물조물 무쳐 내는 방식은 우리나라의 대표 조리법이다. 국토의 70%가 산인 우리나라에서는 예로부터 채소와 나물을 주로 먹어 왔기 때문에 식초를 활용한 무침이 밥상에 주로 올랐다.

식초는 술을 만드는 과정에서 만들어진 조미료로 술만큼 역사가 오래되었고, 영어로 비네거 (Vinegar)는 프랑스어에서 파생되었는데 '와인'을 뜻하는 뱅(Vin)과 '오래되어 시큼한'이라는 의미의 애그르(aigre)가 합쳐진 단어이다. 식초와 같이 산을 포함한 소스를 넣은 음식들은 서로 밀리지 않을 정도의 산도가 있는 술과 페어링을 해야 술이 밍밍하지 않고 음식에 맞춰 제맛을 낼 수 있다.

젓갈 베이스

우리나라는 물론이고 전 세계에서 가장 오래된 소스를 꼽으라면 발효된 생선이라 할 수 있다. 고대 그리스와 고대 로마에서도 가룸(Garum)이라는 발효된 생선을 소스로 사용하였고, 중국을 비롯한 아시아 여러 지역에서도 소금의 발견과 더불어 염장하여 삭힌 생선이나 해산물을 음식에 첨가함으로써 감칠맛을 더했다. 액체로 만들든 고체 덩어리로 빚든 혹은 건더기가 주가 되든 간에 아시아의 많은 나라들 역시 발효 생선 소스들이 발달했다. 태국의 남 플라(Nam Pla), 베트남의 느억 맘(Nuoc Mam), 미얀마의 응애피(Ngapi), 인도네시아와 말레이시아의 삼발(Sambal) 등이 대표적인 생선 소스이다.

삼면이 바다로 둘러 싸여 있으며 고품질의 소금 생산이 활발했던 까닭에 우리나라의 젓갈은 수십 종에 달할 만큼 많다. 지역에 따라 어종이 달라 독특하고 향토색이 짙은 젓갈들도 많지만 아무래도 새우젓과 멸치젓이 가장 보편적이다. 음식의 간을 맞추는 조미료 역할에서부터 우리나라 사람들의 밥상에서 절대 빠질 수 없는 김치의 기본 재료에, 그냥 밥하고 먹어도 맛있는 반찬까지 오랫동안 내려온 만능 소스라고 해도 과언이 아니다. 젓갈 베이스의 음식은 짠맛이 꽤 있는 편이고 감칠맛도 강해서 짠맛을 감해 주는 어느 정도의 당도가 있는 술, 혹은 강한 감칠맛과 풍미를 함께 견줄 수 있는 향이 풍부한 술이 페어링에 적합한 편이다.

장 베이스

우리나라의 기본적인 장은 간장, 된장, 고추장이다. 콩으로 메주를 쑤어 소금물에 넣고 발효를 시킨 다음 숙성 기간을 거치면 여러 영양 성분과 더불어 감칠맛과 향미가 풍부한 간장이 완성된다. 우러난 간장을 떠내고 남은 콩 찌꺼기가 된장이 된다. 특히 된장은 조상 대대로 단백질 공급원으로 사랑받아 왔으며 근래 들어 K-푸드의 인기로 외국인들도 관심을 갖는 소스이다. 처음 우리나라의 발효 소스를 경험한 외국인들은 김치보다 된장에 훨씬 쉽게 적응하는 편이며 K-BBQ의 대중성과 더불어 쌈장과 된장찌개가 각광을 받게 되었다.

고추장은 고춧가루, 메줏가루 그리고 엿기름 가루를 찹쌀가루나 밀가루 같은 곡물 가루에 섞어 잘 버무린 다음 발효시킨 식품으로, 간장이나 된장에 비해 역사가 짧은 편이다. 그럼에도 불구하고 매운 맛을 선호하는 사람들이 늘어감에 따라 요즘에는 가장 인기 있는 소스라고 할 수 있다. 고추장은 어떤 품종의 고추를 사용하는가에 따라 맵기가 달라지며 콩 단백질의 감칠맛과 곡물 가루의 달달한 맛까지 다양하고 복합적인 향미가 나, 술을 페어링할 때 간장과 된장에 비해 조금 더 어려운 조건을 가지고 있다.

한국 음식의 기본이 되는 소스 말고도 세계 여러 나라에서 오랫동안 사랑받아 온 각양각색의 소스가 많다. 앞서 말한 대로 소스가 음식과 술에 미치는 영향은 매우 크다. 식재료의 종류만큼 소스의 종류도 방대하지만 호기심을 가지고 알아 간다면 찰떡궁합을 이루는 술을 찾기가 조금은 쉬워질 것이다. 특히 전 세계 모든 사람들에게 꼭 필요한 소스인 소금은 더욱더 연구 대상 1호이다.

White Wine   Red Wine   Sparkling Wine

Chapter

2

외식 · 배달 음식과
어울리는 술

Beer   Sake   Korean sool

물냉면

전 세계 어느 지역을 살펴봐도 얼음처럼 차갑게 해서 먹는 국수는 찾기 힘들다. 일본과 중국에 히야시소멘(冷やしそうめん)과 량멘(凉面)같은 국수들이 있지만 냉면처럼 차갑지는 않다. 물냉면은 살얼음 떠 있는 육수를 한 모금 들이켜면 머리카락이 쭈뼛이 설 정도라 여름에 각광받는 음식이다. 하지만 원래 냉면은 겨울 음식이었다.

냉면의 역사는 400년 정도 되었다. 17세기 초, 인조 때 이조판서를 지낸 장유(張維)가 쓴 문집인 계곡집(谿谷集)에는 자장냉면(紫漿冷麵)이라는 시가 있다. 자주색 육수의 냉면이라고 해석되는 이 시에서 그는 옷을 더 껴입을 정도로 차가운 냉면을 먹었더니 시름이 사라졌노라고 말한다.

19세기, 조선 후기 문인 홍석모(洪錫謨)가 집필한 동국세시기(東國歲時記)에도 냉면이 나온다. 한양에서부터 변방에 이르기까지 전국의 풍속을 정리하고 설명한 문헌이다. 차게 식힌 국물에 메밀국수를 말고 무와 배추로 만든 김치와 돼지고기를 고명으로 올린 음식이라 적었으며 음력 11월에 먹는다고 소개했다. 두 문헌 외에도 여러 문헌에 냉면에 관한 글들이 많다.

20세기 초가 되면서 일제 강점기에 근대화된 한반도에는 상업적인 식당들이 늘어 났고 냉면 전문 식당들도 이즈음에 생겨 났다. 평양에서 시작한 냉면집들은 서울 낙원동과 종로를 중심으로 성업했다. 한국 전쟁 이후에도 실향민들에 의해 평양식 전통 방식이 잘 유지되었는데, 평양냉면의 품질과 명성이 좋다 보니 너도 나도 평양냉면이라는 간판을 달고 식당을 개업했다.

부산에서도 피난 간 실향민들에 의해 밀가루 국수와 돼지 육수로 만든 밀면이 탄생했다. 면발이 두껍고 돼지 육수와 간장을 섞어 만드는 황해도식 냉면은 양평군 옥천면에서 70년이 넘게 성업 중이다. 황해도 해주 냉면은 백령도와 강화도에서도 찾아볼 수 있는데 역시 면발이 두껍고 생선 액젓으로 간을 맞춘다. 고기 육수와 해물 육수를 함께 내고 메밀면을 말아 먹는 진주냉면은 19세기 문헌, 동국세시기에 기록된 걸로 보아 역사가 오래되었음을 알 수 있다. 소고기 육전과 달걀 지단 고명이 특색인 경상남도의 향토 음식이다.

꿩, 닭, 돼지, 소 같은, 지역마다 구하기 용이한 고기로 육수를 내고 척박한 땅에서도 잘 자라는 메밀로 면을 뽑아 동치미 등 쉽게 구하는 식재료를 함께 넣어 먹던 냉면. 예전에 냉면을 팔던 식당에는 맡은 일에 따라 각기 직책이 있었다. 반죽을 누르는 누름꾼, 끓는 가마솥에서 국수를 젓는 발대꾼, 그릇에 냉면을 담는 앞잡이와 육수와 고명을 담는 고명꾼 등이 체계적으로 일을 나누었다. 개화기 때 화가인 김준근 화백의 '국수 누르는 모양'에는 냉면을 만드는 모습이 담겨 있다. 메밀로 반죽한 냉면이 주였지만 20세기 후반부터는 점차로 메밀 농사를 덜 짓다 보니 전분을 섞어 만든 냉면 국수가 대중화되었다. 전분 함량이 많으면 너무 쫄깃해서 가위로 잘라야 하고 메밀 함량이 높으면 찰기가 없어 뚝뚝 끊어진다. 면 선택은 각자 취향에 따라 하길 바란다.

예로부터 양반들이 즐기던 물냉면은 연령이 높은 중장년층 손님들이 주로 찾던 음식이었는데 2010년경, 젊은 세대들에게 각광받기 시작하면서 국민 음식이 되었고 술을 사랑하는 한국인들답게 선주후면(先酒後麵)의 대명사로 자리잡았다.

물냉면과 가장 잘 어울리는 술 ①

이름 **간치아 프로세코** Gancia Prosecco	종류 **스파클링와인**	매칭 ● ● ● ● ◑

페어링

와인의 새콤달콤한 맛, 그리고 청량한 느낌이 물냉면의 시원하고 슴슴하면서도 감칠맛 나는 육수와 매우 잘 어울려 부드럽게 목으로 넘어간다. 와인의 산미가 육수의 식초 맛과 같은 역할을 하며, 탄산이 추가되어 개운한 맛을 더욱 부각시킨다.

술 정보

알코올	11.5%
시각	밝은 레몬 및 옐로우 컬러, 탄산 버블은 큼
향	레몬향, 청사과향, 오렌지향, 약간 구운 빵향
단맛	● ● ○ ○ ○
짠맛	◑ ○ ○ ○ ○
신맛	● ◑ ○ ○ ○
쓴맛	◑ ○ ○ ○ ○
감칠맛	● ○ ○ ○ ○
목넘김	● ● ● ○ ○
탄산	● ● ○ ○ ○

종합적 평가

스파클링와인은 새콤달콤한 맛과 상큼한 탄산이 특징이다. 약간의 단맛과 신맛이 균형을 이루어 가볍게 마시기 좋으며, 특히 여름에 상쾌하게 즐기기에 적합하다.

Made by

- **제조사** 간치아 Gancia
- **생산 지역** 이탈리아 〉 베네토
- **주요 품종** 프로세코 Prosecco
  이탈리아 화이트 품종으로 슬로베니아에서 유래했으며, 2009년부터 그동안 프로세코(Prosecco)로 불리던 품종의 이름이 글레라(Glera)로 대체되었다. 이탈리아의 베네토(Veneto)지역에서 자라며, 전통적으로 코넬리아노(Conegliano)와 발도비아데네(Valdobbiadene)지역에서 최상의 품질을 보인다. 스파클링와인 생산에 적합하다.
- **음용 온도** 6~8℃
- **홈페이지** http://www.gancia.it

물냉면과 두 번째로 잘 어울리는 술 ②

이름 **아베 REGULUS** あべ レグルス	종류 **사케**	분류 **비공개**	쌀품종 **니가타현 쌀** 新潟県米	정미율 **비공개**

페어링

술의 신맛이 물냉면의 짠맛과 잘 어울린다. 사케의 알코올 풍미가 약해 냉면의 풍미를 해치지 않으며 맛을 더 잘 느끼게 해 준다. 또 사케의 단맛이 물냉면의 새콤함과 어우러지면서 전체적인 맛을 더욱 상승시킨다.

술 정보

알코올	12%
시각	아주 연한 노란색, 맑고 투명함
향	약한 패션푸르츠향, 약한 멜론향, 망고향, 시트러스향
단맛	●●○○○
짠맛	●◐○○○
신맛	●○○○○
쓴맛	○○○○○
감칠맛	●●○○○
목넘김	●●●○○

종합적 평가

사케와 화이트와인의 중간적인 느낌을 가진다. 과실의 풍미가 두드러지며 목넘김이 부드럽고 알코올 도수가 낮다. 드라이하면서도 단맛과 산미가 약하게 느껴져 맛이 강하지 않고 마시기 편하다.

물냉면과 세 번째로 잘 어울리는 술 ③

이름 **크로넨버그 1664 블랑** Kronenbourg 1664 Blanc	종류 **맥주**	원료 **정제수, 맥아, 밀, 오렌지껍질, 고수 등**

페어링

면의 감칠맛을 맥주의 탄산이 정리해 주면서 입안이 깔끔해진다. 맥주의 톡 쏘는 느낌과 약간의 오렌지향이 물냉면에 겨자를 넣지 않고도 겨자 같은 느낌을 더해 준다.

술 정보

알코올	5%
시각	약간 탁하고 연한 황금색
향	오렌지향, 꿀향, 바닐라향, 고수향
단맛	●○○○○
짠맛	○○○○○
신맛	●○○○○
쓴맛	◐○○○○
감칠맛	●○○○○
목넘김	●●●○○
탄산	●◐○○○

종합적 평가

인공적인 오렌지향이 강하게 느껴지지만, 밀맥주의 느낌과 조화롭게 어우러져 부딪치지 않는다. 향의 균형감이 좋으며 부담스럽지 않고 편안하게 마실 수 있다.

비빔냉면

새콤, 달콤, 매콤한 맛의 조화로 식욕을 돋우는 비빔냉면은 사시사철 인기 만점의 음식이다. 이북의 함경
도 함흥시에서 시작해서 함흥냉면이라고도 부른다.

물냉면에 비해 역사가 짧지만 7,80년대부터는 물냉면보다 먼저 남녀노소 모두에게 각광받았다. 평양,
해주, 개성이 있는 이북의 서쪽 지역에 비해 산세가 험악한 동쪽의 함경도는 메밀 농사가 원활하지 못했
다. 대신 바로 위에 위치한 개마 고원을 중심으로 감자를 많이 생산했으므로 감자 전분을 주로 하여 국
수를 만들어 먹었다. 그러나 메밀면에 비해 쫄깃해서 씹기가 쉽지 않았다. 함흥시는 흥남 부두도 근접해
있고 해수욕장들도 자리잡을 만큼 바다와 이웃한다. 그래서 구하기 쉬웠던 감자 전분을 이용해 국수를
뽑고, 인근 바다에서 잘 잡히는 가자미로 식해를 만들어 비벼 먹는 냉면이 탄생하게 되었다.

가자미식해는 소금과 좁쌀밥, 채 썬 무와 고춧가루, 갖은 양념을 섞어 토막 낸 가자미와 함께 무친 다음
며칠 동안 익혀서 먹는 음식이다. 예전에 김장 김치를 항아리에 담아 땅에 묻어 겨울 내내 꺼내 먹었듯
이 가자미식해도 같은 방식으로 먹던 겨울 저장 음식이었다. 밥 반찬으로 먹거나 국수에 비벼 먹기도 하
고 술안주로도 인기였다. 현재는 예전에 비해 대중적으로 많이 만들어 먹지는 않지만 가자미 식혜 전문
점이나 강원도의 몇몇 식당에 가면 지금도 맛볼 수 있는 음식이다.

일제 강점기, 함경도에서는 비빔냉면을 파는 식당들이 하나둘 생기기 시작했는데 시간 소요가 많은 가
자미식해보다는 가자미를 회로 무쳐 면에 올리는 형태의 회냉면이 등장했다. 그리고 그 후 한국 전쟁
이 발발하면서 남으로 피난 온 이북 실향민들에 의해 회냉면이 남쪽으로 전파되었다. 특히, 이북 5도청
이 위치했던 장충동과 오장동에 실향민들이 모여 살다 보니 자연스레 식당을 개업하는 사람들이 생겨
났다. 아직도 장충동 부근에는 이북식 찜닭과 막국수를 파는 몇몇 식당들이 남아 있고, 오장동 부근에는
함흥냉면집들이 모여 있다.

분단 이후, 비빔냉면의 고명은 가자미보다 쉽게 구할 수 있는 홍어나 간자미로 바뀌었고 양념 다대기도
함경도보다는 훨씬 매워졌다. 그리고 고기 편육을 고명으로 올린 비빔냉면도 생겼으며 회무침과 고기
편육을 반반 올린 새끼미 냉면까지 등장했다. 새끼미는 섞어 낸다는 의미로 섞이미의 이북 방언이다.

매콤한 다대기에 겨자를 넣어 더욱 맵게 간하고 식초와 설탕까지 더해서 새콤달콤하게 비벼 먹는 쫄깃
한 냉면은 뜨끈한 육수를 함께 마시며 얼얼함을 달래는 묘한 매력을 지닌 음식이다.

비빔냉면과 가장 잘 어울리는 술 ①

이름 **아베 REGULUS** あべ レグルス	종류 **사케**	매칭 ● ● ● ● ◑

페어링

술이 가진 고유의 단맛이 비빔냉면의 매콤함을 상쇄시켜 주어 음식이 더 맛있게 느껴진다. 술의 감칠맛은 비빔냉면 소스의 감칠맛과 조화를 이룬다. 특히, 술의 다양한 맛이 비빔냉면 소스와 면 맛을 해치지 않으면서도 서로의 맛을 상승시킨다.

술 정보

알코올	12%
시각	아주 연한 노란색이며 맑고 투명함
향	약한 패션푸르츠향, 약한 멜론향, 망고향, 시트러스향
단맛	● ● ○ ○ ○
짠맛	● ◑ ○ ○ ○
신맛	● ○ ○ ○ ○
쓴맛	○ ○ ○ ○ ○
감칠맛	● ● ○ ○ ○
목넘김	● ● ● ○ ○

종합적 평가

사케와 화이트와인의 중간 느낌이다. 과실의 풍미가 두드러지며 목넘김이 부드럽고 알코올 도수가 낮다. 드라이하면서도 단맛과 산미가 약하게 느껴지며 맛이 강하지 않아 마시기 편하다.

Made by

- **제조사** 아베주조 阿部酒造株式会社
- **생산 지역** 일본 〉 니가타현
- **주요 품종** 니가타현 쌀
- **분류** 비공개
- **정미율** 비공개

- **음용 온도** 5℃~10℃
- **특징** 아베주조는 1804년 개업한 200년 전통을 가진 양조장이다. 레굴루스는 아베주조의 도전적인 스타시리즈 중 하나이며, 가시와자키시산 쌀로 양조해 쌀이 수확되는 논을 라벨 이미지로 차용하고 있다.
- **홈페이지** https://www.abeshuzo.com

비빔냉면과 두 번째로 잘 어울리는 술 ②

이름 **간치아 프로세코** Gancia Prosecco	종류 **스파클링와인**	품종 **프로세코** Prosecco

페어링

스파클링와인의 탄산과 산미가 시원함을 더해 주어 매콤한 냉면과 잘 어울리며 맛을 한층 부드럽게 만들어 준다. 탄산의 기포가 매콤함을 깔끔하게 정리해 주고, 와인의 약한 단맛이 비빔냉면의 매운맛을 살짝 눌러 냉면을 더욱 먹기 편하게 해 준다.

술 정보

알코올	11.5%
시각	밝은 레몬 및 노란색, 탄산 버블감은 큼
향	레몬향, 풋사과향, 빨간 사과향, 오렌지향, 약간의 구운 빵
단맛	●●○○○
짠맛	◐○○○○
신맛	●◐○○○
쓴맛	◐○○○○
감칠맛	●○○○○
목넘김	●●●○○
탄산	●●○○○

종합적 평가

스파클링와인은 새콤달콤한 맛과 상큼한 탄산이 특징이다. 약간의 단맛과 신맛이 균형을 이루어 가볍게 마시기 좋으며, 특히 여름에 상쾌하게 즐기기에 적합하다.

비빔냉면과 세 번째 잘 어울리는 술 ③

이름 **우렁이쌀 청주**	종류 **청주**	원료 **정제수, 찹쌀, 쌀(입국), 효모, 종국**

페어링

술의 단맛이 비빔냉면의 매콤한 맛을 상쇄시켜 주어 비빔냉면을 더욱 편하게 즐길 수 있게 한다. 술의 곡물 감칠맛과 단맛이 비빔 소스의 감칠맛, 면의 전분 단맛과 잘 어울려 조화를 이룬다.

술 정보

알코올	14%
시각	연한 레몬색에 초록빛, 맑고 투명
향	누룩향, 고소한 곡물향, 바닐라향, 찐 밤향, 약한 단 향, 잡화꿀향
단맛	●●●◐○
짠맛	◐○○○○
신맛	●○○○○
쓴맛	○○○○○
감칠맛	●●○○○
목넘김	●●●○○

종합적 평가

술이 가진 곡물 단맛의 감미로움과 약한 신맛이 뒤에서 균형을 잡아 주어 맛의 균형감이 좋다. 향에 비해 맛의 균형이 더 우수하게 느껴진다.

닭발

닭발은 맛과 영양이 뛰어나지만 그 모양새 때문에 호불호가 강한 음식이다. 그러나 살도 지방도 없고 콜라겐 덩어리라 다이어터들에게 꽤 인기가 있다. 맵싸한 양념을 발라 구운 닭발을 먹다 보면 얼얼한 맛에 한 번, 그리고 쫄깃한 식감에 한 번 더 반한다. 이럴 때 어울리는 술까지 곁들이면 금상첨화. 근래에 와서는 안주의 대명사가 되어 매운 닭발 구이나 국물 닭발, 닭발 편육 같은 다양한 메뉴들이 나오고 심지어 간편식으로도 출시되어 마트나 편의점에서도 구매 가능하다.

예전에는 집에 경사가 있거나 귀한 손님이 오면 닭을 삶아 함께 먹거나 대접하는 문화가 있었다. 특히 60년대는 한국 전쟁이 끝나고 얼마 지나지 않은 시기라 대부분은 먹고 살기가 힘들었기 때문에 닭을 잡는다는 건 호사스러운 일이었다. 머리와 닭발, 모두 버리지 않고 통째로 삶은 닭은 집안의 나이순이나 서열에 따라 맛있는 부위부터 없어져 갔다. 야들야들하게 잘 삶아진 닭발은 아이들의 몫이었다.

새마을 운동의 일환으로 양계 산업이 성공을 거두자 70대부터는 닭고기가 조금씩 대중화되었다. 이 시기에는 대학교 앞 식당들이나 술집에서 저렴한 닭발을 안주로 내놓기 시작했다. 물론 당시에는 닭발의 맵기가 요즘처럼 자극적이지 않았으나 8,90년대로 넘어오면서 대중의 매운 음식 선호가 늘어났다.

우리나라보다 닭발을 애정하는 중국에서는 수많은 닭발 메뉴가 존재한다. 특히 홍콩이나 광동성에서는 닭발이 딤섬의 한 종류로 꼭 들어간다. 딤섬(点心: 점심)은 '마음에 점을 찍다'라는 의미로, 작은 포션으로 담겨 나오는 간단한 음식으로 통용되는데 보통 아침식사나 브런치로 먹는다. 종류도 1,000여 종이 넘는다. 딤섬으로 나오는 닭발은 통으로 튀기거나 삶은 후 다시 간장이나 어장에 조려 나오는 경우가 많다. 무뼈 닭발을 소로 넣은 찐빵도 있다.

중국의 영향으로 동남아시아에서도 닭발을 많이 먹는다. 베트남이나 태국은 물론이고 인도네시아와 말레이시아 그리고 필리핀에서도 닭발 수프나 구이 혹은 조림 등 여러 메뉴들이 있고 상당히 대중적이다.

스페인과 포르투갈, 멕시코와 카리브해에 위치한 나라들에서도 닭발은 흔히 즐기는 음식이다.

아스픽(Aspic)이라 하는 조리 방식을 사용해 고기나 생선에 들어 있는 젤라틴을 젤리처럼 굳혀 먹는 요리가 있다. 우리나라의 족편이나 닭발 편육 같은 음식을 떠올리면 된다. 러시아 서남부와 동유럽, 에스토니아 같은 빌트해 연안 나라들은 닭발을 이용해 맵지 않은 닭발 편육 스타일의 음식을 먹는다.

닭발과 가장 잘 어울리는 술 ①

이름 **경성과하주 연월주 에디션**	종류 **약주**	매칭 ● ● ● ○ ○

페어링

닭발의 매운맛이 술의 강한 단맛과 알코올에 의해 잘 중화되어 먹기 편하게 만들어 준다. 음식과 술의 강한 맛이 서로 부딪치며 묘한 조화를 이루고, 이 과정에서 맛과 향이 상승된다. 전체적으로 매운맛이 순화되면서 닭발 자체의 맛이 부드러워지는 느낌이다.

술 정보

알코올	18%
시각	황금색으로 보이는 진한 노란색
향	진한 매실 숙성향, 쌀향, 단 향, 새콤한 향, 멜론향, 감귤향
단맛	● ● ◐ ○ ○
짠맛	◐ ○ ○ ○ ○
신맛	● ◐ ○ ○ ○
쓴맛	● ○ ○ ○ ○
감칠맛	● ● ● ○ ○
목넘김	● ● ● ○ ○

종합적 평가

시트러스 계열의 쓴맛이 입안에서 느껴지지만 단맛이 있어 전체적으로 맛있는 술이다. 도수가 높지만 당도와 산미 덕분에 강한 알코올 느낌이 덜하며, 감귤맛이 많이 느껴져 상큼한 풍미가 특징이다.

Made by

- **제조사** 술아원
- **생산 지역** 경기도 〉 여주시
- **원료** 쌀, 누룩, 증류식 소주 원액, 정제수
- **음용 온도** 8~10℃

- **특징** 과하주는 '여름을 나는 술'로 과거 온도가 높은 여름에 술이 상하지 않도록 발효 과정에 증류주를 혼합하여 숙성한 주정강화 술이다. 그중 '경성과하주'는 고문헌을 바탕으로 복원됐으며 비슷한 제조법으로 만든 포르투갈의 포트(Port), 마데이라(Madeira) 와인과 스페인의 셰리(Sherry)보다 약 100년 정도 앞선 제조법이라 이야기되기도 한다.
- **홈페이지** https://soolawon.co.kr

닭발과 두 번째로 잘 어울리는 술 ②

이름	캐년로드 화이트 진판델 2020 Canyon Road White Zinfandel 2020	종류	로제와인	품종	진판델 Zinfandel

페어링

매운 닭발을 먹을 때 와인의 산미가 더욱 살아나면서 와인의 단맛이 잘 느껴져 매운맛을 줄여 준다. 청포도향과 그 외 다양한 향이 닭발의 매운 향을 덮어 마지막에 입안에 남는 매운맛을 조금 중화시켜 주는 효과가 있다.

술 정보

알코올	8%
시각	주황 및 핑크색, 연한 살구색
향	청포도향, 부서진 돌향, 풋사과향, 연한 레몬향
단맛	●●○○○
짠맛	◐○○○○
신맛	●●○○○
쓴맛	◐○○○○
감칠맛	◐○○○○
목넘김	●●●●○
탄닌	◐○○○○

종합적 평가

발랄하고 캐주얼하며 편하게 마실 수 있는 와인이다. 신맛으로 인해 가볍게 마시기 좋고 단맛도 많이 느껴진다. 균형미가 나쁘지 않아 과일을 먹는 듯한 상큼함과 단맛이 잘 어우러져 기분 좋게 즐길 수 있다.

닭발과 세 번째로 잘 어울리는 술 ③

이름	스트롱보우 골드 애플사이더 Strongbow Gold Apple Cider	종류	과실주(사이다)	원료	정제수, 농축사과주스, 설탕, 효모 등

페어링

닭발의 매운맛이 술의 단맛과 신맛으로 잘 중화되면서 맛과 향이 더 선명하게 느껴진다. 술의 탄산이 닭발의 강한 맛을 부드럽게 해 주며, 다양한 향들이 매운 향을 덮어 주어 입안에서 조화로운 맛을 느낄 수 있다. 전체적으로 더욱 순하고 부드러운 맛을 만들어 낸다.

술 정보

알코올	4.5%
시각	진한 황금색, 진한 노란색 사이로 보이는 탄산
향	잘 익은 사과향, 열대과일향(망고), 풍선껌향(복숭아, 딸기)
단맛	●●◐○○
짠맛	◐○○○○
신맛	●◐○○○
쓴맛	◐○○○○
감칠맛	●◐○○○
목넘김	●●●●○
탄산	●●◐○○

종합적 평가

처음 잔에 따르면 약간의 거품과 탄산이 보이며, 단맛과 신맛이 사과향과 잘 어우러져 마치 사과주스를 마시는 듯한 느낌을 준다. 특히, 사과향이 강하게 퍼져 사과 주스의 느낌을 더욱 강조한다. 마무리로 탄산이 입안을 깔끔하게 정리해 상쾌한 여운을 남긴다.

프라이드 치킨

다양한 문화와 시대를 거쳐 발전해 온 대중적이고 흥미로운 음식이다. 여러 지역의 전통이 결합된 결과물로, 그 기원은 중세기 유럽으로 거슬러 올라간다. 그 중 검증된 지역은 스코틀랜드와 영국으로, 18세기 초중반의 자세한 조리법이 기록으로 남아 있다. 당시는 '해가 지지 않는 나라'였던 영국의 식민 활동이 가장 활발했던 시기로, 서아프리카 또한 영국령이었기 때문에 치킨 조리법이 자연스레 서부 아프리카에도 전해졌을 것으로 추정된다.

19세기 중반까지도 노예 제도가 있었던 미국 남부에서는 영국령이던 서부 아프리카 출신 노예들을 데려다 일을 시켰고 이 때문에 남북 전쟁 이후 프라이드 치킨의 조리법이 널리 퍼져 나갔다. 다양한 향신료를 넣은 밀가루 반죽에 닭고기 조각들을 묻혀 팜유에 튀겨 내면 양도 푸짐해지고 풍미도 좋아졌다.

세계 1, 2차 대전을 겪으면서 미국은 산업의 발달이 가속화되고 경제 부국으로서의 입지가 잡혀 갔다. 경제가 부흥하며 윤택해진 미국 가정들은 외식을 즐기기 시작했고 외식 산업도 급성장했다. 20세기 중반에 들어서면서 프라이드 치킨은 미국 남부 전역에서 인기를 끌게 되었고 다양한 식당들과 체인점들도 생겨났다.

가장 유명한 예로 켄터키 프라이드 치킨(Kentucky Fried Chicken)을 들 수 있다. 1952년, 미국 남부에서 할랜드 데이비드 샌더스(Harland David Sanders)가 오랜 연구와 노력 끝에 지금의 KFC를 설립했다. KFC의 심볼이 된 샌더스는 자신만의 비법으로 만든 프라이드 치킨을 판매하여 큰 성공을 거두었고, KFC는 글로벌 브랜드로 성장했다. 프라이드 치킨은 KFC와 같은 브랜드를 선례 삼아 전 세계로 퍼져 나갔다. 오늘날 프라이드 치킨은 미국과 전 세계 다양한 국가에서 사랑받는 음식이 되었다.

치킨을 배달시키면 반드시 딸려오는 치킨 무. 새콤달콤 개운한 맛으로 그냥 먹어도 좋지만 프라이드 치킨의 기름 맛을 조금이나마 배제하고 칼칼하게 즐기려면 다음의 간단한 조리법을 시도해보자.

재료 치킨 무 220g, 고춧가루 1/2T, 다진 파 1T, 청양고추 1t, 참기름 약간
방법 ❶ 무를 씻어서 물기를 뺀다.
     ❷ 고춧가루, 다진 파, 청양고추, 참기름을 넣어 버무린다.

프라이드 치킨과 가장 잘 어울리는 술 ①

이름 **삿포로 프리미엄 비어** Sapporo Premium Beer	종류 **맥주**	매칭 ● ● ● ● ◐

페어링

술 자체가 탄산감이 있어 청량하며, 약간 쓴맛을 가지지만 전체적으로 가볍고 부드럽다. 이러한 특징 덕분에 프라이드 치킨과 함께 마실 때 술이 기름기와 염지된 매운맛을 깔끔하게 씻어 내면서, 전체적인 맛을 부드럽게 중화시켜 준다. 결과적으로 치킨의 맛을 더욱 돋보이게 하고 산뜻한 마무리를 제공한다.

술 정보

알코올	5%
시각	황금색, 보리차색, 볏짚색, 연한 금색, 오렌지빛
향	몰트향, 약한 감귤류향, 고소한 향
단맛	○ ○ ○ ○ ○
짠맛	◐ ○ ○ ○ ○
신맛	◐ ○ ○ ○ ○
쓴맛	● ● ○ ○ ○
감칠맛	● ○ ○ ○ ○
목넘김	● ● ● ● ○
탄산	● ● ○ ○ ○

종합적 평가

전반적으로 무게감이 매우 가벼워서 부담 없이 마시기 좋다. 처음에는 약간 밋밋한 느낌이 들지만 뒤로 갈수록 부드러운 목넘김이 특징이다. 첫맛에서는 쓴맛이 강하게 느껴지지만 점차 쓴맛이 약해지며 전체적인 맛이 균형을 잡는다.

Made by

- **제조사** 삿포로 Sapporo
- **생산 지역** 일본 〉 홋카이도
- **원료** 정제수, 맥아, 홉, 쌀, 옥수수, 전분
- **음용 온도** 4~8℃

- **특징** '삿포로 맥주 주식회사'에서 생산하고 있으며 참고로 이 회사에서는 에비스도 생산하고 있다. 1876년 당시 개척사(일본 관청)의 차관이었던 구로다 기요타카(일본 제2대 총리)의 지휘 아래, 홋카이도 삿포로시에 일본 최초로 일본인이 세운 맥주 양조장, 개척사맥주양조소(開拓使麦酒醸造所)의 후신이다.
- **홈페이지** www.sapporobeer.jp

프라이드 치킨과 두 번째로 잘 어울리는 술 ②

이름 **느린마을 늘봄 막걸리(살균)**	종류 **막걸리**	원료 **쌀가루, 건조효모, 젖산, 국, 액상과당 등**

페어링

프라이드 치킨의 염지된 매콤하고 짭조름한 단맛이 술의 단맛과 조화롭게 어우러진다. 치킨의 튀김옷과 양념에 있는 탄수화물이 막걸리의 술지게미와 어우러져 입안에 묵직한 무게감을 더해 주며, 입안을 꽉 채우는 듯한 풍성함을 느끼게 한다.

술 정보

알코올	6%
시각	연한 아이보리색. 술지게미는 적음. 탄산이 있음
향	약간 달콤한 곡물향(초당옥수수), 약한 바닐라, 풀향
단맛	● ● ● ○ ○
짠맛	◐ ○ ○ ○ ○
신맛	○ ○ ○ ○ ○
쓴맛	◐ ○ ○ ○ ○
감칠맛	● ● ● ○ ○
바디감	● ● ○ ○ ○

종합적 평가

곡물이 주는 기분 좋은 단맛이 특징이며 신맛이 거의 없어 막걸리 입문자들이 가볍게 마시기에 부담 없는 술이다.

프라이드 치킨과 세 번째로 잘 어울리는 술 ③

이름 **킴 크로포드 말보로 소비뇽 블랑** Kim Crawford Marlborough Sauvignon Blanc 2022	종류 **화이트와인**	품종 **소비뇽블랑** Sauvignon Blanc

페어링

프라이드 치킨의 기름진 맛을 와인의 산도가 깔끔하게 제거해 주며, 와인의 약한 감칠맛이 치킨의 육질에서 느껴지는 감칠맛과 더해져 전체적으로 감칠맛을 상승시킨다.

술 정보

알코올	12%
시각	아주 연한 황금색, 연한 레몬색
향	풋사과, 복숭아, 레몬, 라임향, 다양한 열대과일 약간의 꽃향(흰 꽃향, 목련)
단맛	○ ○ ○ ○ ○
짠맛	◐ ○ ○ ○ ○
신맛	● ● ● ○ ○
쓴맛	● ● ○ ○ ○
감칠맛	◐ ○ ○ ○ ○
목넘김	● ● ○ ○ ○

종합적 평가

중간 정도의 산도를 가지며 레몬 껍질(유자)의 쓴맛이 공존한다. 술의 산도와 쓴맛이 음식과 함께 마셨을 때 긍정적으로 어우러진다.

간장 치킨

세계의 다양한 프라이드 치킨 요리들

가라아게 1772년에 쓰여진 일본 요리책 '보차요리초(普茶料理抄)'에는 중국에서 전파된 가라아게 기록이 있다. 두부를 튀겨 간장에 조린 것으로 그 당시 일본에서는 두부, 채소, 생선이 주 식재료였는데 19세기 후반 메이지 유신 때 육류 권장 운동으로 인해 닭고기를 튀긴 가라아게가 생겨났다.

간장 치킨 1978년에 오픈한 대구 통닭에서 간장 치킨을 만들었다고 알려져 있다. 대구 통닭에서 근무하던 직원이 구미로 가서 1991년 창업한 브랜드가 바로 교촌 치킨이다. 교촌치킨은 간장 치킨을 베이스로 운영하고 있으며 그 후 다른 브랜드들도 따라하게 되었다.

라즈지 중국 쓰촨성에서 유래한 매운 닭 튀김 요리. 산초와 고추를 튀긴 닭과 함께 볶아 낸다. 얼얼하고 칼칼해서 맥주 안주로 제격이다.

버팔로 윙 뉴욕 바팔로 지역에서 시작된 튀긴 닭 날개. 기름에 튀긴 후 식초와 핫 소스, 케이엔 페퍼를 섞은 양념을 발라 내는데 새콤한 맛이 일품이다. 샐러리와 당근을 스틱으로 잘라 함께 서빙하며 블루 치즈 드레싱이나 랜치 드레싱에 찍어 먹는다.

아얌고렝 인도네시아와 말레이시아의 대중적 음식이다. 아얌(Ayam)은 닭을, 고렝 (Goreng)은 튀기거나 볶는 조리법을 의미한다. 특히 아침 식사로 나시 르막(Basi Lemak: 코코넛 라이스와 삼발 소스, 멸치와 오이가 들어 간 대표 음식)과 함께 먹는 경우가 많다.

자오즈지 홍콩, 광동, 싱가포르에서 주로 먹는 바삭하게 튀긴 닭 요리. 높은 온도의 기름에 튀겨 겉이 매우 바삭하므로 영어로는 크리스피 치킨이라고 한다. 반죽을 입히지 않고 튀기는 편이다.

치킨 너겟 미국 코넬 대학의 식품공학 교수에 의해 1950년도에 개발되었다. 한입 크기로 만들어서 그 당시 유행의 시작이던 패스트푸드 열풍에 일조한 음식이다. 손가락 모양의 치킨 핑거와 팝콘처럼 작은 조각으로 튀긴 팝콘 치킨도 같은 계열이다.

치킨 키에프 18세기 후반부터 20세기 초 러시아 멸망까지 러시아 귀족들과 부유층에게 사랑받던, 속을 채워 튀긴 요리이다. 닭 가슴살을 펴서 허브, 빵가루, 버터 등을 넣고 반죽을 입힌 다음 튀겨 내는데, 뜨거울 때 칼로 반을 자르면 버터가 흘러나오고 향기가 퍼지는 고급 음식이다. 프랑스 오트 퀴진(Haute Cuisine: 프랑스 상류층 고급 요리)에서 영향을 받았다. 치킨 키이우는 그 당시 러시아 영토였던, 지금의 우크라이나 키이우(키예프)에서 유래했다.

코르동 블뢰 1949년, 스위스 브리그에서 개발된 치즈로 속을 채워 튀긴 닭 가슴살 요리. 훗날 뉴욕 타임즈에 소개되어 세계적인 열풍이 일었다. 닭고기말고도 돼지고기나 송아지 고기로도 만든다. 프랑스 요리 학교 '르 코르동 블뢰'와 같은 이름인데 블루 리본을 뜻한다. 16세기 말부터 기사 작위를 수여받은 상류층들이 달던 파란색 리본에서 따온 단어이다.

간장 치킨과 가장 잘 어울리는 술 ①

이름 **하이네켄**	종류 **맥주**	매칭 ●●●●○
Heineken		

페어링

술이 가진 홉과 알코올의 쓴맛이 간장 치킨의 단맛, 짠맛과 잘 어울려 음식과 술의 맛을 가볍게 한다. 단조롭고 강하게 느껴지는 술맛이 간장 치킨의 기름과 만나면서 부드러워지는 느낌이다. 치킨의 기름향이 술의 꿀향을 상승시키고, 술의 단맛이 간장 치킨의 짠맛과 조화롭게 어우러진다.

술 정보

알코올	5%
시각	연한 황금색, 연한 볏짚색
향	연한 꿀향(아카시아), 홉향, 구운 향, 볶은 보리향
단맛	●○○○○
짠맛	●○○○○
신맛	◐○○○○
쓴맛	●○○○○
감칠맛	●◐○○○
목넘김	●●●●○
탄산	●●○○○

종합적 평가

술에 있는 약간의 단맛이 여분을 길게 만들어 지속성을 부여한다. 잔잔한 탄산감이 입안에서 부드럽게 퍼지고, 단맛이 강하지는 않지만 다른 맛이 상대적으로 약해 단맛이 두드러진다. 전체적으로 섬세하고 균형 잡힌 맛이 지속적으로 느껴지는 술이다.

Made by

- **제조사** 하이네켄 Heineken
- **생산 지역** 네덜란드 〉 암스테르담
- **원료** 정제수, 맥아, 호프추출물
- **음용 온도** 6~8℃

- **특징** 하이네켄(네덜란드어: Heineken 헤이네컨)은 네덜란드의 대표적인 맥주 브랜드이다. 보통은 하이네켄 인터내셔널이 1873년부터 시판하는 페일 라거인 하이네켄 라거 맥주(네덜란드어: Heineken Pilsener 헤이네컨 필제너)를 가리키는 뜻으로 쓰인다. 녹색병에 빨간 별을 그린 상표가 붙어 있다.
- **홈페이지** https://www.heineken.com

간장 치킨과 두 번째로 잘 어울리는 술 ②

이름 **심술 7**	종류 **약주**	원료 **정제수, 쌀, 주정, 설탕, 효모 등**

페어링

술의 가벼운 단맛이 간장 치킨의 짠맛과 잘 어우러지며, 강하지 않은 맛과 향이 간장 치킨의 부드러운 맛과 비슷한 무게감으로 조화를 이룬다. 술의 과실향이 간장의 향과 단짠의 조화를 만들어 내고, 약간의 탄산과 단맛이 치킨의 기름기를 살짝 씻어 내어 전체적인 맛을 깔끔하게 정리한다.

술 정보

알코올	8%
시각	연한 자주색, 맑은 오미자색, 엷은 빨강색
향	인공 체리향, 약한 계피향, 웰치스향, 딸기향
단맛	● ● ○ ○ ○
짠맛	● ○ ○ ○ ○
신맛	● ● ○ ○ ○
쓴맛	◐ ○ ○ ○ ○
감칠맛	● ◐ ○ ○ ○
목넘김	◐ ○ ○ ○ ○
탄산	● ● ○ ○ ○

종합적 평가

강한 단맛이 아닌 부드러운 단맛과 산미가 균형을 이루며, 인위적인 딸기사탕맛과 딸기와 포도 같은 과일 맛이 함께 난다. 스파클링와인의 기분을 내면서도 술 초보자가 가볍게 즐기기 좋은 약주로, 입문자들에게 적합하다.

간장 치킨과 세 번째로 잘 어울리는 술 ③

이름 **기네스 엑스트라 스타우트** **Guinness Extra Stout**	종류 **맥주**	원료 **정제수, 맥아, 보리, 볶은 보리, 홉 등**

페어링

술의 캐러멜 맛과 살짝 태운 빵향이 간장 치킨의 캐러멜향과 조화롭게 어울리며, 감칠맛이 서로를 보완해 맛의 깊이를 더한다. 술의 탄산과 거품이 치킨의 기름을 깔끔하게 씻어 주어, 목넘김이 부드럽고 마무리가 상쾌하다. 이로 인해 전체적으로 균형 잡힌 맛의 조화가 느껴지며 두 가지 맛이 서로 상승하여 더욱 풍부한 페어링을 제공한다.

술 정보

알코올	5%
시각	간장색, 검정색
향	캐러멜, 커피향, 초콜릿향, 살짝 태운 빵향, 비스킷의 풍미, 홉향, 몰트향.
단맛	● ◐ ○ ○ ○
짠맛	● ● ○ ○ ○
신맛	● ○ ○ ○ ○
쓴맛	● ● ● ◐ ○
감칠맛	● ● ● ○ ○
목넘김	● ● ● ● ○
탄산	● ● ○ ○ ○

종합적 평가

진한 맛과 향이 돋보이며 커피와 카카오닙스의 쌉쌀한 노트가 풍부하게 느껴진다. 몰트의 깊은 향이 복합적인 맛을 더하면서도 전반적으로 부드럽고 편안하게 마실 수 있는 특징이 있다. 강렬한 향과 맛에도 불구하고 마시기 쉬운, 균형 잡힌 스타우트 맥주라 할 수 있다.

양념 치킨

닭은 인류가 최초로 키웠던 가금류로, 우리에게 친숙할 수밖에 없다. 거의 매일 알을 낳아 살림을 돕기도 하고 대접할 손님이 오거나 복날에는 자신을 희생하여 단백질을 공급하기도 하니 유용한 동물이 아닐 수 없다. 게다가 돼지고기나 소고기와는 달리 종교상으로도 별 문제없는 대중적인 고기라 할 수 있다.

각 나라마다 닭고기 요리는 무궁무진하지만 기름에 튀긴 프라이드 치킨이야 말로 남녀노소 가리지 않고 모두에게 사랑받는 메뉴이다.

1980년대. 한국은 86아시아 게임과 88올림픽을 치르면서 경제적으로 윤택해졌고 89년에 해외 여행 자율화까지 실시되자 문화적인 성장과 더불어 음식 문화도 발전했다. 외국 패스트푸드와 페밀리 레스토랑 브랜드들이 줄이어 들어오고 우리나라에서도 외식 브랜드들이 생겨났다. 그렇게 10여 년이 지나 1997년 말에 IMF 금융 위기가 전국을 강타하자 실직한 수많은 사람들이 장사에 뛰어 들었다. 그때 쉽게 창업한 아이템이 치킨집이다. 20여 년이 지난 지금, 우리나라의 치킨은 K−컬처의 세계적인 인기몰이에 힘입어 K−치킨의 붐을 일으키고 있다.

사실 600년 전인 조선 초기에도 프라이드 치킨이 존재했다. 포계라고 불렸는데, 기름이 매우 귀한 시절이라 왕이나 왕이 사랑한 누군가 말고는 구경조차 하기 어려운 음식이었다. 조선 전기에 세종부터 세조까지 4명의 왕들을 모신 의관 전순의에 의해 기록된 '산가요록 (山家要錄)'에 포계에 대한 내용이 서술되어 있다. "닭 한 마리를 24∼25개로 토막 낸다. 기름을 붓고 그릇을 달군 후 고기를 넣는다. 손을 빠르게 움직여 뒤집어 볶는다. 청장(淸醬)과 참기름을 밀가루에 섞어 즙을 만들어 식초와 함께 낸다." 이 시기에는 고추가 한반도에 전파되기 전이라 맑은 간장인 청장으로 간을 하였다.

현대의 프라이드 치킨은 다양한 양념과 조리법으로 한국인들의 입맛은 물론 세계인들의 입맛까지 사로잡고 있다. 외국인들에게 호기심을 자극하는 프라이드 치킨 메뉴들 중 가장 인기 있는 것은 양념 치킨이다. 매운 듯싶다가도 달달하고, 겉은 바삭한데 속은 부드러운 양념 치킨의 맛은 다른 프라이드 치킨 메뉴들에 비해 강력하게 남는다.

양념 치킨이든 프라이드 치킨이든 배달이나 포장해 온 치킨이 남으면 다음날 데워서 그냥 먹기보다는 샐러드나 덮밥의 토핑으로 활용하는 것도 물리지 않게 즐길 수 있는 방법이다.

양념 치킨과 가장 잘 어울리는 술 ①

이름 **필스너 우르켈** **Pilsner Urquell**	종류 **맥주**	매칭 ●●●●○

페어링

맥주의 드라이한 맛과 탄산이 양념치킨의 양념 맛을 부드럽게 만들어 준다. 필스너의 상쾌한 향과 밸런스가 양념치킨과 잘 어울리며, 양념의 진한 단맛이 맥주의 쌉쌀한 맛에 의해 부드럽게 감싸진다. 가벼운 맥주의 무게감이 치킨의 맛을 크게 해치지 않으면서 조화를 이루어, 전체적으로 깔끔하고 균형 잡힌 조합을 제공한다.

술 정보

알코올	4.4%
시각	갈색의 황금색, 구리색
향	홉향, 시트러스향, 연하게 말린 허브향,
	고수 씨앗향, 약한 꿀향
단맛	◐○○○○
짠맛	●◐○○○
신맛	●○○○○
쓴맛	●●○○○
감칠맛	●◐○○○
목넘김	●●◐○○
탄산	●●●◐○

종합적 평가

일반적인 라거보다는 스파이스와 시트러스한 맛이 두드러지며, 약간 강한 맛이 있다. 이런 특징 때문에 음식과의 매칭이 중요하다.

Made by

- **제조사** 필젠스키 프레즈드로이
- **생산 지역** 체코 〉 플젠
- **원료** 정제수, 맥아, 호프
- **음용 온도** 6~8℃

- **특징** 1842년부터 생산되는 맥주이다. 맥주의 종류로는 하면발효(라거)에 속하며 필스너 우르켈은 풍미가 강하지만 라거보다 알코올 농도가 적고, 일반적인 필스너보다는 홉의 쓴맛이 강하다.
- **홈페이지** https://www.pilsnerurquell.com

양념 치킨과 두 번째로 잘 어울리는 술 ②

| 이름 **느린마을 늘봄 막걸리(살균)** | 종류 **막걸리** | 원료 **쌀가루, 건조효모, 젖산, 국, 액상과당 등** |

페어링

막걸리의 곡물 단맛과 양념 치킨의 물엿에서 오는 단맛이 잘 어울리며, 두 맛이 서로 조화롭게 연결된다. 양념 치킨의 매콤한 맛은 막걸리의 단맛으로 부드럽게 변환되며 맛의 조합이 자연스럽고 균형 있게 느껴진다. 또한, 양념 치킨의 염지된 짠맛이 막걸리의 단맛과 조화를 이루며 양념의 복합적인 맛이 더욱 풍부하게 느껴진다. 맛의 시너지를 가져 오는 조합이다.

술 정보

알코올	6%
시각	연한 아이보리색. 술지게미는 적음. 탄산이 있음
향	약간 달콤한 곡물향(초당옥수수), 약한 바닐라, 풀향
단맛	● ● ● ○ ○
짠맛	◐ ○ ○ ○ ○
신맛	○ ○ ○ ○ ○
쓴맛	◐ ○ ○ ○ ○
감칠맛	● ● ● ○ ○
바디감	● ● ○ ○ ○

종합적 평가

곡물에서 오는 기분 좋은 단맛이 특징이며, 신맛이 없어 부드럽고 편안하다. 약간의 탄산이 있어 입안을 살짝 정리해 주는, 입문자들에게도 부담 없이 마실 수 있는 가벼운 막걸리이다.

양념 치킨과 세 번째로 잘 어울리는 술 ③

| 이름 **기네스 엑스트라 스타우트**
Guinness Extra Stout | 종류 **맥주** | 원료 **정제수, 맥아, 보리, 볶은 보리, 홉 등** |

페어링

맥주의 캐러멜과 홉의 쓴맛이 양념의 단맛과 감칠맛을 상호 보완한다. 치킨의 강한 양념맛의 일부를 술의 강한 맛이 눌러 주며, 술을 마실수록 그 맛이 더욱 잘 느껴진다.

술 정보

알코올	5%
시각	간장색, 검정색
향	캐러멜, 커피향, 초콜릿향, 살짝 태운 빵향, 비스킷의 풍미, 홉향, 몰트향,
단맛	● ◐ ○ ○ ○
짠맛	● ● ○ ○ ○
신맛	● ○ ○ ○ ○
쓴맛	● ● ● ◐ ○
감칠맛	● ● ● ○ ○
목넘김	● ● ● ● ○
탄산	● ● ○ ○ ○

종합적 평가

진한 맥주색에서 연상되는 맛과 향이 실제로 복합적이고 풍부하게 느껴진다. 커피, 카카오닙스의 쌉쌀함과 몰트향이 있지만, 전체적으로 부드럽고 편안하게 마실 수 있는 스타우트 맥주이다.

목살 구이

서양의 대표 미식국가인 프랑스와 동양의 미식대국인 중국 모두 돼지고기 사랑이 대단하다. 돼지는 버릴 것 하나 없는 유용한 가축으로, 모든 부위를 생고기에서부터 가공육까지 다양하게 즐길 수 있다. 우리나라에서도 1980년대부터 돼지고기가 식생활에 깊숙이 들어오면서 가장 사랑받는 고기가 되었다.

돼지고기는 한국인의 육류 소비에서 50%를 차지할 정도로 가장 대중적인 고기이다. 목살은 목심살이라고도 부르지만 돼지고기에서는 목살이라는 명칭이 더 일반적이다. 목살은 삼겹살 다음으로 한국인들에게 인기가 높다. 삼겹살에 비해 조리 방식이 훨씬 다양해서 구이말고도 자주 먹는 요리로 변신이 가능하다. 돼지의 목에서 어깨 윗부분까지 이어지는 부위를 일컫는데, 목심이 질긴 소고기와는 달리 돼지고기는 목살이 훨씬 부드럽고 등심 부위로 내려갈수록 질겨진다. 여러 개의 근육이 모여 있으며, 지방이 적당히 박혀 있어 풍미가 좋고 부드럽다. 삼겹살에 비해 비계가 적고 살코기가 많으며 가격 또한 저렴한 장점이 있다. 어린 암컷의 고기가 훨씬 맛나고 냄새도 적어 조금 더 비싸게 팔린다. 삼겹살보다는 맛이 진하며 가장 돈육다운 육질이 있는 부위로 알려져 있다.

눈처럼 하얀 지방이 골고루 퍼져 있는 것이 좋은 목살이다. 뒤집어서 살코기 부분을 보면 분홍색이 선명하고 고기 사이로 마블링이 잘 스며들어 있어야 조리할 때 부드러운 육질이 잘 유지된다. 그리고 향을 맡아 이상한 냄새가 나는지 확인해 보고 손으로 고기를 여러 번 찔러 탄력도를 체크해야 한다. 또한 물기가 많지 않고 마르지도 않은 상태를 선택해야 좋은 품질의 목살을 먹을 수 있다. 하지만 일반 소비자들은 마트에서 작은 덩어리로 포장된 목살을 주로 만난다. 그럴 때는 살코기가 너무 많으면 뻑뻑하므로 마블링이 골고루 퍼져 있는지 살과 지방의 비율을 살핀다.

기름기가 적어 수육 또는 보쌈으로 요리해도 되고 제육볶음처럼 양념을 해서 볶아 먹는 요리로도 인기가 많다. 푹 익은 김치를 함께 넣고 김치찜이나 김치찌개로 끓여 내면 진하고 풍부한 맛에 밥도둑이 된다. 심지어 카레나 스튜처럼 외국식으로 끓여 먹어도 감칠맛이 살아난다. 물론 구이로 양념 없이 구워서 기름장이나 소금에 찍어 먹거나 쌈을 싸 먹어도 안성맞춤이다.

목살 구이와 가장 잘 어울리는 술 ①

이름 **혼**	종류 **증류주**	매칭 ● ● ● ● ○

페어링

목살 구이는 기름이 많지 않아 낮은 도수의 증류주가 잘 어울린다. 은은한 사과향과 알코올이 돼지고기의 기름진 맛을 잡아 주며 맛의 균형을 도모한다. 알코올에 의해 입안이 정리된 후 고기를 다시 먹으면 더욱 고소한 맛이 풍부하게 느껴지며 맛의 상승 작용을 이끌어 낸다.

술 정보

알코올	22%
시각	맑고 투명
향	익기 시작한 사과, 새콤한 향, 그린 망고향
단맛	● ◐ ○ ○ ○
짠맛	◐ ○ ○ ○ ○
신맛	◐ ○ ○ ○ ○
쓴맛	◐ ○ ○ ○ ○
감칠맛	● ● ○ ○ ○
목넘김	● ● ● ◐ ○
바디감	● ● ● ○ ○

종합적 평가

사과향이 강하지 않고 은은하며, 잘 익은 사과보다는 익어가는 풋사과의 향이 느껴진다. 도수가 낮아서 부담 없이 마시기 좋으며 밸런스가 좋다. 사과향은 풍부하지만 맛은 다소 약하다.

Made by

- **제조사** 제이엘
- **생산 지역** 경상북도 〉 문경시
- **원료** 사과, 설탕, 효모
- **음용 온도** 10~15℃

- **특징** 혼은 경상북도 문경에서 재배된 사과를 원료로 한다. 발효된 사과를 동(銅) 증류기로 증류한 후 원액을 300일간 항아리에서 숙성하여 알코올향을 거의 나지 않게 만들었다.
- **홈페이지** https://goldenblue.co.kr

목살 구이와 두 번째로 잘 어울리는 술 ②

이름 **산사춘**	종류 **약주**	원료 **정제수, 옥수수전분, 쌀, 산사나무열매, 산수유 등**

페어링

목살 구이의 기름이 술의 달콤함, 새콤함, 쓴맛과 어우러져 느끼함을 줄여 준다. 술의 향과 맛이 돼지고기 풍미와 잘 어울려 고소함을 더욱 강조한다. 술의 알코올이 목살 구이의 기름을 씻어 준 후, 새콤함과 달콤함이 사라진 부분을 채우면서 전체적으로 맛의 균형을 이룬다.

술 정보

알코올	13%
시각	부드러운 다홍색, 투명한 붉은색, 연한 노란색
향	단 향, 새콤한 향, 쌀향, 사과향, 약재향, 체리향
단맛	●●●○○
짠맛	○○○○○
신맛	●●●○○
쓴맛	●○○○○
감칠맛	●●◐○○
목넘김	●●●○○

종합적 평가

술의 단맛과 신맛의 균형이 좋으며, 신맛이 다소 강하게 느껴진다. 붉은 베리류의 맛과 감초, 타임(허브)의 향이 느껴지며 부드럽게 마실 수 있다.

목살 구이와 세 번째로 잘 어울리는 술 ③

이름 **진맥소주 22**	종류 **증류주**	원료 **소주 원액**

페어링

술의 알코올이 목살 구이의 기름을 깔끔하게 정리하여 먹기 편하게 만들어 준다. 술의 단맛과 약한 감칠맛이 고기의 감칠맛을 살려 주고 마지막에는 풍미를 올려 주면서 입안에서의 바디감을 가볍게 하여 깔끔한 마무리를 제공한다.

술 정보

알코올	22%
시각	맑고 투명
향	크림향, 축축하게 젖은 버섯향, 고소한 향, 단 향, 땅콩향, 사과향, 바닐라향
단맛	●◐○○○
짠맛	●○○○○
신맛	◐○○○○
쓴맛	●○○○○
감칠맛	●◐○○○
목넘김	●●◐○○
바디감	●●◐○○

종합적 평가

초반에는 발효향이 나지만 후반에는 사라지고 바닐라향이 느껴진다. 시간이 지남에 따라 향이 더 풍부하게 변하며, 곡물의 단맛이 입안을 감싼다.

삼겹살 구이

삼겹살은 한국인, 특히 젊은 사람들의 소울 푸드라 할 정도로 인기가 많은 국민 음식이다. 예전에는 삼 겹살이라는 이름 대신 세겹살로 불렸다. 1930년에 출간된 '조선요리제법'에는 세겹살로 명시되어 있다. 그러다 1980년대 초부터 삼겹살이 일반적인 명칭으로 자리잡았다. 지금의 삼겹살 인기를 생각하면 믿 어지지 않겠지만 1970년 전까지 한국인들은 돼지고기를 그리 즐기지 않았다. 그나마 돼지를 키우는 지 역에서는 양념을 해서 삶거나 볶아 먹는 정도였고 구이는 상상도 못했다.

예로부터 한반도에서 키운 가축들을 보면 농사에 필요한 소와 군사적으로 쓸모 있는 말, 치안을 담당한 개와 매일 알을 낳아 주며 키우기 편한 닭이 많았고 돼지는 인기가 없었다. 외국산 돼지가 들어오기 전, 토종 돼지는 몸집도 작고 사람이 먹는 음식이나 인분으로 키워 냄새가 심했으며 노력에 비해 양도 부족 해서 사육을 꺼렸었다. 더구나 삼국시대를 거쳐 고려시대에 이르러서는 불교가 국교이니 육식이 발달하 지 못했다. 그나마 고려 후반에 원나라의 지배로 육식이 조금씩 전해졌고, 조선시대에는 귀족이나 상류 계급은 소고기를 먹고 중인 계급은 닭이라도 먹을 수 있게 되었다. 하지만 돼지는 다른 고기에 비해 저 장이 어렵고 금세 산패해 잘못 먹으면 탈도 많이 났기 때문에 키울 이유가 딱히 없었다.

그러다 1970년에 박정희 대통령의 새마을운동으로 농촌의 양돈산업이 활발해졌다. 외국에서 몸집이 크 고 사육이 비교적 편한 돼지 품종들을 들여와 키운 뒤 일본에 수출하였다. 일본은 돼지 등심과 안심을 주로 수입했기 때문에 삼겹살과 다른 부산물들은 남겨졌다. 때마침 경제 개발로 국민 수준이 올라가면 서 육류 소비가 늘고 있었다. 그렇지만 우리나라 사람들은 여전히 소고기를 선호해 가격은 더 비싸졌다. 이에 정부에서는 적극적으로 돼지고기를 공급해 80년대부터 자연스레 돼지고기 소비가 늘기 시작했다. 대도시로 이주해 회사와 공장에서 일을 하는 사람들이 많아지자 저렴하게 먹을 수 있는 삼겹살이 선택 을 받게 되었다. 특히 단합을 중시하던 8,90년대 직장인들 사이에서 삼겹살은 회식 자리의 단골 메뉴였 다. 여기에 고단함을 잊게 해 주고 빨리 취하게 만드는 값싼 소주까지 곁들이면 금상첨화였던 것이다.

20세기 말 외환 위기를 극복하고 21세기가 되면서 삼겹살 식당에도 변화가 찾아왔다. 2002년 월드컵 이후 외국과의 문화 교류가 늘어나다 보니 한국인들도 다양함에 관심을 갖게 되었다. 단순한 삼겹살 구 이에서 나아가 와인 삼겹살, 된장 삼겹살, 허브 삼겹살 같은 메뉴들이 생겨났으며 냉동 삼겹살 시대에서 생삼겹살 시대로 들어서게 되었다. 2010년에는 한국에 스마트폰이 등장하며 SNS와 유투브가 일상화되 자 미식에 대한 열정과 정보 교류가 증폭했다. 삼겹살 식당들도 이에 맞춰 더욱 독창적이고 신박한 메뉴 들을 선보였다. 다양한 부위의 돼지고기를 요리사가 직접 구워 주는 돈마카세 같은 식당에서부터 지역 의 특색을 살린 소스와 밑반찬, 돼지고기를 공수해서 판매하는 식당들도 늘고 있다. MZ세대에서 레트로 가 인기를 끌자 냉동 삼겹살 식당이 유행했고 중장년층도 추억 소환 장소로 다시 찾는 현상까지 생겼다. 한국인들의 국민 음식인 삼겹살이 앞으로 도 어떤 변화와 발전을 거듭할지 궁금하다.

삼겹살 구이와 가장 잘 어울리는 술 ①

이름 **배비치 블랙라벨 말보로 피노누아 2020** Babich Black Label Malborough Pinot Noir 2020	종류 **레드와인**	매칭 ● ● ● ◑ ○

페어링

삼겹살의 기름을 와인 탄닌이 잘 잡아 주고, 마지막에는 기름과 어우러져 맛을 부드럽게 해 준다. 술의 산도가 삼겹살의 감칠맛을 살리고, 전체적으로 부드럽고 조화롭게 어울린다. 맛이 절묘하게 합쳐지며 술과 삼겹살의 강도가 비슷해 서로의 맛을 잘 느낄 수 있다.

술 정보

알코올	13.5%
시각	투과되는 루비색, 진한 체리 주스
향	약간의 뿌리향, 진흙향, 버섯향, 빨간 체리향, 검붉은 베리향, 감초향, 고추씨향, 바닐라향, 오크향
단맛	● ◑ ○ ○ ○
짠맛	● ◑ ○ ○ ○
신맛	● ● ◑ ○ ○
쓴맛	● ● ◑ ○ ○
감칠맛	● ◑ ○ ○ ○
목넘김	● ● ◑ ○ ○
탄닌	● ● ○ ○ ○

종합적 평가

오크향이 강하지만 입안에서 가벼운 알코올과 부드러운 탄닌, 산도가 균형을 잡아 준다. 붉은 베리류의 맛과 감초, 타임(허브)의 맛이 느껴지며, 전체적으로 조화로운 풍미를 제공한다.

Made by

- **제조사** 배비치 Babich
- **생산 지역** 뉴질랜드 〉 사우스 아일랜드
- **주요 품종** 피노누아 Pinot Noir
- **음용 온도** 13~15℃
- **특징** 피노누아는 껍질이 얇은 포도로, 기르기 까다로운 조건

을 가지고 있다. 하지만 섬세하고 고급스러운 맛 때문에 오랜 기간 재배되었다. 프랑스 부르고뉴가 대표 산지이며, 부르고뉴 이외에 미국 워싱턴과 오레건, 호주, 뉴질랜드에서 생산되고 있다.

- **홈페이지** www.babichwines.com

삼겹살 구이와 두 번째로 잘 어울리는 술 ②

이름 **혼**	종류 **증류주**	원료 **사과, 설탕, 효모**

페어링

은은하게 나는 사과향과 새콤함이 삼겹살 구이의 기름진 느끼함을 잡아 준다. 알코올이 삼겹살 구이의 기름을 씻어 내며, 고소한 맛을 더욱 풍부하게 느끼게 한다.

술 정보

알코올	22%
시각	맑고 투명하다
향	익기 시작한 사과, 새콤한 향, 그린 망고향
단맛	●●○○○○
짠맛	●○○○○○
신맛	●○○○○○
쓴맛	●○○○○○
감칠맛	●●○○○○
목넘김	●●●○○○
바디감	●●●○○○

종합적 평가

사과향이 강하지 않고 은은하며, 잘 익은 사과보다는 익어가는 풋사과의 향이 느껴진다. 도수가 낮아서 부담 없이 마시기 좋으며, 밸런스가 좋다. 사과향은 풍부하지만 맛은 다소 약하다.

삼겹살 구이와 세 번째로 잘 어울리는 술 ③

이름 **산사춘**	종류 **약주**	원료 **정제수, 옥수수 전분, 쌀, 산사나무 열매, 산수유 등**

페어링

목살 구이와 비슷하게 술이 가진 달콤함, 새콤함, 쓴맛들이 기름과 섞이며 맛이 부드러워진다. 술의 향과 맛이 삼겹살 구이의 풍미와 잘 어울리며 고소함을 부각한다. 술의 알코올이 기름을 씻어 내듯 입안을 깔끔하게 정리하며 새콤함과 달콤함을 채워 전체적으로 맛의 균형을 만들어 낸다.

술 정보

알코올	13%
시각	부드러운 다홍색, 투명한 붉은색, 연한 노란색,
향	단 향, 새콤한 향, 쌀향, 사과향, 약재향, 체리향
단맛	●●●○○○
짠맛	○○○○○○
신맛	●●●○○○
쓴맛	●○○○○○
감칠맛	●●○○○○
목넘김	●●●○○○

종합적 평가

술의 단맛과 신맛의 균형이 좋으며, 신맛이 다소 강하게 느껴진다. 붉은 베리류의 맛과 감초, 타임(허브)의 향이 느껴지며 부드럽다.

불족발

족발(足발)은 생김새도 희한한데 이름도 신기하다. 발을 강조하려는 취지인지 '발'을 두번이나 쓴다. 부위로 보면 네 발로 다니는 동물의 무릎 아래부터 발까지 해당하는데 소나 양, 돼지에 주로 통용된다. 그러나 우리나라에서는 족발이라 하면 당연히 돼지를 일컫는다. 주로 야식과 술안주로 즐겨 먹으며 배달에 최적화된 음식이다.

전국적으로 성업중인 족발집들이 무척 많다. 서울 중구 장충동에는 족발 거리가 있을 정도인데, 해방과 한국 전쟁 이후 북한 실향민들이 많이 모여 산 곳이다. 당장 생계를 해결해야 했기에 장사를 시작한 이들이 하나둘씩 늘어났고, 주로 이북식 막국수와 만두, 녹두전을 주메뉴로 팔았다. 경쟁이 치열해지자 장사를 접고 떠나는 이들도 생겼지만 끝까지 버틴 사람들이 지금의 족발 거리를 형성했다. 중국 화교 식당에서 오향족발을 먹어 보고 황해도식 족조림에 착안해 변형해서 만든 것이 장충동식 족발이다. 1963년에 장충체육관이 세워지고 레슬링을 비롯한 여러 스포츠 경기 관람을 하려는 사람들이 늘어났다. 게다가 1973년에는 국립중앙극장이 장충동으로 이전했고, 같은 해에 영빈관을 인수한 삼성 그룹이 신라 호텔을 오픈하였으니 장충동은 그야말로 번화가가 되었다. 동국대학교와 태극당 같은 큰 건물들 또한 일제 해방 직후인 1946년부터 이미 자리를 잡고 있던 터라 인파가 몰리는 것은 당연지사였다. 장충동과 그 일대의 장사꾼들에게는 다행인지 1958년에 우시장이었던 마장동이 3년 후에 서울시립 도축장으로 개설되면서 저렴한 고기 부위와 부산물을 이용해 식당을 여는 사람들이 늘게 되었다.

유럽에서는 프랑스와 이탈리아, 동유럽이 특히 족발 요리를 즐겨 먹는다. 독일의 아이스바인(Eisbein)과 슈바인스학세(Schweinshaxe), 오스트리아의 슈텔체(Stelze), 체코의 콜레노(Pečené koleno), 폴란드의 골롱카(Golonka)는 세계적으로 유명한 족발 음식들이다. 또한 돼지고기 음식이 발달한 스페인의 영향으로 멕시코와 카리브해 국가에서도 족발 요리를 쉽게 찾아볼 수 있다.

아시아에서도 족발은 흔히 먹을 수 있는 음식이다. 중국의 홍소저제(紅燒豬蹄)와 만삼제(万三蹄) 같은 요리들은 물론이고 필리핀의 크리스피 파타(Crispy Pata)와 오키나와의 테비지(テビチ), 태국의 족발 덮밥인 카오카무(ข้าวขาหมู)를 비롯해 라오스와 베트남 등지에서도 족발을 이용한 요리가 많다.

근래 들어 우리나라의 족발 요리도 변화무쌍해지고 있다. 고구려 시대부터 먹었다는 역사가 오래된 족편, 차갑게 해서 겨자 소스에 채소와 함께 무쳐 먹는 족발 냉채도 인기이다. 몇 년 전부터 뜨겁게 사랑받고 있는 매운 음식 열풍으로 족발에도 매운 소스를 입힌 불족발이라는 메뉴도 나왔다. 닭발과 더불어 족발 역시 불처럼 화끈하고 뜨겁게 매운 음식이라는 점을 강조하고 있다. 너무 매우면 술과의 페어링이 어렵지만 적절한 맵기의 음식은 술과 함께 함으로써 밸런스를 맞출 수 있다. 동안 피부 유지에 좋은 콜라겐 덩어리인 족발이 점점 젊은 세대들 사이에서 핫한 메뉴가 되고 있다.

불족발과 가장 잘 어울리는 술 ①

이름 **하드포션**	종류 **막걸리**	매칭 ● ● ● ◐ ○

페어링

족발의 매운맛을 술의 강한 단맛이 잡아 주며, 입안에서 느껴지는 술지게미의 크리미함도 매운맛과 잘 어울린다. 불족발의 물엿이 주는 달콤함과 밀도가 술의 걸쭉한 질감과 잘 맞아떨어진다. 반대로, 술의 쓴맛이 불족발의 매운맛과 중화되어 전체적으로 맛이 조화롭게 느껴진다.

술 정보

알코올	14.3%
시각	살구색이 있는 진한 아이보리색, 걸쭉한 질감
향	숙성된 누룩향, 상쾌한 산미향, 증편향,
	잘 발효된 바나나향, 배향, 멜론향
단맛	● ● ● ◐ ○
짠맛	○ ○ ○ ○ ○
신맛	● ○ ○ ○ ○
쓴맛	● ● ○ ○ ○
감칠맛	◐ ○ ○ ○ ○
목넘김	● ● ○ ○ ○

종합적 평가

단맛이 주를 이루며 마지막에 알코올 느낌이 올라온다. 강하지만 자연스러운 꿀향과 곡물의 고소한 맛, 배맛이 느껴진다. 산도와 당도의 밸런스가 잘 맞으며 부드럽고 균형 잡힌 맛을 제공한다.

Made by

- **제조사** 팔팔양조장
- **생산 지역** 경기도 〉 김포시
- **원료** 쌀, 정제수, 국, 산도조절제, 효모
- **음용 온도** 8~12℃

- **특징** 물보다 쌀이 많이 들어가 있으며 발효가 끝난 술을 14.3%로 희석하지 않고 그대로 병입한 막걸리이다. 14.3%가 주는 강렬한 무게감의 진한 막걸리. 따를 때부터 그 질감과 무게를 느낄 수 있다.
- **홈페이지** https://www.instagram.com/88yangjojang

불족발과 두 번째로 잘 어울리는 술 ②

이름 **경성과하주**	종류 **약주**	원료 **쌀, 누룩, 증류식 소주 원액, 정제수**

페어링

불족발의 단맛과 술 곡물 단맛이 잘 어울리며 매운맛을 부드럽게 씻어 준다. 마지막에는 술 단맛이 입안에 남아 단맛이 더욱 강조된다. 과하주의 알코올이 불족발의 매운맛과 유사한 강도를 가지고 있어 서로 조화롭게 어울리며, 입안에서 맛과 향이 균형 잡히고 조화롭게 느껴진다.

술 정보

알코올	18%
시각	진한 노란색, 황금색, 노란빛이 보이는 연한 레몬색
향	진한 매실 숙성향, 쌀향, 단 향, 새콤한 향, 멜론향, 감귤향
단맛	● ● ○ ○ ○
짠맛	◐ ○ ○ ○ ○
신맛	● ◐ ○ ○ ○
쓴맛	● ○ ○ ○ ○
감칠맛	● ● ● ○ ○
목넘김	● ● ● ○ ○

종합적 평가

시트러스 계열의 쓴맛이 입안에서 느껴지지만 그 뒤를 따르는 단맛이 균형을 잡아 준다. 도수는 강하지만 당도와 산미 덕분에 그렇게 느껴지지 않으며, 감귤맛이 두드러지면서 맛있게 즐길 수 있는 술이다.

불족발과 세 번째로 잘 어울리는 술 ③

이름 **송화백일주**	종류 **증류주**	원료 **정제수, 쌀, 찹쌀, 누룩, 산수유 등**

페어링

불족발의 매운맛과 달콤한 맛을 술의 알코올이 깔끔하게 씻어 주며 입안을 정리한다. 불족발에 사용된 한약재의 맛이 술에 사용된 다양한 한약재와 조화롭게 어울려 맛의 복합성을 더한다. 증류주의 높은 알코올이 불족발의 콜라겐과 기름을 효과적으로 제거하여 맛이 깔끔하게 마무리된다.

술 정보

알코올	38%
시각	투명함, 연한 갈색, 호박색
향	솔향, 구기자향, 건조 한약재향, 목질향, 송진향, 단 향, 꿀향
단맛	● ● ○ ○ ○
짠맛	● ○ ○ ○ ○
신맛	◐ ○ ○ ○ ○
쓴맛	● ◐ ○ ○ ○
감칠맛	● ● ● ○ ○
목넘김	● ● ● ◐ ○
바디감	● ● ● ○ ○

종합적 평가

증류주이지만 단 향이 풍부하고 진득한 꿀 느낌이 있다. 나무맛이 입에 남으며 향기로운 소나무향이 퍼진다. 마지막에는 꿀물의 잔향이 여운을 남기며 알코올의 향이나 단맛이 부드럽게 느껴진다.

육회

육회는 얇게 썬 생고기에 양념을 넣어 살짝 무쳐 낸 요리이다. 소고기를 주로 사용하지만 나라나 지역에 따라 말고기나 닭고기, 때로는 돼지 고기를 사용하기도 한다. 소고기 육회를 만들 때는 기름기가 적은 홍두깨살 또는 우둔살 부위를 주로 사용한다. 한국식 육회의 양념은 설탕, 소금, 간장, 마늘, 깨, 참기름이 보편적이고 배나 무, 오이 등의 채소를 얇게 채 썰어 곁들여 주며, 날달걀 노른자를 위에 올리기도 한다. 우리나라에도 육회가 있지만 프랑스 음식에도 거의 흡사한 요리가 있다. 스테이크 타르타르(Steak Tartare)라는 이름의 소고기 육회이다. 프랑스를 비롯하여 서양의 미식가들은 에피타이저로 스테이크 타르타르를 즐겨 먹는다. 우리나라처럼 마늘이나 배를 넣지는 않지만 날달걀 노른자와 올리브오일 등으로 살짝 양념하여 바게트 같은 빵 위에 올려 먹거나 샐러드와 함께 즐긴다.

기원은 유목민인 타타르 종족에서 시작되었다. 타타르족은 지금은 튀르키예에 살고 있는 튀르크족이지만 그들의 조상은 중국 신장 지역에 거주했던 훈족이다. 눈이 부리부리하고 덩치가 큰 훈족은 말을 타고 다니며 전투를 많이 했던 종족으로, 이들의 침공을 막기 위해 진나라의 시황제 가 만리장성 축조를 시작할 정도였다. 타타르 족은 주로 말고기를 요리해 먹었고 가끔은 물소도 먹었다. 그후 타타르족의 조리법이 중국을 거쳐 우리나라에 전해지면서 육회는 조선 시대에 소고기를 먹을 수 있었던 궁중이나 반가에서 즐겨 먹는 음식이 되었다.

지역별 특징

서울 및 경기 전통적인 방식의 육회가 많이 소비된다. 간장, 참기름, 마늘, 배 등 기본적인 양념을 사용하여 소고기의 신선한 맛을 강조한다.

전라도 매콤한 양념을 사용하여 감칠맛을 더한 육회가 유명하다. 고추장, 고춧가루 등이 포함된 양념을 사용하며 전라도 일부 지역에서는 홍어와 육회를 함께 먹는 경우도 있다.

경상도 간장과 참기름을 기본으로 하되, 비교적 심플한 양념을 사용해 소고기의 맛을 최대한 살린다.

제주도 말고기를 사용한 육회가 유명하며, 말고기의 독특한 풍미와 식감을 살릴 수 있도록 간장, 마늘, 참기름 등으로 가볍게 양념한다.

술 안주로 사랑받고 있는 육사시미

얇게 썰어서 기름장 또는 매콤한 양념장에 찍어 먹는 생고기 요리이다. 도축한 지 24시간을 넘기지 않는 신선한 고기로 먹어야 부드러우면서 식감이 살아 있다. 경상도에서는 뭉티기 또는 뭉텅이로 부르며, 전라도 지역은 생고기 또는 육사시미로 부른다.

육회와 가장 잘 어울리는 술 ①

이름 **배비치 블랙라벨 말보로 피노누아 2020** Babich Black Label Malborough Pinot Noir 2020	종류 **레드와인**	매칭 ● ● ● ◑ ○

페어링

소금간을 해서 맛과 향이 강하지 않은 육회와 섬세한 와인의 향이 잘 어울린다. 와인의 감칠맛이 육회의 감칠맛과 조화를 이루며, 와인 단맛이 육회의 소금간과 만나 시너지 효과를 준다.

술 정보

알코올	13.5%
시각	투과되는 루비색, 진한 체리 주스
향	약간의 뿌리향, 진흙향, 버섯향, 빨간 체리향, 검붉은 베리향, 감초향, 고추씨향, 바닐라향, 오크향
단맛	● ◑ ○ ○ ○
짠맛	● ◑ ○ ○ ○
신맛	● ● ◑ ○ ○
쓴맛	● ● ◑ ○ ○
감칠맛	● ◑ ○ ○ ○
목넘김	● ● ◑ ○ ○
탄닌	● ● ○ ○ ○

종합적 평가

오크향이 강하지만, 가벼운 알코올과 부드러운 탄닌, 산도의 밸런스가 좋다. 붉은 베리류와 감초, 타임(허브)의 맛이 느껴지며, 전체적으로 조화로운 풍미를 제공한다.

Made by

- **제조사** 배비치 Babich
- **생산 지역** 뉴질랜드 〉 사우스 아일랜드
- **주요 품종** 피노누아 Pinot Noir
- **음용 온도** 13~15℃
- **특징** 피노누아는 껍질이 얇은 포도로, 기르기 까다로운 조

건을 가지고 있다. 하지만 섬세하고 고급스러운 맛 때문에 오랜 기간 재배되었다. 프랑스 부르고뉴가 대표 산지이며, 부르고뉴 이외에 미국 워싱턴과 오레건, 호주, 뉴질랜드에서 생산되고 있다.
- **홈페이지** www.babichwines.com

육회와 두 번째로 잘 어울리는 술 ②

이름 **헤드라인 랑혼크릭 쉬라즈 2016** Headline Langhorne Creek Shiraz 2016	종류 **레드와인**	품종 **쉬라즈** Shiraz

페어링

술의 탄닌이 육회의 단맛을 받쳐 주고, 육회의 기름이 탄닌을 부드럽게 만들어 마시기 편안하다. 술의 단맛이 은은하여 소금간을 한 육회와 함께 먹으면 좋은 페어링이 된다.

술 정보

알코올	14.8%
시각	진한 루비색, 검붉은색
향	블랙베리향, 자두향, 체리향, 무화과향, 바닐라향, 오크향, 비트향, 흙냄새(진흙)향, 스파이스향, 피망향
단맛	◑ ○ ○ ○ ○
짠맛	● ○ ○ ○ ○
신맛	● ○ ○ ○ ○
쓴맛	● ◑ ○ ○ ○
감칠맛	● ● ◑ ○ ○
목넘김	● ● ○ ○ ○
탄닌감	● ● ○ ○ ○

종합적 평가

향신료 느낌과 감초의 단맛이 풍부하며 탄닌이 부드럽게 느껴진다. 술을 단독으로 마시면 단조로울 수 있지만 음식과 함께 마시면 맛이 더욱 향상되는 술이다.

육회와 세 번째로 잘 어울리는 술 ③

이름 **화요 25**	종류 **증류주**	원료 **증류 원액, 정제수**

페어링

육회의 가벼운 향과 술의 바닐라향이 어우러져 신선한 느낌을 준다. 술향이 강하지 않아 육회의 맛과 무난하게 조화된다. 육회의 감칠맛, 단맛, 짠맛이 술의 바닐라향과 잘 어울리며 맛을 상승시킨다.

술 정보

알코올	25%
시각	투명함
향	약한 바닐라향, 부드러운 향, 단 향, 곡물향
단맛	● ○ ○ ○ ○
짠맛	○ ○ ○ ○ ○
신맛	○ ○ ○ ○ ○
쓴맛	◑ ○ ○ ○ ○
감칠맛	● ○ ○ ○ ○
목넘김	● ● ● ○ ○
바디감	● ● ○ ○ ○

종합적 평가

바닐라향이 강하지 않으며 맛도 크게 강하지 않고 부드러워서 대중적으로 마시기 좋다. 불호가 없는 술로 음식과 잘 어울린다.

소 곱창 구이

곱창은 소, 돼지, 양, 염소 같은 동물의 소장을 뜻한다. 소장의 내벽에 붙어 있는 기름기를 '곱'이라고 부르는데, 풍부한 기름기로 인해 고소하고 진한 맛을 느낄 수 있다. 또한 곱창의 육질은 쫄깃하면서도 부드러워 씹는 맛이 있다. 곱창은 동물마다 부위의 명칭이 다르다. 한국에서는 돼지와 소의 곱창을 주로 먹는데 가격 외에도 향과 맛, 육질에서 차이가 난다.

먼저 돼지의 창자는 위와 소창, 대창, 막창으로 나뉜다. 돼지의 위장은 오소리감투라고도 하며 지방이 거의 없어 담백하고 쫄깃하다. 순대 전문 식당에서 가장 인기가 높은 내장 부위이다. 돼지 소창은 굵기가 얇아 한국이든 외국이든 순대와 소시지의 외피로 주로 사용한다. 꼬들꼬들한 식감이 씹는 재미를 더해주며 돼지의 잡내가 거의 없다. 대창은 냄새가 심한 편이라 깻잎, 마늘, 양파 같은 향채소와 양념을 가득 넣고 볶아야 먹을 만하다. 돼지의 막창은 창자 마지막 부분으로, 항문까지의 직장 부위를 일컫는다. 냄새가 심하지만 쫄깃하고 고소한 맛이 있어 마니아들이 구이로 즐긴다.

소는 돼지에 비해 더 다양한 위와 창자를 지닌다. 일단 소의 위장은 양, 벌집양, 천엽, 막창 이렇게 4개로 구분된다. 소의 첫 번째 위장인 양은 소곱창 전문 식당에서 '양대창'을 주문할 때 나오는 부위이다. '양'은 순수한 우리말로 '위장'을 지칭한다. 예전에는 위장을 양으로 불렀기 때문에 '양이 차다'라는 문장은 '배가 부를 정도로 위가 차다'라는 의미로 쓰인다. 두 번째 위장은 벌집처럼 생겨서 벌집양이라 한다. 색이 검고 손질까지 어려워서 식탁에서 흔히 만나긴 힘들다. 세 번째 위장은 천엽이다. 천개의 잎사귀처럼 겹겹이 주름져 있어서 붙여진 이름이다. 손질이 까다롭지만 생으로 소금장에 찍어 먹기도 하고 탕에도 넣어 먹고 만두 소로도 활용하므로 종종 만날 수 있다. 소의 마지막 네 번째 위를 막창이라 부른다. 돼지의 막창과는 완전히 다른 위치이다. 소의 막창은 붉은 기가 돌아 홍창이라 부르기도 한다. 소 위장 중 가장 적은 부위이며 고소하고 감칠맛도 있는데다 부드럽고 쫄깃한 식감으로 인기 만점이다. 위장을 빠져나와 창자로 가면 소창과 대창이 있다. 우선 소창은 소의 작은 창자이며 소가 먹은 음식을 소화시켜 주는 기관이라 소화액으로 차 있는데 그것이 바로 '곱'이다. 소 곱창은 엄밀하게 따지면 '곱'이 들어 있는 소창이라 할 수 있다. 소 대창은 내장 지방으로 덮여 있는데 손질 과정에서 겉과 속을 뒤집어서 손님들에게 판매한다. 그래서 '곱'이 들어 있다고 생각하는 이들도 종종 있는 편이다. 소창과 대창 모두 단백질과 지방이 대부분이다 보니 구우면서 퍼지는 기름의 향이 매우 고소하다. 전골을 끓여도 진하고 구수한 풍미를 자아낸다.

외국에서도 곱창 요리를 즐겨 먹지만 우리나라처럼 구이나 볶음보다는 스튜 형식을 선호한다. 소나 송아지, 양, 돼지 등의 창자도 활용하지만 특히 영어로 트라이프(Tripe)라 부르는 위장을 더 많이 조리해 먹는다. 스페인과 프랑스의 다양한 위와 곱창 요리도 잘 알려져 있으며 이탈리아의 트리파(Tripa)는 세계적으로 유명하다. 멕시코에서는 곱창과 위장을 볶거나 끓여서 속을 채운 타코도 꽤나 대중적이다. 아시아에서는 곱창을 넣고 끓인 곱창 국수도 인기 메뉴이다.

소 곱창 구이와 가장 잘 어울리는 술 ①

이름 **반피 로쏘 디 몬탈치노 2019** Banfi Rosso di Montalcino 2019	종류 **레드와인**	매칭 ● ● ● ◑ ○

페어링

탄닌의 거친 맛이 곱창 지방과 만나 부드러워지고, 탄닌도 덜 느껴진다. 곱창의 구운 향이 와인의 오크향과 어울려 냄새에서 오는 거부감이 적어진다. 마지막에는 와인이 가진 알코올이 입안에서 느껴지는 곱창 구이의 지방 맛을 깔끔하게 씻어준다.

술 정보

알코올	14.5%
시각	보라빛이 도는 루비색에 약간의 단호박색, 구리색
향	가죽향, 달지 않은 베리(딸기)향, 체리향,
	중간 오크향, 바닐라향
단맛	○ ○ ○ ○ ○
짠맛	● ○ ○ ○ ○
신맛	● ● ○ ○ ○
쓴맛	● ○ ○ ○ ○
감칠맛	● ○ ○ ○ ○
목넘김	● ● ○ ○ ○
탄닌	● ● ○ ○ ○

종합적 평가

향에 비해 탄닌이 있는 편이라 처음에는 혀가 조이는 느낌이 있으나 서서히 탄닌감이 사그라들며 미디엄 바디를 느낄 수 있다. 향이 강하지는 않지만 시간이 갈수록 좋아지며, 약간의 오크향과 가죽향이 짠맛이나 감칠맛을 가진 음식과 잘 어울린다. 약간의 산도가 뒷받침되어 마시기 좋다.

Made by

- **제조사** 까스텔로 반피 Castello Banfi
- **생산 지역** 이탈리아 〉 토스카나
- **주요 품종** 산지오베제 Sangiovese
  이탈리아 레드 품종이다. 산지오베제라는 이름은 라틴어로 '제우스의 피(Sanguis Jovis)'에서 유래했다. 일반적인 산지

오베제는 신선한 딸기, 체리향에 약간의 스파이스향이 묻어나며, 흙내음과 찻잎향을 느낄 수 있다. 입에서는 중상 정도의 탄닌을 느낄 수 있으며 산미가 아주 높다.
- **음용 온도** 16~18℃
- **홈페이지** www.castellobanfi.com

소 곱창 구이와 두 번째로 잘 어울리는 술 ②

| 이름 **보 준마이 긴조 히토고코치 무로카 나마겐슈** 望 純米吟釀 ひとごこち 無濾過生原酒 | 종류 **사케** | 분류 **준마이긴조** | 품종 **히토고코치** ひとごこち | 정미율 **53%** |

페어링

사케의 산뜻함과 깔끔한 맛이 곱창의 지방 맛과 잘 어울린다. 술의 알코올이 지방의 기름을 효과적으로 정리해 주어 고소함과 감칠맛을 잘 느끼게 한다. 지방의 풍미와 술의 산뜻한 풍미가 조화롭게 어우러진다.

술 정보

알코올	16%
시각	아주 연한 미색, 연한 초록빛, 맑고 투명
향	멜론향, 파인애플향, 샤인머스켓(청포도)향, 쌀향, 단 향,
단맛	●●●○○
짠맛	●○○○○
신맛	●●○○○
쓴맛	●○○○○
감칠맛	●●○○○
목넘김	●●●○○

종합적 평가

단 향이 그대로 맛으로 느껴지며, 맛이 풍부하고 산도의 밸런스가 좋아 목넘김이 우수하다. 균형이 잘 잡혀 있으며 산도가 도드라져 단맛이 상대적으로 낮게 느껴진다. 알코올 16%라고 느껴지지 않을 만큼 청량감이 있다.

소 곱창 구이와 세 번째로 잘 어울리는 술 ③

| 이름 **씨 막걸리 시그니처 나인** | 종류 **막걸리** | 원료 **정제수, 쌀, 배즙, 건포도, 노간주나무 열매 등** |

페어링

새콤함과 달콤함이 강하지 않은 막걸리로, 곱창의 지방 맛과 조화를 이룬다. 고기류인 곱창에 곡류로 만든 술인 막걸리가 술과 밥, 두 가지 역할을 하며 잘 어울린다. 술의 알코올과 쌀지게미가 곱창의 지방을 깔끔하게 씻어 주어 맛을 풍부하게 만든다.

술 정보

알코올	9%
시각	건포도색, 검붉은색, 살구색, 오트밀색
향	꽃 향기, 단 향, 캐러멜향, 배향, 시원한 향, 과실향, 솔향, 멜론향, 잘 익은 감향, 잘 익은 무화과향
단맛	●◐○○○
짠맛	◐○○○○
신맛	●◐○○○
쓴맛	○○○○○
감칠맛	●●●○○
목넘김	●●●●○

종합적 평가

쌀지게미가 적고 입자가 고와 텁텁함이 없으며 잘 익은 무화과 맛과 풍부한 향을 가지고 있다. 맛과 향이 풍성하여 즐기기 좋고 전체적으로 밸런스가 뛰어나다.

소 등심 구이

소 등심은 우리나라 사람들이 가장 좋아하는 부위이며 영어로는 설로인(Sirloin)이라고 한다. 서양에서는 안심 다음으로 평가받는 부위이다. 소의 등쪽, 허리 부분에 위치한 근육 부위로 안심과는 달리 운동량이 많은 쪽에 위치해 있으므로 비교적 단단한 편이다. 근육으로 감싸여 있어 육즙이 풍부하고 고소한 맛이 일품이다. 또한 근육 사이사이에 적절한 마블링이 있어 부드러우면서도 씹는 식감이 있고 감칠맛까지 동시에 느낄 수 있다

소고기는 나라마다 정형하는 방식이 달라 부위를 지칭하는 이름들이 천차만별인데, 현대로 오면서 부위도 세분화되고 점점 더 복잡해지고 있다. 티본 스테이크(T-Bone Steak)는 T자 모양의 뼈를 중심으로 등심과 안심이 함께 붙어 있는 스테이크를 말한다. 등심과 안심이 함께 있으니 다양한 식감을 느낄 수 있으며 양도 많아서 미식과 대식을 더불어 즐기는 이들에게 사랑받는다. 포터하우스(Porterhouse)는 티본 스테이크와 유사하지만 안심 부위가 더 커서 부드러운 식감이 조금 더 강조된다.

한국에서는 등심 부위가 세세하게 구분된다. 우선 꽃등심은 퍼져 있는 하얀 지방의 모양이 꽃과 같다 하여 붙여진 이름이다. 구이를 하면 지방이 녹으면서 육질도 연해지고 고소한 풍미가 침샘을 자극한다. 가장 고가이기 때문에 항상 먹을 수는 없지만 우리나라 사람이라면 누구나 식탐을 내는 부위이다. 채끝 등심도 꽤 인기 있는 부위이다. 안심 바로 위쪽에 위치해 있기 때문에 비교적 지방이 적어 부드럽고 근육도 살짝 있어 씹는 맛도 좋다. 육질은 일반 등심과 안심의 중간 느낌이라 할 수 있다. 소 등심은 두껍게 썰어 스테이크로 먹어도 맛이 있지만 로스 구이처럼 철판이나 숯을 이용해 직화로 구워 먹을 때 육즙 터지는 맛과 풍부한 육향을 더 잘 느낄 수 있다.

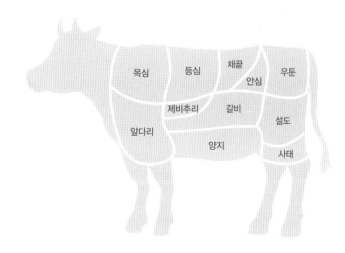

소 등심 구이와 가장 잘 어울리는 술 ①

이름 **헤드라인 랑혼크릭 쉬라즈** HEADLINE Langhorne Creek Shiraz	종류 **레드와인**	매칭 ● ● ● ◐ ○

페어링

술이 가진 탄탄한 구조감이 등심의 강한 맛, 향과 잘 어울리며 강도의 균형을 맞춘다. 탄닌과 술의 감칠맛이 등심의 기름, 감칠맛과 조화를 이루어 맛의 균형을 더욱 잘 살린다.

술 정보

알코올	14.8%
시각	진한 루비색, 검붉은색
향	블랙베리향, 자두향, 체리향, 생무화과향, 바닐라향, 오크향, 비트향, 흙냄새(진흙)향, 스파이스향, 피망향
단맛	◐ ○ ○ ○ ○
짠맛	● ○ ○ ○ ○
신맛	● ○ ○ ○ ○
쓴맛	● ◐ ○ ○ ○
감칠맛	● ● ◐ ○ ○
목넘김	● ● ○ ○ ○
탄닌	● ● ○ ○ ○

종합적 평가

향신료와 감초의 단맛이 입안에서 풍부하게 느껴지며, 탄닌도 부드럽게 느껴진다. 단독으로 마시는 것보다 음식과 함께 즐기면 더욱 좋은 술이다.

Made by

- **제조사** 스밋지 와인즈 Smidge Wines
- **생산 지역** 호주 〉 사우스 오스트레일리아
- **주요 품종** 시라/쉬라즈 Syrah/Shiraz
  프랑스 남부 레드 품종이다. 시라는 프랑스 론 밸리(Rhône Valley) 북부에서 주로 재배되며, 호주에서는 쉬라즈 (Shiraz)로 부른다. 숙성된 시라는 자두, 스파이스 풍미가 느껴진다. 시라는 그르나슈, 무르베드르, 카리냥, 생소 등 다른 품종과 자주 블렌딩된다.
- **음용 온도** 16~18℃
- **홈페이지** https://www.smidgewines.com

소 등심 구이와 두 번째로 잘 어울리는 술 ②

이름 **배비치 블랙라벨 말보로 피노누아 2020** Babich Black Label Malborough Pinot Noir 2020	종류 **레드와인**	품종 **피노누아** Pinot Noir

페어링

술이 가진 포도의 맛과 향미가 등심 구이의 기름과 잘 어울린다. 술의 탄닌이 약간 강하지만, 등심 구이의 기름과 감칠맛에 밀리지 않고 힘을 발휘한다. 술의 단맛이 고기 구울 때의 감칠맛과 조화를 이루어 맛을 부드럽게 만들어 준다.

술 정보

알코올	13.5%
시각	투과되는 루비색, 진한 체리 주스
향	약간의 뿌리향, 진흙향, 버섯향, 빨간 체리향,
	검붉은 베리향, 감초향, 고추씨향, 바닐라향, 오크향
단맛	● ◐ ○ ○ ○ ○
짠맛	● ◐ ○ ○ ○ ○
신맛	● ● ◐ ○ ○ ○
쓴맛	● ● ◐ ○ ○ ○
감칠맛	● ◐ ○ ○ ○ ○
목넘김	● ● ◐ ○ ○ ○
탄닌	● ● ○ ○ ○ ○

종합적 평가

오크향이 강하지만 입안에서 가벼운 알코올과 부드러운 탄닌, 산도가 균형을 잡아 준다. 붉은 베리류와 감초, 타임(허브)의 맛이 느껴지며, 전체적으로 조화로운 풍미를 제공한다.

소 등심 구이와 세 번째로 잘 어울리는 술 ③

이름 **기네스 드래프트** Guinness Draught	종류 **맥주**	원료 **정제수, 맥아, 보리, 볶은 보리, 홉 등**

페어링

술의 커피향과 탄 향이 등심 구이의 구운 향과 잘 어우러져 감칠맛을 더욱 강조한다. 술의 알코올이 고기의 기름을 살짝 씻어 주어 고기가 더욱 고소하고 풍부하게 느껴지는 경험을 할 수 있다.

술 정보

알코올	4.2%
시각	진한 커피색, 조밀한 거품, 크리미한 거품
향	커피향, 탄 향, 버터향, 캐러멜향, 볶은 보리, 빵향
단맛	● ○ ○ ○ ○ ○
짠맛	◐ ○ ○ ○ ○ ○
신맛	● ○ ○ ○ ○ ○
쓴맛	● ● ● ○ ○ ○
감칠맛	● ● ○ ○ ○ ○
목넘김	● ● ● ● ○ ○
탄산	● ○ ○ ○ ○ ○

종합적 평가

대중적인 흑맥주로 부드럽고 밸런스가 좋다. 쓴맛이 혀에 남아 진한 아메리카노를 마시는 듯한 느낌을 준다. 차갑게 마시는 것보다 약 15℃ 정도로 마실 때 향이 더 좋게 느껴진다.

소 안심 구이

안심 부위는 어느 동물이든 몸의 안쪽에 자리잡고 있으며 부드럽고 연한 육질을 지닌다. 지방이 거의 없고 살코기라 맛이 담백하다. 10여 년 전까지만 해도 최고의 외식 메뉴로 손꼽히던 것이 안심 구이였다. 고급 레스토랑에서 소고기 안심 스테이크를 즐기는 사람들은 부러움의 대상이 되었다. 지금이야 수입산 소고기를 비교적 저렴하게 사 먹을 수 있고, 경제 수준도 좋아져서 비싼 한우도 즐기게 되었지만 말이다. 특히 65세 이상의 시니어들은 소고기 부위 중 안심을 으뜸으로 친다는 어느 신문사의 설문 조사 결과도 있다. 나이가 들면 아무래도 치아가 부실해지니 부드러운 안심이 좋을 것이다.

프랑스 남서부 도르도뉴 지방의 몽티냐크 마을에는 라스코(Lascaux) 동굴이 있다. 사슴, 염소 같은 동물들, 사냥하는 모습, 그리고 주술사의 모습이 벽화로 남겨져 있다. 정교하게 그리거나 각인한 벽화로 구석기 후반의 것으로 추정된다. 벽화에는 유난히 소가 많이 등장하며 소를 잡는 모습 또한 강하게 담겨 있다. 농경 사회에서는 당연히 소의 쓸쓸이가 많았으니 소에 대한 열망이 컸을 것이라 생각한다. 그런데 기원전, 그것도 수렵과 채집을 했던 구석기 시대에도 소가 중요했다는 사실이 무척 흥미롭다. 로마 신화만 봐도 소가 신의 자리에 있었을 정도이니 소가 얼마나 귀했는지 알 수 있다.

소는 농사를 짓기 위한 가축으로, 때로는 식용으로 인간에게 무한한 도움을 주고 있다. 소의 안심을 영어로 텐더로인(Tenderloin)이라 하는데, 텐더는 연한 재질을 가리킨다. 안심 부위 중 앞쪽의 가장 얇은 부위를 프랑스어로 필레 미뇽(Filet Mignon)이라 부른다. 프랑스에서는 당연하고 미식을 즐기는 식도락가들도 매우 익숙하게 사용하는 메뉴명이다. 미뇽은 프랑스어로 작고 귀엽다라는 뜻의 형용사이다. 지방이 없어서 고소한 풍미는 찾기 어렵고 육향도 적은 편이다. 레어(Rare; 덜 익힘 상태)로 살짝 구워 먹거나 이탈리아 요리 카르파치오(Carpaccio)같이 매우 얇게 썰어 생으로 먹어야 진가를 알 수 있다. 소 안심 부위에서 가장 가운데 두꺼운 중심은 프랑스어로 샤토브리앙(Chateaubriand)이라 한다. 원래는 19세기 중엽의 프랑스 귀족 프랑수아 르네 드 샤토브리앙(François-René de Chateaubriand)의 전속 요리사에 의해 개발된 요리였으나 19세기 말로 오면서 소 안심의 한 부위로 통칭되었다. 근대 최고의 셰프로 손꼽히는 오귀스트 에스코피에(Auguste Escoffier)가 이 부위의 이름을 지어 여러 나라에 소개했다. 또 에스코피에 셰프는 소 안심의 끝 부분을 투르느도(Tournedos)라고 명명했다. 이 부분은 스테이크 형태로 낼 수 없는 자투리라 슬라이스를 해서 겹쳐 내든지 베이컨 같은 지방이 많은 돼지고기로 감싸 조리해야 육질이 덜 빠져나가 뻑뻑하지 않게 먹을 수 있다.

우리나라에서 소 안심 구이를 먹을 때는 스테이크보다 훨씬 얇게 잘라 굽기 때문에 재빨리 겉만 익히듯이 살짝 구워야 육즙이 보존되어 맛있게 즐길 수 있다. 고가인 만큼 부드럽고 맛있는 소 안심 구이는 지방 함량이 적고 철분이 많아 건강상 남녀노소 모두에게 좋은 부위이다.

소 안심 구이와 가장 잘 어울리는 술 ①

이름	헤드라인 랑혼크릭 쉬라즈 **2016** HEADLINE Langhorne Creek Shiraz 2016	종류 **레드와인**	매칭 ● ● ● ● ○

페어링

와인의 탄닌과 감칠맛이 부드러운 안심의 기름과 잘 어울린다. 미디엄으로 구워야 술과 잘 조화되며, 고기의 굽기 정도에 따라 약간의 다른 관능을 느낄 수 있다. 와인의 포도 풍미 뒤에 고기맛이 뚜렷하게 부각되면서, 술과 음식 모두를 잘 느낄 수 있게 해 준다.

술 정보

알코올	14.8%
시각	진한 루비색, 검붉은색
향	블랙베리향, 자두향, 체리향, 생무화과향, 바닐라향, 오크향, 비트향, 흙냄새(진흙)향, 스파이스향, 피망향
단맛	◐ ○ ○ ○ ○
짠맛	● ○ ○ ○ ○
신맛	● ○ ○ ○ ○
쓴맛	● ◐ ○ ○ ○
감칠맛	● ● ◐ ○ ○
목넘김	● ● ○ ○ ○
탄닌감	● ● ○ ○ ○

종합적 평가

향신료와 감초의 단맛이 풍부하게 느껴지고 탄닌도 부드럽게 느껴진다. 술을 단독으로 마시면 단조로울 수 있지만 음식과 함께 즐기면 맛이 더욱 향상되는 술이다.

Made by

- **제조사** 스밋지 와인즈 Smidge Wines
- **생산 지역** 호주 〉 사우스 오스트레일리아
- **주요 품종** 시라/쉬라즈 Syrah/Shiraz
  프랑스 남부 레드 품종이다. 시라는 프랑스 론 밸리(Rhône Valley) 북부에서 주로 재배되며, 호주에서는 쉬라즈

(Shiraz)로 부른다. 숙성된 시라는 자두, 스파이스 풍미가 느껴진다. 시라는 그르나슈, 무르베드르, 카리냥, 생소 등 다른 품종과 자주 블렌딩된다.
- **음용 온도** 16~18℃
- **홈페이지** https://www.smidgewines.com

소 안심 구이와 두 번째로 잘 어울리는 술 ②

이름 배비치 블랙라벨 말보로 피노누아 2020 Babich Black Label Malborough Pinot Noir 2020	종류 레드와인	품종 피노누아 Pinot Noir

페어링

술의 상큼한 포도 풍미가 안심과 잘 어울린다. 술의 탄닌이 다소 강하게 느껴져 안심 구이 맛을 지배하는 경향이 있으나 전체적으로 술과 안심 구이의 감칠맛이 서로를 잘 살리며 조화롭게 어우러진다.

술 정보

알코올	13.5%
시각	투과되는 루비색, 진한 체리 주스
향	약간의 뿌리향, 진흙향, 버섯향, 빨간 체리향, 검붉은 베리향, 감초향, 고추씨향, 바닐라향, 오크향
단맛	●◐○○○○
짠맛	●◐○○○○
신맛	●●◐○○○
쓴맛	●●◐○○○
감칠맛	●◐○○○○
목넘김	●●◐○○○
탄닌	●●○○○○

종합적 평가

오크향이 강하지만 입안에서 가벼운 알코올과 부드러운 탄닌, 산도가 균형을 잡아 준다. 붉은 베리류와 감초, 타임(허브)의 맛이 느껴지며, 전체적으로 조화로운 풍미를 제공한다.

소 안심 구이와 세 번째로 잘 어울리는 술 ③

이름 기네스 드래프트 Guinness Draught	종류 맥주	원료 정제수, 맥아, 보리, 볶은 보리, 홉 등

페어링

안심 구이의 식감과 술맛이 서로 대적하지 않으며 고기의 기름과 균형을 잘 맞춘다. 구운 고기의 향이 강하지 않아 술을 편안하게 느낄 수 있으며 전체적으로 무난하고 조화롭게 어우러진다.

술 정보

알코올	4.2%
시각	진한 커피색, 조밀한 거품, 크리미한 거품
향	커피향, 탄 향, 버터향, 캐러멜향, 볶은 보리, 빵향
단맛	●○○○○
짠맛	◐○○○○
신맛	●○○○○
쓴맛	●●●○○
감칠맛	●●○○○
목넘김	●●●●○
탄산	●○○○○

종합적 평가

대중적인 흑맥주로 부드럽고 밸런스가 좋다. 쓴맛이 혀에 남아 진한 아메리카노를 마시는 듯한 느낌을 준다. 차갑게 마시는 것보다 약 15℃ 정도로 마실 때 향이 더 좋게 느껴진다.

군만두

예전에는 중국 요리를 파는 중화요리점마다 각각 고유의 스타일로 만두를 빚어 판매하곤 했다. 그러나 중화 요리점들이 배달 위주로 장사를 하면서 군만두의 위상이 많이 내려가 지금은 요리를 주문하면 딸려 오는 서비스 상품이 된 느낌이다.

1882년, 임오군란으로 청나라와 조선간의 상민수륙무역장정이 생겨나자 조선과 지척에 있던 산둥 지방 상민들과 노동자들이 제물포에 들어와 일을 하였다. 삼도업(三刀業, 식칼·가위·면도를 상징)이라 하여 요리, 양장, 이발에 종사하는 화교들이 늘어나면서 제물포항 부근 인천에서 일하는 화교와 조선인 노동자들을 대상으로 하는 허름한 중국집들이 하나둘 생겨났다. 작은 점포 형태의 중국집들은 주로 중국식 만두나 국수를 팔았다. 그후 일제 식민지가 되면서 인천 외에도 서울과 평양에 고급스러운 청요리집들이 생겨났다. 이 시기에 짜장면이나 만두, 일품 요리들이 등장하면서 중국 요리는 비싸고 아무나 접할 수 없는 고급 음식이 되었다.

일제강점기와 한국전쟁을 겪으면서 장사에 수완이 뛰어났던 화교들은 여러 점포를 열며 부유해지기 시작했다. 1931년 배화(排華)사건 등에서 알 수 있듯이 예로부터 화교에 대한 감정이 좋지 않았던 터라 상업이나 무역업 분야에서 화교에 대한 반발이 심했다. 1970년대 박정희 군사 정권 시절에는 화교들을 견제하기 위해 화폐 개혁을 하고 부동산법도 바꾸었다. 현금과 부동산 모두를 잃게 되자 한국 생활을 견디지 못한 수많은 화교들은 다른 나라로 떠나 갔고, 남아 있던 화교들은 생계형 상업을 이어 나갔다. 중화 요리집에서 팔던 짜장면이나 만두 같은 메뉴들도 이시기에 정부가 가격마저 동결시켜 버렸다.

80년대가 되면서 중화요리집들은 빠른 배달로 승부를 봐야 했다. 이에 따라 각 식당들의 특징도 점차 사라지게 되었다. 직접 만두피를 밀어서 소를 채워 만들던 수제 만두들이 점차로 사라지게 되었으며, 오래 조리해야 하는 찐만두보다는 군만두가 선택을 받았다. 더구나 군만두는 식어도 먹을 만했기에 찐만두나 물만두에 비해 배달 손님들의 불평이 적었다. 2000년대 초까지도 중국집의 군만두를 야끼만두라 불렀다. 21세기에 태어난 젊은이들은 중국집 야끼만두보다 떡볶이 먹을 때 곁들이는 분식 야끼만두가 더 익숙하겠지만 말이다. 배달 앱을 사용해 주문을 하는 요즘과는 달리 코비드 시국 전까지 군만두는 중국집 서비스 메뉴로 우리의 추억에 남아 있다. 짜장이나 탕수육 소스에 찍어 먹든 혹은 빠이걸(白干儿)을 마시며 함께 먹든 분명 기름지고 고소한, 맛있는 음식이다.

군만두와 가장 잘 어울리는 술 ①

이름 **백련 스노우 생막걸리**	종류 **막걸리**	매칭 ● ● ● ○ ○

페어링

막걸리의 단맛과 술지게미의 부드러움이 군만두의 기름을 살짝 감싸면서 식감을 가볍게 만든다. 또 입안에서 밀가루 외피
와 막걸리의 쌀이 잘 어우러져 맛을 향상시킨다. 밥과 반찬처럼 술과 야채가 조화로운 맛을 만들어 낸다.

술 정보

알코올	6%
시각	아이보리색, 연한 흰색, 탄산과 고운 쌀 입자가 보임
향	쌀향, 연잎향, 캐러멜향, 단 향, 요구르트향, 고소한 향
단맛	● ◐ ○ ○ ○
짠맛	○ ○ ○ ○ ○
신맛	◐ ○ ○ ○ ○
쓴맛	◐ ○ ○ ○ ○
감칠맛	● ◐ ○ ○ ○
목넘김	● ● ● ◐ ○
탄산	● ○ ○ ○ ○

종합적 평가

향이 조금 강하지만 술의 맛은 부드럽고 가벼우며, 쌀지게미
가 많지만 깔끔하게 마실 수 있다. 음식과 곁들이면 강했던 향
이 누그러지며 맛도 강하지 않아 다양한 음식과 잘 어울린다.

Made by

- **제조사** 신평양조장
- **생산 지역** 충청남도 〉 당진시
- **원료** 정제수, 백미, 물엿, 과당, 누룩,
  연잎, 구연산, 조제종국, 효모, 아스파탐,
  정제효소, 젖산

- **음용 온도** 5~8℃
- **특징** 1933년 처음 술을 빚기 시작해 3대째 가업을 이어오고 있는 양조장으로,
  2013년 찾아가는 양조장으로 선정되어 술의 전통과 역사에 대한 전시, 전통주
  문화 체험이 가능한 〈백련양조문화원〉을 운영하고 있다.
- **홈페이지** https://www.koreansul.co.kr

군만두와 두 번째로 잘 어울리는 술 ②

| 이름 **백련 맑은술** | 종류 **약주** | 원료 **정제수, 백미, 물엿, 연잎, 사과농축액 등** |

페어링

술의 단맛이 강하지 않아 군만두의 짠맛과 잘 어우러지며 깔끔하게 마무리된다. 술의 알코올과 함께 약간의 연잎향이 군만두의 기름기를 걷어 내어 고기맛이 깔끔하게 느껴진다. 군만두의 기름기와 술의 약한 산도가 부드럽게 조화된다.

술 정보

알코올	12%
시각	연한 노란색, 연한 금색, 볏짚 노란색
향	연잎향, 고사리향, 뿌리향, 버섯향, 젖은 누룩향, 곡물향, 구운 향
단맛	●●○○○
짠맛	◑○○○○
신맛	●○○○○
쓴맛	◑○○○○
감칠맛	●●◑○○
목넘김	●●●◑○

종합적 평가

술에서 약한 버섯 맛과 매운맛이 느껴지며, 연잎 향이 주를 이루지만 부드러운 느낌이다. 단맛과 신맛의 균형이 잘 맞고 버섯향이 나는 화이트와인처럼 느껴진다.

군만두와 세 번째로 잘 어울리는 술 ③

| 이름 **칭타오**
Tsingtao | 종류 **맥주** | 원료 **정제수, 맥아, 쌀, 홉** |

페어링

군만두의 짠맛을 맥주의 홉과 드라이함이 부드럽게 만들어 준다. 또 기름진 맛은 맥주의 시원함과 탄산, 약간의 알코올이 깔끔하게 마무리해 준다.

술 정보

알코올	4.7%
시각	진한 황금색, 약간의 볏짚색
향	새콤한 향, 구수한 향, 약한 홉향, 누룽지 말린 향, 잭프룻향
단맛	◑○○○○
짠맛	○○○○○
신맛	◑○○○○
쓴맛	●○○○○
감칠맛	◑○○○○
목넘김	●●○○○
탄산	●◑○○○

종합적 평가

씁쓸한 맛은 적고 아주 약한 단맛이 있다. 전체적으로 탄산이 약하고 향도 강하지 않다. 시원한 청량감이 있어 강하지 않은 음식과 잘 어울린다.

짜장면

40대 이상의 한국인이라면 짜장면에 대한 추억 하나쯤은 가지고 있을 것이다. 7,80년대에 짜장면은 졸업식과 이사 날 같은 특별한 날에만 맛볼 수 있는 음식이었다. 여유 있는 가정에서는 그리 비싼 음식이 아니었지만 88올림픽 전까지, 일반 서민이 일상적으로 즐길 수 있는 음식은 아니었다.

80년대 중반에는 짜장 라면이 등장해 짜장면의 맛을 저렴하게 즐길 수 있게 되었으며, 90년대에 들어서야 비로소 쉽게 접할 수 있는 대중 음식이 되었다. 오죽하면 한국의 100대 민족 문화 상징에 외래음식으로는 유일하게 짜장면이 속해 있으며 정부의 물가 관리 품목으로 선정되어 있을까. 참고로 한국 100대 민족 문화 상징 품목 중 음식은 10개이며 김치, 떡, 고추장, 된장과 청국장, 불고기, 냉면, 삼계탕, 전주비빔밥, 소주와 막걸리, 짜장면이 이에 속한다.

북경&산동 지역에서 유래한 작장면(炸醬麵)은 콩과 소금을 섞어 발효시켜 만든 춘장을 국수 위에 얹어 먹는 음식이다. 숙성이 될수록 황갈색이 짙어지며 짠맛이 강해서 오이나 파 같은 생채소를 썰어 넣어 같이 먹는다. 지금도 중국에 가면 맛볼 수 있는 음식이며 20세기 초, 인천에서 일하던 청나라 노역자들에게 인기만점이었던 저렴하고 간단한 길거리 음식이었다.

그후 한국 전쟁이 끝나고 중국 노역자들보다 한국 일꾼들이 많아지면서 작장면은 한국인 입맛에 맞게 변형되었는데, 마침 밀가루 보급도 원활해서 한국식 짜장면을 파는 점포들이 늘어났다. 춘장에 캐러멜 소스를 더하고 돼지고기와 양파를 볶아 짠맛을 줄이고 단맛을 살려 내니 남녀노소 모두가 반할 맛으로 재탄생하였다.

세월이 흐르면서 발달한 다양한 짜장면

일반 짜장면 춘장에 돼지고기와 양파 등 재료를 넣고 볶다가 물을 부어 끓여 낸 후 전분을 풀어 농도를 맞춰 만든다. 손님들이 몰리는 바쁜 시간을 위해 미리 준비 가능한 편리성이 있다.

유니 짜장면 고기와 채소를 잘게 다져 만들어 소스가 부드럽고 찐득해서 면과 잘 섞인다.

간 짜장면 물을 섞지 않고 재료와 춘장을 기름에 볶아서 만든다. 바로 요리해야 하는 단점이 있지만 기름진 소스가 풍부하고 진한 맛을 더한다.

삼선 짜장면 새우, 전복, 건해삼과 오징어 같은 해산물 3가지를 넣어 만든 짜장면이다.

쟁반 짜장면 큰 쟁반에 많은 양을 담아 낸 것으로 보통 2,3인분용이다. 칼칼하게 매운 양념이 더해져 개운한 맛이 난다.

사천 짜장면 쓰촨 지방의 맛을 내기 위해 고추기름과 두반장을 넣어 맵게 만든 짜장면이다.

마장면 대만으로 건너간 중국인들에 의해 개발된 음식이다. 콩으로 발효한 춘장 대신 깨를 이용해 만들어 고소하다.

쟈쟈멘 일본식 중화면으로 춘장 대신 일본식 된장인 미소를 넣어 만든다.

짜장면과 가장 잘 어울리는 술 ①

이름 레오나르드 커리쉬 아우스레제 2020 Leonard Kreusch Auslese 2020	종류 **화이트와인**	매칭 ● ● ● ◑ ○

페어링

와인의 단맛과 짜장면의 단맛이 잘 어우러져 서로의 단맛을 살린다. 단맛 뒤에 와인의 신맛이 짜장면의 단맛을 정리해 주며 감칠맛을 더해 전체적으로 짜장면의 맛을 더욱 돋보이게 한다. 또한, 술의 알코올이 입안에 남아 있는 짜장면의 전분과 기름 등을 살짝 씻어 내며 맛을 깔끔하게 만들어 준다.

술 정보

알코올	9.5%
시각	연한 황금빛, 볏짚색
향	아카시아향, 청포도향, 복숭아향, 장미향, 잘 익은 배, 망고와 복숭아향, 스파이스향
단맛	● ● ◑ ○ ○
짠맛	◑ ○ ○ ○ ○
신맛	● ● ● ○ ○
쓴맛	● ◑ ○ ○ ○
감칠맛	● ◑ ○ ○ ○
목넘김	● ● ◑ ○ ○

종합적 평가

향이 매우 풍부하고 강하다. 단맛이 두드러지며 쓴맛이 적고, 산도는 중간 수준으로 균형이 잘 잡혀 있다. 입안에 오일리함이 느껴지며 기본적으로 해산물 요리와 잘 어울린다. 또, 새콤달콤한 소스를 사용한 음식과도 훌륭한 페어링을 보여 준다.

Made by

- **제조사** 레오나르드 커리쉬 Leonard Kreusch
- **생산 지역** 독일 〉라인헤센
- **주요 품종** 오르테가(Ortega), 옵티마(Optima), 훅셀레베(Huxelrebe)
  - 오르테가는 독일 화이트 품종이다. 와인은 자몽과 엘더플라워향을 내며 산미가 좋다.

- 옵티마는 독일 화이트 품종이다. 와인의 풍미는 약하며 독특한 단맛을 가지고 있다.
- 훅셀레베는 독일 화이트 품종이다. 와인은 산미가 강하고 루바브(Rhubarb) 풍미를 내며, 풍부한 열대과일의 아로마와 머스캣 열매와 같은 풍미를 지닌다.
- **음용 온도** 6~8℃
- **홈페이지** http://www.leonardkreuschwines.com

짜장면과 두 번째로 잘 어울리는 술 ②

이름 **산사춘**	종류 **약주**	원료 **정제수, 옥수수 전분, 쌀, 산사나무 열매, 산수유 등**

페어링

술의 단맛과 신맛이 짜장면의 단맛과 잘 어울린다. 술이 가진 신맛이 짜장면의 감칠맛을 강조하며, 맛의 조화를 이룬다. 술의 한약재 향은 짜장 소스의 캐러멜 향과 채소의 볶은 향과 잘 어우러져 풍부한 맛의 조합을 만들어 낸다. 술의 다양한 맛이 짜장면의 맛에 더해지면서 두 가지 맛이 서로 상승하는 느낌을 준다.

술 정보

알코올	13%
시각	부드러운 다홍색, 투명한 붉은색, 연한 노란색.
향	단 향, 새콤한 향, 쌀향, 사과향, 약재향, 체리향
단맛	●●●○○
짠맛	○○○○○
신맛	●●●○○
쓴맛	●○○○○
감칠맛	●●◐○○
목넘김	●●●○○

종합적 평가

술의 단맛과 신맛의 균형이 좋으며, 신맛이 다소 강하게 느껴진다. 붉은 베리류의 맛과 감초, 타임(허브)의 향이 느껴지며 부드럽게 마실 수 있다.

짜장면과 세 번째로 잘 어울리는 술 ③

이름 **해창 6도**	종류 **막걸리**	원료 **정제수, 찹쌀, 멥쌀, 입국, 효모**

페어링

술이 가진, 쌀에서 유래된 단맛이 짜장면의 단맛과 어울려 전체적인 단맛을 더욱 강조한다. 술의 무거운 지게미가 짜장면의 기름진 맛을 눌러 주며 맛의 균형을 잘 잡아 준다. 또한, 술이 가진 다양한 향들이 짜장면의 볶은 채소향, 고소한 향과 잘 어우러져 풍부한 맛의 조화를 이룬다.

술 정보

알코올	6%
시각	진한 아이보리색, 쌀색, 약한 노란색, 술지게미 많음(탁함)
향	바닐라향, 바나나향, 쌀향, 멜론향 등 과실향
단맛	●●●●○
짠맛	○○○○○
신맛	●●○○○
쓴맛	◐○○○○
감칠맛	●●○○○
목넘김	●●●●○

종합적 평가

단맛이 강하고 신맛은 약한 술로, 술지게미 양이 많아 목넘김이 무겁고 약간의 탄산감을 가진다. 포도처럼 달콤하고 새콤한 맛이 느껴지며, 적당한 산미가 균형을 잘 맞추어 준다.

짬뽕

중국어로 차오마멘 (炒碼麵)이라 발음하는 초마면을 원조로 본다. 초마면은 특히 산동 지방에서부터 광동 지방까지 동남부에서 많이 먹는데 바다에 근접한 지역들답게 해산물이 주가 된다. 각양각색의 해산물과 채소를 볶은 다음, 돼지나 닭의 뼈로 우린 육수를 넣어 끓여 낸 국물에 면을 말아먹는 서민 음식이다. 19세기 말, 임오군란으로 청나라와 상민수륙무역장정이 체결되자 많은 중국 상인들이 인천항(그 당시에는 제물포항이었던)에 드나들었다. 상인들의 무역품을 싣고 나르는 노역자들이 조선은 물론이고 청나라에서도 모여들었으며 산동 사람들이 주를 이뤘다. 상인들과 노역자들을 대상으로 하는 노점상과 점포들도 생기게 되었다. 이에 따라 산동 지역의 서민 음식이 자연스레 인천으로 전해졌는데, 그중 하나가 지금의 짬뽕인 초마면이다. 하지만 초마면은 작장면에 비해 가격이 비싸서 20세기 초에는 인기가 없었다. 그러다 일제 치하에서 일본인들과 교류가 빈번해지며 중국식 우동인 초마면이 조금씩 알려졌다. 1970년 전까지의 한국식 짬뽕은 지금의 백짬뽕 형태로 고춧가루나 고추기름을 쓰지 않고 뽀얀 국물에 실고추를 올린 모양이었다. 그러다 70년대부터는 화교들 외에도 한국인이 운영하는 중국집이 늘어나면서 고추를 넣고 칼칼하게 끓인 고추 짬뽕이 사랑받게 되었고, 현재의 짬뽕 형태가 완성되었다.

초마면은 왜 짬뽕이 되었을까?

푸젠성(복건성)과 광둥성, 하이난성은 동남아시아를 비롯해 해외로 많은 사람들이 이주한 지역들이다. 그러다 보니 이 지역 음식들이 전 세계 중화 요리의 많은 비중을 차지하고 있다. 타이완을 마주 보고 있는 중국 동남부의 푸젠성 사람들은 가까운 나라인 일본으로 이주를 하거나 유학을 갔는데 특히 나가사키로 강제 이주가 진행되었다. 푸젠성 출신 화교 천핑순(陳平順)은 19세기 말, 일본 나가사키에 중식당 시카이로(四海樓)를 오픈했으며, 이 식당은 지금도 4대째 성업 중이다. 천핑순 사장은 고향에서 온 가난한 유학생들에게 음식을 저렴하게 먹이고 싶어 푸젠성 음식인 탕육사면(湯肉絲麵)을 만들려 했으나 식재료 수급이 원활하지 않아 탕수사면과 흡사한 음식을 만들었는데 그 음식이 바로 지금의 나가사키 짬뽕이다.

초창기에는 시나(支那, 차이나) 우동이라 불렀는데 후에 일본인들이 푸젠성 사투리로 인사하는 발음을 따서 짬뽕(ちゃんぽん)이라 불렀다. 일제 강점기 때, 조선으로 들어온 일본인들에 의해 전해지면서 음식명이 짬뽕으로 굳혀졌지만, 해방 후부터 60년대 말까지 정부와 언론에서는 일본어의 잔해인 짬뽕보다는 초마면으로 음식명을 사용하도록 권장했다. 하지만 7,80년대로 접어들면서 한국인이 운영하는 중국집이 늘어나고 외식도 발전하자 매운 형태의 짬뽕이 음식명으로 자리잡았다.

짜장면과 더불어 짬뽕은 한반도에서 잘 살아남은 외래음식으로, 중화요리점의 인기 메뉴인 동시에 국민 음식이 되었다.

짬뽕과 가장 잘 어울리는 술 ①

이름	**도멘 슐룸베르거 2019**	종류	**화이트와인**	매칭	● ● ● ◑ ○
	Domaines Schlumberger 2019				

페어링

게뷔르츠트라미너 품종에서 오는 단맛이 짬뽕 국물의 매운맛과 잘 어울린다. 와인의 단맛과 약간의 신맛이 짬뽕의 매운맛을 깔끔하게 정리한 뒤 다시금 와인의 맛을 보며 즐기는 것도 좋다.

술 정보

알코올	13.5%
시각	밝은 황금빛의 노란색
향	신선한 시트러스향, 망고향, 레몬 제스트, 라임향, 레몬향, 버터향, 꿀향, 청포도향
단맛	● ● ● ◑ ○
짠맛	○ ○ ○ ○ ○
신맛	● ● ○ ○ ○
쓴맛	● ○ ○ ○ ○
감칠맛	● ● ○ ○ ○
목넘김	● ● ● ○ ○

종합적 평가

단 향에서 느껴지는 강도처럼 입안에서도 단맛이 강하게 느껴지며 쓴맛과 낮은 산도, 그리고 오일리함이 조화를 이룬다. 잘 익은 포도의 부드럽고 농후한 풍미와 풀 바디 캐릭터를 경험할 수 있으며, 떼루아에서 오는 특유의 쌉쌀한 여운이 마시는 즐거움을 더한다.

Made by

- **제조사** 도멘 슐룸베르거 Domaines Schlumberger
- **생산 지역** 프랑스 〉 알자스
- **주요 품종** 게뷔르츠트라미너 Gewürztraminer
  프랑스 화이트 품종이다. 게뷔르츠트라미너는 향신료를 뜻하는 독일어 '게뷔르츠'와 포도 품종을 뜻하는 '트라미너

(Traminer)'에서 유래되었다. 게뷔르츠트라미너 포도는 분홍빛을 띠는 껍질을 지녔다. 강렬한 꽃향기가 인상적인 품종으로 중간 정도의 당도와 바디감이 있으며 산미와 탄닌이 낮다.

- **음용 온도** 10~12℃
- **홈페이지** https://www.domaines-schlumberger.com

짬뽕과 두 번째로 잘 어울리는 술 ②

이름 **레오나르드 커리쉬 아우스레제 2020** Leonard Kreusch Auslese 2020	종류 **화이트와인**	품종 **오르테가, 옵티마, 훅셀레베** Ortega, Optima, Huxelrebe

페어링

와인의 단맛과 신맛이 짬뽕에서 나오는 면과 국물의 매운맛을 부드럽게 만들어 덜 맵게 느껴지고, 감칠맛이 강조되며 식욕을 자극한다.

술 정보

알코올	9.5%
시각	연한 황금빛, 볏짚색
향	아카시아향, 청포도향, 복숭아향, 장미향, 잘 익은 배, 망고와 복숭아향, 스파이스향
단맛	●●○◑○○
짠맛	◑○○○○
신맛	●●●○○
쓴맛	●◑○○○
감칠맛	●◑○○○
목넘김	●●◑○○

종합적 평가

향이 매우 풍부하고 강하다. 단맛이 두드러지며 쓴맛이 적고, 산도는 중간 수준으로 균형이 잘 잡혀 있다. 입안에 오일리함이 느껴지며 기본적으로 해산물 요리와 잘 어울린다. 또한, 새콤달콤한 소스를 사용한 음식과도 훌륭한 페어링을 보여준다.

짬뽕과 세 번째로 잘 어울리는 술 ③

이름 **해창 6도**	종류 **막걸리**	원료 **정제수, 찹쌀, 멥쌀, 입국, 효모**

페어링

막걸리의 단맛과 술지게미의 무게감. 오일리함이 짬뽕의 매운맛을 부드럽게 눌러 준다. 매운맛이 입안에서 정리된 후에는 술의 적당한 신맛이 짬뽕의 감칠맛을 한층 더 강조한다. 이후에는 막걸리의 곡물향과 과일향이 느껴지며, 전체적으로 향이 풍부하게 다가온다.

술 정보

알코올	6%
시각	진한 아이보리색, 쌀 색, 약한 노란색, 술지게미 많음
향	바닐라향, 바나나향, 쌀향, 멜론향 등 과실향
단맛	●●●●○
짠맛	○○○○○
신맛	●●○○○
쓴맛	◑○○○○
감칠맛	●●○○○
목넘김	●●●◑○

종합적 평가

단맛이 강하고 신맛은 약한 술로, 술지게미 양이 많아 목넘김이 무겁고 약간의 탄산감을 가진다. 포도처럼 달콤하고 새콤한 맛이 느껴지며 적당한 산미가 균형을 잘 맞추어 준다.

탕수육

중국집에서 요리를 주문할 때 가장 먼저 떠올리는 메뉴가 있다면 바로 탕수육일 것이다. 바삭하게 튀긴 고기를 새콤달콤한 소스에 버무려 입안에 넣으면 미소가 절로 날 만큼. 남녀노소 모두가 좋아하는 탕수육은 생각 외로 전쟁 중에 탄생했다.

청나라에서 생산한 차, 도자기, 비단 같은 물품들이 영국에서 엄청난 수요를 일으키자 영국은 빚을 지면서도 물품들을 계속 수입했고, 결국에는 무역 적자를 떠안게 되었다. 영국은 무역 적자를 해소하기 위해 당시 식민지이던 인도에서 재배한 아편을 가져와 은 대신 지불하는 방법을 쓰게 된다. 저렴하게 공급된 아편으로 중국인의 10%에 달하는 중독자가 발생하자 청나라 황제 도광제는 영국 아편 상인들을 내쫓고 아편을 몰수해 폐기하도록 명한다. 이에 화가 난 영국은 중국에 선전포고를 하고 전쟁을 하는데, 이 전쟁이 바로 1840년부터 1860년까지 두 번에 거쳐 일어난 아편 전쟁이다. 결국 아편 전쟁에서 패한 청나라는 여러 항구들을 개항하게 되었고 영국에게 홍콩을 내주었다. 그런데 홍콩과 광동 지역에 주재하던 영국 군대와 무역상들은 중국 음식이 입에 맞지 않자 청나라 황실에 항의를 한다. 이런 이유로 광동 지역 조리사들이 개발한 메뉴가 바로 탕수육이다.

중국에서는 오래전부터 탕수(糖醋) 소스를 먹어 왔다. 설탕이나 엿을 구하기 쉬운 왕족이나 귀족들 사이에서 즐겼을 것이다. 708년에 당나라의 재상 위거원(韋巨源)이 저술한 소미연식단(燒尾宴食單)에는 황실에서 즐기던 연회 음식 목록이 나오는데, 그 안에 탕수 소스에 대한 언급이 있다. 서역과의 무역 거래와 왕래가 빈번했던 당나라 때는 설탕을 구하기가 비교적 쉬웠을 것이라 추정되는 문서이다. 탕수 소스는 지역 특산물에 따라 생선, 닭고기, 오리고기 등에 다양하게 사용되는데 중국인들이 가장 선호하는 돼지고기에 주로 쓴다.

당초육(糖醋肉: 탕추러우)은 설탕과 식초가 들어간 소스에 돼지고기를 함께 먹는다는 의미이다. 잘게 자른 돼지고기에 전분 반죽을 묻혀 기름에 튀겨 냈기 때문에 바삭하고 고소할 뿐 아니라 소스에도 잘 버무려진다. 배달 음식의 대명사가 되기 전에는 찍먹이나 부먹이 아닌 볶먹(볶아서 먹음) 혹은 버먹(버무려 먹음)이 정석이었다.

탕수육과 비슷한 요리들은 많지만 특히 잘 알려진 몇 가지만 나열해 본다.

과포육(锅包肉: 궈바오러우)은 뜨거운 기름에 폭탄 터트리듯 재료를 익힌다는 뜻으로 큼지막하게 썬 고기를 기름에 튀긴 동북부 중국에서 발달한 음식이다. 우리나라에는 조선족들에 의해 소개됐으며 꿔바로우라는 이름으로 알려져 있다.

구루육(咕噜肉: 꾸라오러우)은 광동 지방 스타일의 탕수육이라 보면 된다. 중국에서 개발된 케첩과 우스터 소스가 들어가 색이 진하다.

유육단(溜肉段: 류러우돤)은 고기를 갈라서 완자 형태로 튀겨 탕수 소스에 버무린 음식이다.

당초배골(糖醋排骨: 탕추파이구)은 돼지 갈비를 잘게 잘라 튀겨 탕수 소스에 묻혀 낸 오래된 상하이 음식이다. 짠맛도 꽤 있다.

탕수육과 가장 잘 어울리는 술 ①

이름 레오나르드 커리쉬 아우스레제 2020 Leonard Kreusch Auslese 2020	종류 **화이트와인**	매칭 ● ● ● ◐ ○

페어링

와인의 단맛과 신맛이 탕수육 소스의 단맛, 신맛과 잘 어울려 맛의 균형감을 잡아 준다. 탕수육의 기름진 느낌을 와인의 신맛이 깔끔하게 정리해 주며, 소스의 새콤함이 뒤이어 느껴진다. 술의 새콤한 맛과 감칠맛이 탕수육 고기의 감칠맛과 조화롭게 어우러지면서 와인의 맛을 한층 강조한다.

술 정보

알코올	9.5%
시각	연한 황금빛, 볏짚색
향	아카시아향, 청포도향, 복숭아향, 장미향, 잘 익은 배, 망고와 복숭아향, 스파이스향
단맛	● ● ◐ ○ ○
짠맛	◐ ○ ○ ○ ○
신맛	● ● ● ○ ○
쓴맛	● ◐ ○ ○ ○
감칠맛	● ◐ ○ ○ ○
목넘김	● ● ◐ ○ ○

종합적 평가

향의 강도가 매우 풍부하고 강하다. 단맛이 두드러지며 쓴맛이 적고, 산도는 중간 수준으로 균형이 잘 잡혀 있다. 입안에 오일리함이 느껴지며 기본적으로 해산물 요리와 잘 어울린다. 또한, 새콤달콤한 소스를 사용한 음식과도 훌륭한 페어링을 보여 준다.

Made by

- **제조사** 레오나르드 커리쉬 Leonard Kreusch
- **생산 지역** 독일 〉 라인헤센
- **주요 품종** 오르테가(Ortega), 옵티마(Optima), 훅셀레베(Huxelrebe)
  - 오르테가는 독일 화이트 품종이다. 와인은 자몽과 엘더플라워향을 내며 산미가 좋다.

- 옵티마는 독일 화이트 품종이다. 와인의 풍미는 약하며 독특한 단맛을 가지고 있다.
- 훅셀레베는 독일 화이트 품종이다. 와인은 산미가 강하고 루바브(Rhubarb) 풍미를 내며, 풍부한 열대과일의 아로마와 머스캣 열매와 같은 풍미를 지닌다.
- **음용 온도** 6~8℃
- **홈페이지** http://www.leonardkreuschwines.com

탕수육과 두 번째로 잘 어울리는 술 ②

이름 **아리아리**	종류 **약주**	원료 **쌀, 국, 효모, 정제수**

페어링

약주가 화이트와인처럼 드라이한 특성을 가지고 있어 탕수육의 소스와 고기맛을 해치지 않으면서도 탕수육의 맛을 더 잘 느끼게 해 준다. 술의 감칠맛이 고기의 감칠맛과 어우러져 고기가 더 고소하고, 술의 드라이한 성격 덕분에 탕수육의 새콤함보다는 달콤함을 더 두드러지게 한다.

술 정보

알코올	12%
시각	연한 노란색
향	곡물향, 누룩향, 약한 바나나와 바닐라향, 부드러운 과실향
단맛	●○○○○
짠맛	◐○○○○
신맛	◐○○○○
쓴맛	●○○○○
감칠맛	●◐○○○
목넘김	●●●○○

종합적 평가

단맛이 매우 적고 마지막에 쓴맛이 있으며 약간의 산미도 있다. 깔끔한 산미가 화이트와인과 유사하며 마지막에 약주가 가진 감칠맛이 느껴진다.

탕수육과 세 번째로 잘 어울리는 술 ③

이름 **타임 웨이츠 포 노 원 2018** Time Waits For No One 2018	종류 **레드와인**	품종 **모나스트렐** Monastrell

페어링

와인의 탄닌이 탕수육의 기름기를 제거하고 탕수육 외피 전분, 고기와 어울리며 입안을 잘 정리해 준다. 술에 신맛은 적은 편이지만 탕수육 소스의 새콤함을 보조하며, 약한 탄닌이 기름기가 적고 다양한 맛이 섞인 탕수육과 조화를 이루어 함께 부담없이 즐길 수 있는 와인이다.

술 정보

알코올	14%
시각	연한 자주빛
향	약한 베리향, 계피와 초콜릿향, 피망향, 약한 오크향, 잘 익은 검은 과실향, 가죽향
단맛	●○○○○
짠맛	◐○○○○
신맛	●○○○○
쓴맛	●●○○○
감칠맛	●●○○○
목넘김	●●●○○
탄닌	●●○○○

종합적 평가

와인이지만 곡물의 발효향과 시나몬향이 두드러지며, 탄닌이 적고 단맛과 산미가 낮다. 반면, 오크의 강렬한 후추맛과 완숙한 검은 베리맛이 산미를 더해 준다. 이러한 특징 덕분에 튀긴 음식이나 향이 강한 육류와 잘 어울린다.

마라탕

마라탕을 논하려면 쓰촨 음식에 대해 알아야 한다. 사천(四川: 쓰촨) 지방은 중국 남서부에 위치해 있으며 바다가 없는 내륙이지만 양쯔강 상류가 지나기 때문에 강줄기가 발달해 있다. 2011년에 유네스코에 의해 미식도시로 선정될 만큼 식재료가 풍부하고 다양하며 맛있는 음식들이 많다. 서북부 고원을 제외하면 대부분의 쓰촨 지방은 분지 지형으로 여름이 길고 무더우며 습도가 높다. 더운 날씨 때문에 허브와 향신료, 고추와 후추 같은 향이 짙은 농작물이 잘 자라며, 이 재료들을 이용한 저장 음식 또한 발달했다. 쓰촨 음식은 중국의 5미에서 두 가지 맛이 추가되어 '사천 7미'라고 하는데 얼얼한 맛, 매운맛, 단맛, 신맛, 짠맛, 쓴맛, 향신맛이 그것이다. 그중 얼얼한 맛은 쓰촨 음식의 가장 큰 특징으로 한번 먹어본 사람은 중독이 될 만큼 좋아하거나 혹은 매우 싫어하는 양극단의 반응을 보인다.

얼얼한 향의 산초 열매는 중국어로 화초(花椒: 화자오)라고 하는데 쓰촨 요리의 핵심이라 할 수 있다. 입 안이 마비된 것처럼 얼얼하면서도 감귤류의 톡 쏘는 향긋한 향이 퍼져 묘한 매력을 선사한다. 햇볕이 강하고 무더울수록 고추, 후추, 마늘, 생강, 팔각, 정향 같은 허브와 향신료의 향이 강해지기 때문에 쓰촨 음식은 향을 즐기기 위해 먹는다고 해도 과언이 아니다.

중국 요리 5미에서 추가된 두 가지 맛이 바로 '마라'이다. 마(麻)는 화자오(花椒)의 얼얼한 맛을, 라(辣)는 사천 고추의 매운맛을 의미한다. 기름에 산초 열매인 화자오와 건 고추, 두반장(豆瓣醬)과 팔각, 정향, 계피, 생강, 마늘 등 여러 향신료를 넣고 끓인 소스를 마라장(麻辣醬)이라 한다. 쓰촨성과 충칭(重慶: 중경) 직할시가 마라장의 원조이며 중국 전역에 전달되어 변형된 다양한 버전으로 발달했다. 마라장을 넣어 만든 요리들 중 한국에서 유명한 것이 마라탕이다.

그런데 한국에서 마라탕은 쓰촨에서의 마라탕과 조금 다르다. 쓰촨에서의 마라탕은 화궈(火锅: 훠궈)를 일컫는다. 네 개의 강이 협곡 사이를 흐르는 쓰촨성에는 배에 관련된 일을 하는 노동자들이 많았다. 배를 만드는 일꾼들과 물품을 실어 나르는 뱃사공들 모두 습하고 무더운 여름에 땀을 엄청 흘려 대니 몸을 보하면서 가격이 싸고 빠르게 먹을 수 있는 이열치열 음식이 필요했다. 이 음식이 바로 마라장을 이용해 만든 훠궈이다. 19세기 말, 근대화가 시작되면서 노동자들이 늘어나자 야시장이나 강가 주위 길거리에는 훠궈를 파는 가판대와 점포가 생겨났다. 초창기의 훠궈는 큰 냄비에 육수와 마라장을 넣고 끓이면서 꼬치에 끼운 식재료를 담가먹는 촨촨(串串) 형태였다. 그러다 아예 들고 먹기 편하도록 탕그릇에 담아 서빙했는데, 중국어로 마오차이(冒菜)라 부른다. 현재 한국에서 유행하는 마라탕은 마오차이와 더 가깝다.

1980년대에 들어서면서 덩샤오핑(鄧小平)의 개혁 개방이 이루어졌다. 고향을 떠나 타지역에서 일할 수 있는 거주 이전의 자유가 가능해진 것이다. 이를 계기로 90년대부터 훠궈와 마라탕의 인기가 중국 각지로 퍼져 나갔다. 매운맛에 약한 베이징이나 조선족들의 거주지인 동북부 사람들에게 어필하기 위해 마오차이(冒菜) 안에 땅콩 소스를 넣어 마라 맛을 순화한 마라탕이 탄생하였다.

마라탕과 가장 잘 어울리는 술 ①

이름 **경성과하주 연월주 에디션**	종류 **약주**	매칭 ● ● ● ◐ ○

페어링

마라탕의 매운맛이 술의 단맛과 알코올의 무게감과 잘 어우러져 부담 없이 마실 수 있다. 술의 단맛과 높은 알코올 도수가 마라탕의 복합적인 향신료와 조화되며 각자의 맛을 개성 있게 느낄 수 있도록 해 준다.

술 정보

알코올	18%
시각	진한 노란색에 가까운 황금색,
	노란빛이 보이는 연한 레몬색
향	진한 매실 숙성향, 쌀향, 단 향, 새콤한 향, 멜론향, 감귤향
단맛	● ● ○ ○ ○
짠맛	◐ ○ ○ ○ ○
신맛	● ◐ ○ ○ ○
쓴맛	● ○ ○ ○ ○
감칠맛	● ● ● ○ ○
목넘김	● ● ● ○ ○

종합적 평가

시트러스 계열의 쓴맛이 입에서 느껴지지만 단맛과 감칠맛이 있어 마시기 편한 술이다. 도수가 강하나 당도와 산미가 균형을 잡아 주어 강하게 느껴지지 않으며, 감귤맛이 주로 난다.

Made by

- **제조사** 술아원
- **생산 지역** 경기도 〉 여주시
- **원료** 쌀, 누룩, 증류식소주 원액, 정제수
- **음용 온도** 8~10℃
- **특징** 과하주는 '여름을 나는 술'로 온도가 높은 여름에 술이 상하지 않도록 발효 과정에 증류주를 혼합하여 숙성한 주정

강화 술이다. 그중 '경성과하주'는 고문헌을 바탕으로 복원된 술로 비슷한 제조법으로 만든 포르투갈의 포트(Port), 마데이라(Madeira) 와인, 스페인의 셰리(Sherry)보다 약 100년 정도 앞선 제조법이라 이야기된다.

- **홈페이지** https://soolawon.co.kr

마라탕과 두 번째로 잘 어울리는 술 ②

이름 **하드포션**	종류 **막걸리**	원료 **쌀, 정제수, 국, 산도조절제, 효모**

페어링

마라탕의 매운 국물 강도가 하드포션의 단맛, 강한 알코올, 그리고 많은 술지게미와 잘 어울린다. 마라탕의 땅콩 소스에서 오는 고소한 맛과 기름기가 하드포션의 질감, 무게감, 감칠맛, 오일리함과 조화를 이루어 입안을 편안하게 감싸 준다.

술 정보

알코올	14.3%
시각	살구색이 있는 진한 아이보리색, 걸쭉한 질감
향	숙성된 누룩의 향, 상쾌한 산미향, 증편향,
	잘 발효된 바나나향, 배향, 멜론향
단맛	●●●◐○
짠맛	○○○○○
신맛	●○○○○
쓴맛	●●○○○
감칠맛	◐○○○○
목넘김	●●○○○

종합적 평가

단맛이 주를 이루며 마지막에 알코올이 올라온다. 알코올이 강하지만 자연스러운 꿀향과 곡물의 고소한 맛, 배맛이 느껴진다. 산도와 당도의 밸런스가 잘 맞으며 부드럽고 균형 잡힌 맛을 제공한다.

마라탕과 세 번째로 잘 어울리는 술 ③

이름 **간치아 모스카토 로제** Gancia Moscato Rose	종류 **스파클링와인**	품종 **모스카토 비앙코, 브라케토** Moscato Bianco, Brachetto

페어링

매운맛과 기름기가 있는 마라탕을 탄산이 잘 씻어 주며 남아 있는 매운맛을 깔끔하게 정리한다. 술의 단맛이 입에 있는 짠맛과 잘 어울려 다양한 맛을 느끼게 해 주며, 면의 탄수화물이 술의 단맛과 어우러져 입안이 꽉 찬 느낌이다.

술 정보

알코올	7%
시각	투명한 연핑크색
향	단 향, 꿀향, 버터향, 아카시아꽃향, 장미향,
	신선한 과실향, 감귤향
단맛	●●◐○○
짠맛	◐○○○○
신맛	●○○○○
쓴맛	◐○○○○
감칠맛	●◐○○○
목넘김	●●●●○
탄산	●●●○○

종합적 평가

사랑스러운 연핑크 컬러가 시선을 사로잡는다. 청포도향과 향긋한 과실 풍미가 가득하며, 청량감 있는 탄산과 적절한 산도가 균형을 잘 맞추고 있다. 집에서 편하게 마시기 좋은 느낌이다.

마라샹궈

마(麻)는 화자오 (花椒)의 얼얼한 맛을, 라(辣)는 사천 고추의 매운맛을, 그리고 상궈(香锅)는 '향기로운 냄비'를 의미한다. 각종 식재료와 마라장(麻辣酱)을 냄비나 철판 팬에 넣고 볶아 내는 음식이다. 마라탕과 같이 화자오와 건 고추를 사용하지만 국물 없이 볶아내기에 더 강렬한 향미가 난다.

마라샹궈는 훠궈의 개발 시점인 19세기 말에서 100년 정도가 지난 1990년대 말경에 쓰촨 지방에서 개발되었다. 쓰촨 지방이 판다의 서식지로 알려지면서 관광객들이 몰리자, 이 지역 상인들이 고심하여 마라장을 이용한 다양한 요리들을 만들어 냈는데 그 중 하나가 마라샹궈이다.

두꺼운 팬에 마라장을 넣어 원하는 식재료와 함께 볶아 내기 때문에 일손과 시간이 필요하다. 그래서 마라샹궈는 마라탕에 비해 가격이 2배 정도 비싼 편이다. 연근, 마, 배추, 청경채, 숙주, 버섯, 죽순 등 각종 채소와 고기, 해물을 주재료로 쓴다. 물론 두부, 어묵, 당면, 분모자 같은 재료들도 선호도가 높다. 얼얼하면서 시원한 맵기를 원하면 화자오(花椒)를, 눈물 날 정도로 매운맛을 원하면 말린 고추를 더 넣으면 된다. 독특한 향을 즐기고 싶다면 팔각이나 정향을 추가해 달라고 한다. 그리고 감칠맛으로 정점을 찍고 싶다면 두반장(豆瓣酱)을 첨가한다. 손님들이 메뉴판에서 주문한 대로 조리해 주는 식당들도 있지만 근래에는 뷔페 형태로 식재료를 선택할 수 있는 곳도 많아졌다. 다양한 식재료를 원하는 대로 추가할 수 있고, 매운 정도를 조절하여 자신의 취향대로 맛의 조화를 즐기는 젊은 세대들에게 인기만점이다. 비단 볶음 조리법의 마라샹궈뿐 아니라 전골 스타일의 훠궈나 수프 같은 마라탕도 마찬가지이다.

마라샹궈를 비롯한 마라장(麻辣酱)을 이용한 음식들은 각자가 제조한 소스에 찍어 먹으면 맛이 순화되거나 더욱 맛있게 변하는 매력이 있다. 전문 식당에 가면 십수 가지의 재료들이 소스로 섞일 수 있게 준비되어 있다. 깨로 만든 지마장(芝麻酱)이나 땅콩 가루를 넣어 먹으면 매운맛이 순화되는 효과가 있다. 하지만 대부분은 이 맵고 얼얼한 맛을 즐기기 위해 마늘을 듬뿍 넣은 소스를 만들어 먹는 편이다. 마라샹궈는 양념이 적은 단순한 볶음밥이나 맨밥과 같이 식사로 먹어도 좋지만 달달한 술을 곁들이면 더 환상적이다.

90년대 말부터 20여년 동안 마라 소스를 넣어 만든 다양한 먹거리도 발달했다. 마라 두부, 마라 죽순, 마라 꼴뚜기, 마라 육포, 마라 땅콩, 마라 감자칩, 마라롱샤 등 간식으로도 좋고 술안주로도 적당해서 찾는 이들이 늘고 있다.

마라샹궈와 가장 잘 어울리는 술 ①

이름 **하드포션**	종류 **막걸리**	매칭 ● ● ● ◐ ○

페어링

막걸리의 걸죽한 술지게미와 달콤한 맛이 마라샹궈의 짠맛과 매운맛을 감싸면서 부드럽게 중화시킨다. 막걸리의 술지게미가 마라샹궈의 기름을 입안에서 씻어 주어 전체적으로 깔끔한 느낌을 준다.

술 정보

알코올	14.3%
시각	살구색의 있는 진한 아이보리색, 걸죽한 질감
향	숙성된 누룩의 향, 상쾌한 산미향, 증편향, 잘 발효된 바나나향, 배향, 멜론향
단맛	● ● ● ◐ ○
짠맛	○ ○ ○ ○ ○
신맛	● ○ ○ ○ ○
쓴맛	● ● ○ ○ ○
감칠맛	◐ ○ ○ ○ ○
목넘김	● ● ○ ○ ○

종합적 평가

단맛이 주를 이루며 마지막에 알코올이 올라온다. 알코올은 강하지만 자연스러운 꿀향과 곡물의 고소한 맛, 배맛이 느껴진다. 산도와 당도의 밸런스가 잘 맞으며 부드럽고 균형 잡힌 맛을 제공한다.

Made by

- **제조사** 팔팔양조장
- **생산 지역** 경기도 〉 김포시
- **원료** 쌀, 정제수, 국, 산도조절제, 효모
- **음용 온도** 8~12℃

- **특징** 물보다 쌀이 많이 들어가 있으며 발효가 끝난 술을 14.3%로 희석하지 않고 그대로 병입한 막걸리이다. 14.3%가 주는 강렬한 무게감의 진한 막걸리, 따를 때부터 그 질감과 무게를 느낄 수 있다.
- **홈페이지** https://www.instagram.com/88yangjojang

마라샹궈와 두 번째로 잘 어울리는 술 ②

이름	**간치아 모스카토 로제** Gancia Moscato Rose	종류	**스파클링와인**	품종	**모스카토 비앙코, 브라케토** Moscato Bianco, Brachetto

페어링

와인의 단맛과 신맛, 상큼한 맛이 마라샹궈의 매운맛을 중화시키고 정리해 준다. 와인의 탄산이 마라샹궈의 강한 맛을 입에서 씻어 내며, 와인의 다양한 향이 마라샹궈의 매운 향과 조화를 이룬다. 각각의 맛과 향이 서로를 방해하지 않고, 각각 잘 느껴진다.

술 정보

알코올	7%
시각	투명한 연핑크색
향	단 향, 꿀향, 버터향, 아카시아꽃향, 장미꽃향, 신선한 과실향, 감귤향
단맛	●●◐○○
짠맛	◐○○○○
신맛	●●○○○
쓴맛	◐○○○○
감칠맛	●◐○○○
목넘김	●●●●○
탄산	●●●○○

종합적 평가

술의 연핑크 컬러가 사랑스러운 느낌이다. 청포도향과 향긋한 과실 풍미가 가득하며, 청량감 있는 탄산과 적절한 산도가 균형을 잘 맞추고 있다. 집에서 편하게 마시기 좋은 와인이다.

마라샹궈와 세 번째로 잘 어울리는 술 ③

이름	**경성과하주 연월주 에디션**	종류	**약주**	원료	**쌀, 누룩, 증류식 소주 원액, 정제수**

페어링

술의 강한 단맛이 마라샹궈의 매운맛을 효과적으로 중화시키며, 반대로 마라샹궈의 매운맛이 술의 쓴맛을 약간 도드라지게 만든다. 전체적으로 높은 알코올 도수가 매운맛을 깔끔하게 정리해 주고, 술의 단맛을 마지막에 더 잘 느끼게 해 준다.

술 정보

알코올	18%
시각	진한 노란색이며 황금색, 노란빛이 보이는 연한 레몬색
향	진한 매실 숙성향, 쌀향, 단 향, 새콤한 향, 멜론향, 감귤향
단맛	●●◐○○
짠맛	◐○○○○
신맛	●◐○○○
쓴맛	●○○○○
감칠맛	●●●○○
목넘김	●●●○○

종합적 평가

시트러스 계열의 쓴맛이 입에서 느껴지지만, 단맛과 감칠맛이 있어 마시기 편한 술이다. 도수가 강하지만 당도와 산미가 균형을 잡아 주어 강하게 느껴지지 않으며, 감귤맛이 주로 난다.

양꼬치

동쪽의 몽골에서부터 중앙 아시아를 거쳐 페르시아와 아라비아 그리고 아프리카 대륙까지, 사막이나 건조한 지역에 사는 사람들은 한곳에 정착해 살기가 힘들었다. 농사를 지을 만큼 수량이 풍부하지도 않고 강우량마저 적어서 떠돌아다니며 생활하는 방법을 선택했다. 식량이 필요했기 때문에 가축을 몰고 여기저기에 산재해 있는 목초지를 찾아다녔다. 이들을 유목민이라고 부른다. 대부분의 유목민들은 낙타, 소, 말 같은 몸집이 큰 동물들을 방목하기도 하지만 양과 염소를 주로 키우는 편이다. 근래에는 전적으로 유목 생활을 하는 유목민들이 줄고 있지만 여전히 유목민들은 현대 사회와는 다른 양상의 생활을 하고 있다.

유목민들 중에서도 특히 몽골인들은 호전적인 민족으로 유명하다. 말을 타고 다니면서 사냥도 잘 하고 전쟁에서는 백전백승했을 만큼 기세등등한 모습으로 살았다. 그도 그럴 것이 몽골은 13세기와 14세기에, 유럽과 아랍을 정복한 막강한 제국이었다. 몽골 유목민들은 말린 우유와 육포를 주 식량으로 삼았지만 시간 여유가 있거나 특별한 날에는 양을 잡았다. 양고기를 뜨거운 돌과 함께 오랫동안 익혀 낸 허르헉(Khorkhog)은 가장 대표적인 몽골 음식이다. 또 다른 음식으로는 양꼬치가 있는데 멀리 사냥을 나가거나 전쟁에 나갔을 때 양고기를 잘라 칼이나 창에 꿰어 구워 먹었다. 몽골의 양꼬치는 튀르키예의 쉬시케밥(Shisi Kebab)에 영향을 주었으며 이란과 아랍 등 이슬람 교도들에 의해 사랑받는 음식으로 자리 잡았다.

원래 중국의 한족(漢族)은 양고기를 즐기는 민족이 아니었는데 몽골이 세운 원나라때부터 중국 북서부에서 양고기를 먹는 사람들이 늘어 났다. 중국은 80년대 개혁 개방 이후, 거주지 이전 자율화가 되면서 동서남북으로 왕래가 활발해졌다. 이시기에 신장 위구르 지방의 이슬람 교도들은 중국 전역을 다니면서 양꼬치를 팔아 생계를 이어갔다. 길거리에서 포장마차로 시작하여 목돈을 벌면 점포를 차리는 식이었다. 이들의 성공 사례를 목격한 연변 일대에 거주하는 조선족들도 90년대 말부터 한국에서 양꼬치 식당들을 차렸다. 처음에는 조선족을 상대로 장사를 했는데 몇 년쯤 지나니 서서히 한국인들에게도 알려져 인기를 끌었다.

위구르 스타일 양꼬치는 얇게 편 양고기를 나무 꼬치에 꿰어 양념을 뿌려 가며 굽는다. 반면 연변 양꼬치는 양고기를 큼직하게 쇠 꼬치에 꿰어 구운 다음 양념을 찍어 먹는다. 양념은 점포마다 조금씩 다르지만 기본은 쯔란이다. 원산지가 중동인 큐민(Cumin)을 주로 섞어서 만드는데 암내가 강해 호불호가 있는 향신료이다.

자양동이나 대림동은 물론이고 대도시 골목마다 쉽게 찾아볼 수 있는 양꼬치집. 친구들과 술 한잔 기울이며 왁자지껄 떠들기에는 제격인 식당이다. 술 한 모금에 꼬치 하나 베어 물면 육즙이 터지면서 기름기가 입안에 감돈다. 한국인들에게도 양꼬치(羊肉串: 양러우촨)는 중국이나 중동, 튀르키예 사람들 못지않게 추억을 선사하는 음식이 되어 간다.

양꼬치와 가장 잘 어울리는 술 ①

이름 **구스 아일랜드 IPA** Goose Island IPA	종류 **맥주**	매칭 ● ● ● ○ ○

페어링

양꼬치 양념의 향신료 맛과 술의 쓴맛이 조화를 이루며 맛을 균형 있게 만들어 준다. 양고기의 고소함과 맥주의 감칠맛이 잘 어우러지며, 감칠맛이 상승한다. 마지막에는 맥주의 시원함이 양꼬치의 기름과 향신료를 깔끔하게 씻어 내며 입안을 정리해 준다.

술 정보

알코올	5.9%
시각	진한 골드빛, 진한 노란색, 약간 탁한 보리색
향	시트러스향, 오렌지향, 신선한 홉향, 코리엔더향, 약한 꽃향
단맛	◐ ○ ○ ○ ○
짠맛	◐ ○ ○ ○ ○
신맛	● ○ ○ ○ ○
쓴맛	● ● ○ ○ ○
감칠맛	● ● ○ ○ ○
탄산	● ○ ○ ○ ○

종합적 평가

쓴맛이 있지만 강하지 않아 목넘김이 부드럽고 순한 느낌을 준다. 탄산이 강하지 않고 거품도 적당해 부드럽게 마실 수 있으며, IPA 특유의 향이 강하지만 맛은 비교적 순한 편이다.

Made by

- **제조사** 구스 아일랜드 비어 / 국내생산 오비맥주
- **생산 지역** 미국 〉 일리노이
- **구분** 인디아 페일 에일(India Pale Ale(IPA))
- **원료** 정제수, 맥아, 호프펠렛, 효모, 영양강화제 3종, 산도 조절제, 이산화탄소
- **음용 온도** 4~8℃

- **특징** 구스 아일랜드는 1988년 시카고에서 탄생한 양조장이자 술집이다. 거위를 로고로 하며, 구스 아일랜드라는 이름은 첫 양조장 근처의 구스섬에서 따왔다고 한다. 현재는 맥주업계의 대기업인 앤하이저부시 인베브가 소유하고 있으며 시카고 이외에 토론토, 상 파울로, 서울, 상하이, 런던에서 운영 중이다.
- **홈페이지** https://www.gooseisland.com

양꼬치와 두 번째로 잘 어울리는 술 ②

이름 야마모토 도카라 나마겐슈 山本 ど辛 純米生原酒	종류 **사케**	분류 **준마이**	쌀품종 **긴상** ぎんさん	정미율 **65%**

페어링

양꼬치의 고소한 감칠맛과 사케의 감칠맛이 잘 어우러져 맛을 한층 더 풍부하게 만들어 준다. 사케 자체의 맛이 강하지 않아 양꼬치의 담백한 맛을 느끼기에 좋으며, 양꼬치를 계속 먹게 만드는 역할을 한다. 또한, 사케의 알코올이 양꼬치의 기름을 깔끔하게 씻어 주어 입안을 상쾌하게 해 주며, 마지막에는 다양한 향이 여운으로 남아 전체적인 맛의 균형을 잘 맞추어 준다.

술 정보

알코올	16%
시각	아주 약한 노란색
향	멜론향, 수박향, 견과류향, 쌀향, 파인애플향, 배향, 사과향, 흰 꽃향
단맛	●◐○○○
짠맛	●○○○○
신맛	◐○○○○
쓴맛	●●○○○
감칠맛	●●○○○
목넘김	●●◐○○

종합적 평가

향이 매우 다채롭고 적당한 단맛과 신맛의 균형이 잘 맞는다. 신선한 느낌으로 산뜻하게 마실 수 있는 전형적인 사케이며, 약간의 알코올이 느껴지면서도 전체적으로 부드럽고 조화로운 맛을 제공한다.

양꼬치와 세 번째로 잘 어울리는 술 ③

이름 **엘루안 피노누아 2020** Elouan Pinot Noir 2020	종류 **레드와인**	품종 **피노누아** Pinot Noir

페어링

드라이한 와인이 양꼬치의 감칠맛을 해치지 않고 오히려 살려 준다. 양꼬치에 시즈닝을 찍어 먹으면 와인의 약한 신맛과 떫은맛이 양꼬치의 담백함, 기름과 잘 어울리며, 맛의 조화를 훌륭하게 이끌어낸다.

술 정보

알코올	13.7%
시각	검붉은 자두색, 아로니아 음료색, 타트체리색
향	풋체리향, 연한 후추의 매운향, 감초향, 약한 바닐라향, 알코올향, 익은 복숭아향, 잘 익은 붉은 포도향
단맛	○○○○○
짠맛	●○○○○
신맛	●◐○○○
쓴맛	●○○○○
감칠맛	◐○○○○
목넘김	●●●◐○
탄닌	●○○○○

종합적 평가

검붉은 자두색이 진하며, 덜 익은 과실과 익은 과실향이 조화를 이루어 밸런스가 좋다. 모든 맛과 향이 조화롭게 어우러져 무난하게 마실 수 있는 피노누아 와인이다. 단맛이나 신맛이 강하지 않고 적당하며 전체적으로 부드럽고 균형 잡힌 느낌이다.

양갈비

유럽, 오세아니아, 중동이나 인도와는 달리 국내에서는 양고기 생산이 거의 이루어지지 않고 있다. 국내에서 소비되고 있는 양고기는 전량 수입산으로 농림축산식품부에 따르면 2010년 3415톤에서 2023년에는 2만톤으로 무려 6배가 늘었다. 비록 국내 생산은 전무하지만 양고기 수입이 늘고 있다는 것은 양고기가 새로운 메뉴로 자리잡아 간다는 사실을 보여 준다.

양고기 수입은 박정희 대통령 시절에 처음 이루어졌다. 가난했던 당시, 양질의 단백질이 필요하다고 느낀 정부는 중동에서 냉동 양고기를 들여왔다. 하지만 그때 수입해온 양고기는 나이 든 머튼(Mutton)으로 양념과 함께 끓여 먹어야 하는 스튜용이었다. 그런데 양고기 요리에 대한 정보가 전무하던 그 시절 구이로만 먹었으니. 양고기는 질기고 노린내가 심하다는 좋지 않은 기억만 남게 되었다. 보통 12개월 이하의 양고기를 램(lamb)이라 부르고, 그보다 나이 든 양고기는 머튼(mutton)이라 칭한다. 요즘 국내에 수입되는 양고기는 거의 어린 양이라 육향이 세지 않은 편이다. 그러나 아직도 익숙한 소고기나 돼지고기에 비해 입맛에 맞지 않아 하는 사람들이 꽤 있다.

그럼에도 불구하고 연변 출신 조선족들에 의해 국내에 퍼진 양꼬치 전문 식당에서 양갈비를 함께 팔아서인지 양고기가 비주류인 한국에서도 양고기를 즐기는 사람들이 늘고 있다. 물론 미식가들이나 외국 생활 경험이 있는 식도락가들 사이에서는 90년대 초반부터 양갈비를 파는 식당과 호텔 식당들이 인기였다. 스테이크 스타일로 굽는 램찹(Lamb Chop)이 양갈비의 정석이지만 쯔란을 찍어 먹는 연변식 양갈비와 부추와 깻잎 같은 채소를 넣고 수육으로 즐기는 한국식 양갈비도 매력이 있다. 양파와 대파 같은 향채소와 함께 구워 먹는 홋카이도 징기스칸 양갈비 전문점도 여러 곳 생기고, 양갈비에 대한 반감도 점차 줄어들고 있다. 그래서인지 다양한 부위를 코스로 즐기는 양고기 전문 식당들이 생기고, 동대문 역사문화공원역 부근에 위치한 중앙아시아 거리를 찾는 젊은 세대들도 많아졌다. 중앙아시아 거리는 유목 민족의 식문화가 넘쳐나는 재미있는 곳이다. 우즈베키스탄 식당에서는 양꼬치 '샤슬릭'과 다양한 양고기 만두를 즐길 수 있고 몽골 식당에서는 양고기 찜 요리인 '허르헉'과 양갈비 요리들을 맛볼 수 있다.

양갈비를 비롯한 어린 양고기는 다른 고기에 비해 단백질 함량이 높고 지방 함량은 낮은데다 철분과 비타민B12, 칼슘과 오메가3 등 영양소가 많다. 조선 세종 때의 의관, 전순의가 쓴 '식료찬요'에는 양고기와 생강을 함께 달여 먹으면 허약한 기를 보한다고 적혀 있다. 우리 조상들은 양고기를 약용으로 썼지만 이제 맛있는 음식으로 즐기면서 건강을 챙기는 것도 좋을 듯싶다.

양갈비와 가장 잘 어울리는 술 ①

이름 **펜폴즈 쿠능가 힐 카베르네 소비뇽 2019** Penfolds Koonunga Hill Cabernet Sauvignon 2019	종류 **레드와인**	매칭 ● ● ● ◐ ○

페어링

와인이 가진 탄닌의 무게감이 진한 양갈비 양념과 어울려 서로의 맛을 해치지 않으면서 조화를 이룬다. 양갈비의 기름이 적고 담백한 맛이 고기의 고소한 향미를 만들어 내며, 술의 매운 향과 잘 어울러진다. 와인의 강한 향이 고기의 기름과 훈연향과도 잘 맞아 균형감을 잡아 준다.

술 정보

알코올	14.5%
시각	검붉은 루비색, 가넷색, 붉은 오렌지색
향	민트향, 연한 후추향, 바닐라향, 검은 체리향, 고수향, 소독약향, 알코올향
단맛	◐ ○ ○ ○ ○
짠맛	◐ ○ ○ ○ ○
신맛	◐ ○ ○ ○ ○
쓴맛	◐ ○ ○ ○ ○
감칠맛	● ○ ○ ○ ○
목넘김	● ● ● ○ ○
탄닌	● ● ◐ ○ ○

종합적 평가

잘 익은 과실향이 풍부하며 탄닌 때문에 입안에 약간 텁텁한 느낌이 있다. 체리와 포도 맛이 부드럽게 입안에 퍼지며 잘 익은 과일의 산미와 단맛이 잘 어울린다. 무게감이 있지만 편안하게 마실 수 있는 와인이다.

Made by

- **제조사** 펜폴즈 Penfolds
- **생산 지역** 호주 〉 사우스 오스트레일리아
- **주요 품종** 카베르네 소비뇽 Cabernet Sauvignon
- **음용 온도** 16~18℃
- **특징** 펜폴즈는 호주에서 가장 오래된 와이너리 중 하나이다.

설립은 1844년으로 구대륙과 비교해서 상대적으로 역사가 짧아 보이지만 호주의 역사와 함께 발전해 왔다. 초기에는 주정강화 와인 위주로 시작하였지만 1950년대 이후로는 보르도 스타일의 레드와인을 만들기 시작했다.

- **홈페이지** http://www.penfolds.com

양갈비와 두 번째로 잘 어울리는 술 ②

이름 **엘루안 피노누아 2020** Elouan Pinot Noir 2020	종류 **레드와인**	품종 **피노누아** Pinot Noir

페어링

와인의 향이 양갈비의 고소한 기름향과 잘 어우러져 양갈비의 맛을 효과적으로 살려 준다. 술에 남아 있는 약간의 신맛과 쓴맛이 양고기의 고소한 맛을 뒷받침하면서 양갈비의 맛을 더욱 풍부하게 만든다. 또한, 약한 탄닌이 양갈비의 기름을 정리해 주어 전체적으로 맛의 균형을 잘 맞춰 준다.

술 정보

알코올	13.7%
시각	검붉은 자두색, 아로니아 음료색, 타트체리색
향	풋체리향, 연한 후추의 매운향, 감초향, 약한 바닐라향, 알코올향, 익은 복숭아향, 잘 익은 붉은 포도향
단맛	○○○○○
짠맛	●○○○○
신맛	●◑○○○
쓴맛	●○○○○
감칠맛	◑○○○○
목넘김	●●●◑○
탄닌	●○○○○

종합적 평가

검붉은 자두색이며, 덜 익은 과실과 익은 과실향이 조화를 이루고 있어 밸런스가 좋다. 모든 맛과 향이 조화롭게 어우러져 무난하게 마실 수 있는 피노누아 와인이다. 단맛이나 신맛이 강하지 않고 적당하여, 전체적으로 부드럽고 균형 잡힌 느낌을 준다.

양갈비와 세 번째로 잘 어울리는 술 ③

이름 **야마모토 도카라 나마겐슈** 山本 ど辛 純米生原酒	종류 **사케**	분류 **준마이**	쌀품종 **긴상** ぎんさん	정미율 **65%**

페어링

사케의 다양한 향이 양갈비 양념과 섞여 양갈비의 고소한 맛을 효과적으로 강조해 준다. 술의 원료인 쌀이 가진 감칠맛과 짠맛이 양갈비의 감칠맛을 한층 더 돋보이게 하며, 양갈비의 단백질과 쌀의 당이 만나 조화로운 맛을 만들어 낸다. 마지막으로 알코올이 입안의 기름을 정리해 주어 전체적으로 깔끔한 마무리를 제공한다.

술 정보

알코올	16%
시각	아주 약한 노란색
향	멜론향, 수박향, 견과류향, 쌀향, 파인애플향, 배향, 사과향, 흰 꽃향
단맛	●◑○○○
짠맛	●○○○○
신맛	◑○○○○
쓴맛	●●○○○
감칠맛	●●○○○
목넘김	●●◑○○

종합적 평가

향이 매우 다채롭고 적당한 단맛과 신맛의 균형이 잘 맞는다. 신선한 느낌으로 산뜻하게 마실 수 있는 전형적인 사케이며, 약간의 알코올이 느껴지면서도 전체적으로 부드럽고 조화로운 맛을 제공한다.

흰 살 생선회

광어회, 도미회, 도다리회, 우럭회 등

회(膾)는 물고기나 육고기를 날것으로 먹는 음식을 일컫는데, 보통은 먹기 편하게 얇게 썰어 낸다. 날것으로 먹는 방식은 인류의 탄생과 함께 시작되었다고 해도 과언이 아니다. 불을 발견하고 다루는 방법을 깨닫기 전까지 인류는 날것을 먹고 살 수밖에 없었다. 불의 사용이 생활화된 이후로는 날것을 먹는 관습도 없어졌지만 환경이나 지역에 따라 아직도 음식 문화로 남아 있는 곳이 꽤 있다

생선회를 먹는 나라는 많지만 국민의 대부분이 즐겨먹는 나라는 드물다. 회를 즐겨 먹는 나라를 들자면 우리나라와 일본이 대표적인데, 회(膾)는 중국의 한자어다. 이것은 날음식을 선호하지 않고 익힌 음식을 주로 먹는 중국인들도 한때 회를 먹었다는 의미이다. 춘추전국 시대의 유학자, 공자의 어록을 적어 놓은 논어(論語)에도 공자가 회를 좋아했다는 구절이 있다. 미식가와 애주가로 익히 유명한 공자이니 그럴 만도 하다. 그렇지만 영토가 넓어 신선한 생선을 얻기 어려웠고, 전염병때문에 물이든 음식이든 끓이고 익혀 먹어야 한다는 중국인들의 인식으로 날것을 먹는 관습은 일찌감치 사라졌다. 반면에 우리나라와 일본은 바다로 둘러싸인 좁고 긴 지형이라 신선한 어패류를 손에 넣기 쉬웠기 때문에 회를 먹는 식문화가 남았다고 할 수 있다.

흰 살 생선은 지방이 적어 생선의 향이 강하지 않으며 부패 속도가 다른 색 생선에 비해 느려 비린내가 적은 편이다. 하지만 메로와 장어 같은 몇몇 흰 살 생선은 지방 함량이 많아 기름지다. 껍질이 두껍거나 비늘로 덮여 있는 특징이 있다. 맛이 대체로 담백하고 깔끔해 생선회 초보자도 시도하기 좋다. 콜라겐이 많아서 탄력 있고 쫄깃한 텍스처가 일반적이다. 단백질이 풍부하며 지방 함량이 낮아 다이어트 식단에 적합하고 건강식으로 먹기에도 알맞다. 다만 DHA 함량이 낮아 영양분이 필요한 어린 아이들과 노약자들에게는 등이 푸른 생선을 추천한다. 전 세계적으로 가장 인기 있는 흰 살 생선은 대구이며, 복어, 농어, 광어, 도미, 민어, 명태, 조기, 가자미, 우럭 등이 대표적인 흰 살 생선이다. 잉어, 붕어, 메기, 가물치 같은 흰 살을 가진 민물 생선들도 있는데, 회로는 거의 먹지 않는다.

광어회는 한국인들이 생선회를 논할 때 제일 먼저 떠올릴 정도로 인기가 많다. 순우리말로 넙치라고 하며 한자로는 광어(廣魚)라고 하는데, 한국에서는 보통 광어로 통용된다. 씹을수록 고소하고 담백한 맛이다. 도미회는 탄력 있는 단단한 텍스처를 지닌다. 약간의 단맛이 느껴질 정도로 감칠맛이 뛰어나다. 다양한 종류의 도미가 있어 섬세한 차이를 느낄 수 있다. 도다리회는 봄에 먹어야 잘 오른 부드러운 살을 입안 가득 느끼기에 좋다. 씹을수록 신선한 해산물의 단맛이 난다. 혹여나 먹다 남은 도다리회는 쑥을 넣고 후루룩 끓여 도다리쑥국을 만들면 개운하고 향긋한 해장국이 된다. 광어와 도다리를 혼돈하는 경우가 많은데 광어는 입이 크고 날카로운 이빨이 있다. 그리고 광어는 왼쪽에 눈이 몰려 있고, 도다리는 오른쪽에 몰려 있다. 우럭회는 사계절 내내 먹을 수 있지만, 가을에서 겨울이 가장 맛있다. 광어와 더불어 대중적인 생선회이다. 흰 살 생선회 중에는 다소 진한 맛이며 씹을수록 고소한 맛이 특징이다.

흰 살 생선회와 가장 잘 어울리는 술 ①

이름 **와카코마 고햐쿠만고쿠 80 무로카나마겐슈** 若駒 五百万石80 無濾過生原酒	종류 **사케**	매칭 ● ● ● ● ○

페어링

흰 살 생선회에 곁들이는 간장이 감칠맛을 더욱 강조하며, 사케가 가진 감칠맛과 조화롭게 어울린다. 간장의 달큰함과 감칠맛이 흰 살 생선회의 담백함과 잘 어우러지며, 술의 고소함이 회의 담백함을 한층 더 부각시킨다. 간장의 약한 단맛이 사케와의 조화를 이루어 전체적으로 균형 잡힌 맛을 느낄 수 있다.

술 정보

알코올	16%
시각	아주 연한 노란색, 연노란색,
향	쌀향, 바닐라향, 약한 간장향, 견과류향, 흰 꽃향, 은은한 복숭아향
단맛	● ● ○ ○ ○
짠맛	● ○ ○ ○ ○
신맛	● ◑ ○ ○ ○
쓴맛	● ○ ○ ○ ○
감칠맛	● ● ○ ○ ○
목넘김	● ● ● ○ ○

종합적 평가

국화차의 씁쓸한 맛이 느껴지며 약간의 알코올감이 존재하고, 유질감이 있는 텍스처를 가지고 있다. 향이나 맛이 강하지 않아서 담백한 음식과 함께 마시기에 좋다. 이 술은 음식의 맛을 방해하지 않고 음식과 조화롭게 어울리며, 섬세한 맛의 균형을 잘 유지해 준다.

Made by

- **제조사** 와카고마 양조장 若駒酒造㈱
- **생산 지역** 일본 〉 도치기현
- **주요 품종** 고햐쿠만고쿠 五百万石
- **분류** 준마이
- **정미율** 80%
- **음용 온도** 5~10℃

- **특징** 1860년 에도 말기에 창업한 도치기현의 양조장. 현 6대째 대표는 일본 대표 사케 카제노모리(風の森) 양조장에서 기술을 배워 양조장 이름과 같은 와카코마라는 브랜드로 사케를 만들기 시작하였다고 한다. 와카코마는 무로카(무여과), 겐슈(원주)가 주력이며 주시(juicy)한 맛이 특징이다.
- **홈페이지** https://www.facebook.com/100032295416316

흰 살 생선회와 두 번째로 잘 어울리는 술 ②

이름 **희양산9**	종류 **막걸리**	원료 **쌀, 효모, 누룩, 정제수**

페어링

술이 가진 새콤한 맛이 흰 살 생선회의 감칠맛과 잘 어울리며, 간장의 감칠맛이 더해져 전체적인 맛을 향상시킨다. 술에 단맛이 없어서 오히려 흰 살 생선의 다양한 맛을 집중해서 느낄 수 있다. 술에서 느껴지는 짠맛이 마지막에 생선회의 마무리를 깔끔하게 만들어 주며, 전체적으로 조화롭고 균형 잡힌 페어링을 제공한다.

술 정보

알코올	9%
시각	아이보리색, 연하며 밝은 쌀뜨물색
향	단 향, 새콤한 향, 바나나향, 연유향, 잘 익은 참외향
단맛	◐○○○○
짠맛	●○○○○
신맛	●●○○○
쓴맛	◐○○○○
감칠맛	●○○○○
목넘김	●●●○○
바디감	●●○○○

종합적 평가

단맛이 적고 신맛이 있어 깔끔하며 목넘김이 부드럽다. 향은 크게 느껴지지 않지만, 맛에서는 다양한 맛을 경험할 수 있다. 산미가 있어 눈을 감고 마시면 와인의 느낌도 느껴진다. 전체적으로 균형 잡힌 맛과 부드러운 텍스처로 편안하게 즐길 수 있는 술이다.

흰 살 생선회와 세 번째로 잘 어울리는 술 ③

이름 **미르 25**	종류 **증류주**	원료 **쌀, 국, 정제수**

페어링

증류주의 무게감이 흰 살 생선회의 기름과 만나면서 가벼워지고, 알코올 느낌이 감소해 마시기 편하게 만들어 준다. 소주의 강하지 않은 향과 알코올 느낌이 회의 맛과 향을 해치지 않고 잘 살려 준다. 간장의 달짝지근함을 알코올이 씻어 주어 다음 회를 먹기 편하게 해 준다. 전체적으로 술의 부드러움이 회와 조화를 이루며 맛을 더욱 돋보이게 한다.

술 정보

알코올	25%
시각	투명함
향	연한 바닐라, 연한 고소한 향, 단 고구마향, 구수한 향
단맛	●○○○○
짠맛	○○○○○
신맛	○○○○○
쓴맛	●◐○○○
감칠맛	●○○○○
목넘김	●●●○○
바디감	●●◐○○

종합적 평가

고구마 맛과 도라지의 쓴맛, 구수한 향 등 다양한 맛과 향이 느껴진다. 전체적인 균형감이 좋으며, 부드럽고 다양한 맛이 조화를 이룬다. 살짝 단맛이 나면서도 쌉싸름함이 전통 소주다운 향을 풍기며 묵직하게 입안에서 마무리된다.

붉은 살 생선회

연어회, 참치 아카미 등

근육과 혈액에 색소가 다량 함유되어 있어 붉은색을 띠는 생선을 말한다. 참치, 다랑어, 가다랑어, 청새치, 황새치, 고등어, 방어, 꽁치 등이 포함된다.

연어의 속살은 오렌지색이나 선홍색을 띠기 때문에 붉은색 생선으로 분류될 것 같지만 그렇지 않다. 근조직에 산소를 운반하는 색소인 미오글로빈(Myoglobin) 함량이 낮아서 흰 살 생선에 속하지만 육안으로 보면 속살은 선홍색이다. 때문에 여기에서는 붉은 생선회에 포함시키도록 하겠다. 연어는 아스타잔틴(Astaxanthin)이라는 강력한 황산화제가 다량 들어 있는 갑각류를 먹어야 사는 생선이다. 게, 새우, 가재 같은 갑각류 어종은 베타카로틴이 풍부한 해조류를 먹고 사는데, 이들 몸에 베타카로틴이 들어가면 아스타잔틴이 형성된다. 그래서 갑각류를 조리해서 익히면 붉은색으로 변하는 것이다. 연어가 아스타잔틴을 섭취하지 못하면 면역력이 저하되고 조직이 망가진다. 더군다나 성장과 발육을 제대로 하지 못해서 크기가 작아지고 일찍 죽는다. 아스타잔틴이 부족한 작은 크기의 연어는 먹을 수 있다고 하더라도 속살은 회색빛을 띠게 되어 상품 가치가 떨어진다.

야생 연어는 강과 바다를 오가며 자연산 갑각류를 섭취할 수 있지만 양식 연어는 합성 아스타잔틴이 포함된 사료를 섭취한다. 그러다 보니 야생 연어는 색이 훨씬 붉고 지방도 적다. 천적을 피해 힘들게 헤엄을 치며 다녀야 하기 때문에 지방이 덜 쌓일 수밖에 없을 것이다. 반대로 양식 연어는 가두리 양식장에서 편안하게 사료를 받아먹으며 살기 때문에 운동량이 부족하다. 그래서 마치 한우나 와규처럼 마블링이 보인다. 지방이 가득한 살은 당연히 기름지고 부드러우며 색은 연한 선홍색 내지는 오렌지색을 띤다. 양식 연어는 염분과 콜레스테롤이 상당량 들어 있으므로 유의해야 한다. 야생 연어는 산란기 직전에 바다에서 잡은 것이 최고이며 식감은 쫄깃하고 풍미가 진하다. 단지 가격이 비싸고 양식 연어처럼 쉽게 구하기 어렵다.

참치는 수역에 따라 종류가 매우 다양하다. 다랑어와 새치로 크게 구분 짓는데 다랑어 중에서도 최상급에 해당하는 북방 참다랑어를 참치로 본다. 눈다랑어, 황다랑어, 남방 참다랑어 등이 있고 새치 종류는 황새치, 청새치, 녹새치 등이 있다. 참치는 부위에 따라 색도 다르고 지방 함량도 다르다. 머리 쪽과 뱃살은 지방 함량이 많아 색이 하얗고 매우 부드러우며 기름지고 고소하다. 참치의 아가미에 붙어 있는 가마살 부위가 가장 기름지고 최고급이다. 꼬리와 등쪽 부위는 색이 붉고 담백한 맛이 특징이다. 참치의 붉은 살을 일본어로 아카미(赤身)라 하는데 지방 함량이 낮고 단백질이 풍부해서 다이어트에 알맞은 음식이다. 단단하고 탄력이 있는 텍스처를 지닌다. 약간의 철분 맛이 느껴질 수는 있지만 기름기가 적어 깔끔하고 담백한 맛이 일품이다. 초고추장이나 와사비를 푼 간장에 찍어 먹기보다는 소금이나 기름장에 찍어 먹는 것이 참치의 향미를 더 잘 음미할 수 있고, 김이나 감태에 싸서 먹으면 고소함이 배가된다.

붉은 살 생선회와 가장 잘 어울리는 술 ①

이름 **여보 소주**	종류 **증류주**	매칭 ● ● ● ● ○

페어링

붉은 살 생선회의 비린 향을 소주의 포도향과 약간의 단맛이 부드럽게 잡아 준다. 술의 단맛이 생선회의 감칠맛을 강조하며, 술의 알코올이 붉은 살 생선회가 가진 약간의 기름기를 씻어 내어 입안을 깔끔하게 해 준다.

술 정보

알코올	23%
시각	맑고 투명
향	청포도향, 연한 단 향, 연한 딸기향, 가벼운 바닐라향
단맛	● ◐ ○ ○ ○
짠맛	○ ○ ○ ○ ○
신맛	○ ○ ○ ○ ○
쓴맛	● ○ ○ ○ ○
감칠맛	◐ ○ ○ ○ ○
목넘김	● ● ● ◐ ○
바디감	● ● ○ ○ ○

종합적 평가

전체적으로 향이 약하고 알코올향이 적으며, 포도향이 잘 느껴진다. 향이 강하지 않지만 은은하게 퍼지는 포도향 덕분에 증류주를 싫어하는 사람도 일반적으로 편하게 마실 수 있다.

Made by

- **제조사** 여보소주 Yobo Drinks Co
- **생산 지역** 미국 〉 뉴저지
- **원료** 포도, 정제수, 효모, 쌀, 밀
- **음용 온도** 10~15℃
- **특징** 여보 소주(YOBO SOJU)의 '여보(Yobo)'는 하와이 방언으로 이모, 삼촌, 친구, 동료 등 가까운 사람들을 칭한다고

한다. 2015년 '뉴욕 인터내셔널 스피릿 캄퍼티션 2015'에서 '올해의 소주'로 선정됐고, '샌프란시스코 세계 스피릿 캄퍼티션 2017'에서 골드 메달을 수상. 미국 식품전문지 테이스팅 테이블(Tasting Table)이 선정한 18대 소주 브랜드(18 Best Soju Brands, Ranked)에서 1위로 선정
- **홈페이지** https://yobospirits.com

붉은 살 생선회와 두 번째로 잘 어울리는 술 ②

| 이름 | **와카코마 고햐쿠만고쿠 80 무로카나마겐슈**
若駒 五百万石80 無濾過生原酒 | 종류 **사케** | 분류 **준마이** | 쌀품종 **고햐쿠만고쿠**
五百万石 | 정미율 **80%** |

페어링

술을 마시면 처음에는 붉은 살 생선회의 기름진 맛이 느껴지지 않지만 시간이 지날수록 술의 감칠맛이 더해지면서 기름진 고소한 맛이 술에 의해 더욱 두드러지게 된다. 특히 간장과 같은 소스와 함께 먹을 때, 술의 단맛과 감칠맛이 조화롭게 어우러지며 전체적인 맛을 상승시킨다.

술 정보

알코올	16%
시각	아주 연한 노란색, 연노란색,
향	쌀향, 바닐라향, 약한 간장향, 견과류향, 흰 꽃향, 약하고 은은한 복숭아향
단맛	●●○○○
짠맛	●○○○○
신맛	●◐○○○
쓴맛	●○○○○
감칠맛	●●○○○
목넘김	●●●○○

종합적 평가

국화차의 씁쓸한 맛과 알코올 기운이 있으며, 유질감이 느껴진다. 향이나 맛이 강하지 않아 담백한 음식과 잘 어울린다.

붉은 살 생선회와 세 번째로 잘 어울리는 술 ③

| 이름 **모리 29** | 종류 **증류주** | 원료 **정제수, 보리 증류 원액** |

페어링

강하지 않은 위스키의 숙성향이 붉은 살 생선회 특유의 향을 정리해 준다. 술의 감칠맛이 붉은 살 생선회의 감칠맛과 어우러져 맛을 깊게 만든다. 또한, 술의 오크 맛이 붉은 살 생선회를 감싸 주며 맛을 부드럽게 하고 약간의 기름기도 깔끔하게 정리해 준다.

술 정보

알코올	29%
시각	밝은 노란색, 약간의 회색빛
향	알코올향, 약한 바닐라와 단 향, 약한 오크통향, 피트향
단맛	●●◐○○
짠맛	◐○○○○
신맛	○○○○○
쓴맛	◐○○○○
감칠맛	●◐○○○
목넘김	●●●◐○
바디감	●●●○○

종합적 평가

바닐라향과 커피, 캐러멜의 단 향이 조화롭게 어우러져 있다. 맛에서는 커피와 캐러멜의 풍미가 두드러지며, 오크의 특성이 잘 살아나면서도 부드러운 질감을 유지한다. 오크통에 바닐라 탄 맛과 감칠맛이 함께 느껴져 풍부하고 균형 잡힌 맛을 제공한다.

기름이 많은 생선회

참치 뱃살, 방어회, 숭어회, 고등어회 등

치아가 조금 더 튼실한 한국인들은 쫄깃쫄깃한 식감의 싱싱한 생선회를 선호하는 반면 일본인들은 숙성해 부드러운 텍스처의 생선회를 즐기는 편이다. 싱싱한 생선 살을 발라 바로 먹는 것은 활어회, 활어를 회로 떠서 냉장고에서 일정시간 보관했다가 먹는 것을 숙성회라 한다. 오징어, 문어, 조개 같은 해산물을 살짝 데쳐 먹는 숙회는 한국과 일본 모두에서 잘 발달했다. 그 외 피와 내장을 제거하고 일정 온도에서 숙성하는 방식의 선어회가 있다.

보통 선어회로 유통되는 생선에는 살아 있는 상태로 운반이 어려운 참치, 방어, 삼치, 민어 등이 있다. 이런 어종들은 크기가 매우 크거나 스트레스를 심하게 받아 금방 죽기 때문에 산지에서 소비되거나 냉동으로 운반하는 경우가 대부분이다. 선어 상태로 운반하면 통으로 얼린 냉동 생선보다 생선회로 활용하기에 좋다. 활어회보다 깊은 감칠맛이 있고 생선 특유의 풍미도 살아 있는 느낌을 받는다. 선어회는 활어회를 선호하는 우리나라보다 숙성회를 즐겨 먹는 일본에서 쉽게 접할 수 있다. 그러나 요즘은 우리나라에서도 선어회를 좋아하는 사람들이 늘어나고 있는 추세이다.

기름기가 많은 생선회는 활어회로도 맛있고 선어회로는 더욱 맛깔지다. 지방 함량이 풍부해서 식감이 부드럽고 고소한 맛이 강하며 고유의 감칠맛이 혀를 감쌀 정도이다. 기름이 많은 생선회에는 흰 살 생선도 있지만 대체로 등 푸른 생선이 많다. 참치의 머리 부분 살과 뱃살, 방어회, 잿방어회, 고등어회, 삼치회 등이 대표적이다.

참치 뱃살은 참치의 부위 중에서 머리 부분의 살과 더불어 가장 부드럽고 기름지다. 입에 착 감기는 지방과 살의 절묘한 조화 때문에 찾는 이들이 많아서인지 가격이 비싸다. 보통 오토로와 주토로로 나뉜다. 오토로(大トロ=おおとろ)는 참치의 머리에 가까운 앞부분의 뱃살이다. 기름기가 매우 많다 보니 분홍빛이 도는 흰색을 띠고 있으며 살코기에 뚜렷한 지방층이 있다. 입안에서 살살 녹을 정도로 부드럽고 진한 풍미가 특징이다. 가격이 꽤 비싼 편이다. 주토로(中トロ=ちゅうとろ)는 정중앙에서 꼬리 사이에 위치한 뱃살로 오토로보다는 붉어 분홍빛이 많지만 아카미(赤身)보다는 붉은색이 연하다. 기름기가 어느 정도 있으며 감칠맛이 뛰어나다.

방어는 지방이 오르는 겨울이 제철인 생선으로 크기가 클수록 맛이 좋다. 특히 대방어는 고소하고 기름진 풍미로 인해 인기가 많다. 다른 등 푸른 생선에 비해 비린내가 적고 부드러우면서 쫄깃한 식감이다. 잿방어회는 방어류 중에서도 고급 횟감으로 분류되는데 양식이 어려워 자연산으로 먹기 때문이다. 쫄깃하고 고소한 맛이 일품이다. 최근에는 우리나라의 다이닝 식당들에서 존재감을 나타내고 있다.

고등어회는 등 푸른 생선의 대명사라 할 수 있다. 급한 성질이라 잡히면 바로 죽기 때문에 활어 상태로 회를 뜨는 것이 어려워서 숙성을 하거나 선어회로 주로 즐긴다. 최근에는 기절시키는 방법으로 신선도를 유지하며 유통하는 방법이 생겨서 활어 고등어회도 가능해졌다. 고등어 특유의 고소하고 기름진 풍미가 특징이다.

기름이 많은 생선회와 가장 잘 어울리는 술 ①

이름	와카코마 고햐쿠만고쿠 80 무로카나마겐슈	종류	사케	매칭	● ● ● ● ○
	若駒 五百万石80 無濾過生原酒				

페어링

기름이 많은 생선회의 기름을 사케의 알코올이 감싸며 고소한 맛을 끌어낸다. 다시 알코올이 입안의 기름를 씻어 주고 난 후 사케의 단맛이 입안에 남는다. 술의 신맛과 감칠맛이 기름이 많은 생선회의 고소함을 잘 느끼게 하면서 전체적인 맛을 상승시킨다.

술 정보

알코올	16%
시각	아주 연한 노란색, 연노란색,
향	쌀향, 바닐라향, 약한 간장향, 견과류향, 흰 꽃향,
	약하고 은은한 복숭아향
단맛	● ● ○ ○ ○
짠맛	● ○ ○ ○ ○
신맛	● ◐ ○ ○ ○
쓴맛	● ○ ○ ○ ○
감칠맛	● ● ○ ○ ○
목넘김	● ● ● ○ ○

종합적 평가

국화차의 씁쓸한 맛과 알코올 느낌이 있으며, 독특하게 유질감이 느껴지는 특징이 있다. 향이나 맛이 강하지 않아 담백한 음식과 잘 어울린다.

Made by

- **제조사** 와카코마 양조장 若駒酒造㈱
- **생산 지역** 일본 〉 도치기현
- **주요 품종** 고햐쿠만고쿠 五百万石
- **분류** 준마이
- **정미율** 80%
- **음용 온도** 5〜10℃

- **특징** 1860년 에도 말기에 창업한 도치기현의 양조장. 현 6대째 대표는 일본 대표 사케 카제노모리(風の森) 양조장에서 기술을 배워 양조장 이름과 같은 와카코마라는 브랜드로 사케를 만들기 시작하였다고 한다. 와카코마는 무로카(무여과), 겐슈(원주)가 주력이며 주시(juicy)한 맛이 특징이다.
- **홈페이지** https://www.facebook.com/100032295416316

기름이 많은 생선회와 두 번째로 잘 어울리는 술 ②

이름 **여보소주**	종류 **증류주**	원료 **포도, 정제수, 효모, 쌀, 밀**

페어링

술이 입안에서 퍼지는 순간, 생선회의 기름을 알코올과 단맛이 잘 눌러 주어 생선회를 가볍고 먹기 좋게 만든다. 또한 술의 알코올이 생선회의 기름기를 감싸 혀에 오래 남지 않게 한다. 술의 목넘김이 좋으며, 술과 생선회가 서로를 해치지 않는 강도로 함께 잘 어우러진다.

술 정보

알코올	23%
시각	맑고 투명
향	청포도향, 연한 단 향, 연한 딸기향, 가벼운 바닐라향
단맛	● ◐ ○ ○ ○
짠맛	○ ○ ○ ○ ○
신맛	○ ○ ○ ○ ○
쓴맛	● ○ ○ ○ ○
감칠맛	◐ ○ ○ ○ ○
목넘김	● ● ● ◐ ○
바디감	● ● ○ ○ ○

종합적 평가

전체적으로 향이 약하고 알코올향이 적으며, 포도향이 잘 느껴진다. 향이 강하지 않지만 은은하게 퍼지는 포도향 덕분에 증류주를 싫어하는 사람도 보편적으로 편하게 마실 수 있다.

기름이 많은 생선회와 세 번째로 잘 어울리는 술 ③

이름 **희양산9**	종류 **막걸리**	원료 **쌀, 효모, 누룩, 정제수**

페어링

술이 가진 쌀의 단맛과 술지게미의 무게감이 기름이 많은 생선회를 부드럽게 감싸 주며 맛의 강도를 비슷하게 맞춰 준다. 술의 새콤한 맛이 기름이 많은 생선회와 잘 어우러지면서 기름기를 덜 느끼게 한다. 술의 곡물 단맛과 신맛이 생선회의 단백질과 기름의 빈틈을 채워 주며, 생선회와 조화롭게 어우러진다.

술 정보

알코올	9%
시각	아이보리색, 연하며 밝은 쌀뜨물색
향	단 향, 새콤한 향, 바나나향, 연유향, 잘 익은 참외향
단맛	◐ ○ ○ ○ ○
짠맛	● ○ ○ ○ ○
신맛	● ● ○ ○ ○
쓴맛	◐ ○ ○ ○ ○
감칠맛	● ○ ○ ○ ○
목넘김	● ● ● ○ ○
바디감	● ● ○ ○ ○

종합적 평가

단맛이 적고 신맛이 있어 깔끔하며 목넘김이 부드럽다. 향은 크게 느껴지지 않지만, 맛에서는 다양한 맛을 경험할 수 있다. 산미가 있어 눈을 감고 마시면 와인의 느낌도 있다. 전체적으로 균형 잡힌 맛과 부드러운 텍스처로 편안하게 즐길 수 있는 술이다.

회무침

생선회를 간장, 고추장, 된장, 기름장 등 소스에 찍어 먹는 것은 매우 보편적인 방식이지만 이 외에도 물이나 육수를 붓기 전 물회처럼, 양념을 넣고 비벼 먹는 생선회도 있다. 이를 간단하게 말해 회무침이라 한다.

무침이란 갖은 양념을 넣고 골고루 한데 뒤섞어 만든 음식, 혹은 조리 방식을 의미한다. '무침'은 영어나 다른 외국어로 번역하기가 쉽지 않을 정도로 적절한 단어가 없다. 그만큼 다른 나라에서는 무침 요리가 흔하지 않다. 그나마 일본과 중국에서는 어느 정도 찾아볼 수 있지만 우리나라와 똑같은 것은 아니다. 회무침은 밥을 넣어 회 비빔밥, 혹은 회덮밥으로도 먹기도 하고, 물이나 육수를 부어 물회로도 즐기며, 술을 곁들여 안주로 먹기도 한다.

생선회를 먹는 문화는 여러 나라에서 발견된다. 각 나라는 자연 환경과 지형에 맞는 고유한 방식과 문화적 배경을 가지고 생선회를 즐겼다. 한국이나 일본처럼 생선회를 소스에 찍어 먹지는 않지만 소스에 마리네이드한 날생선 요리가 꽤 있다. 가장 잘 알려진 세비체(Ceviche)는 중남미에서 주로 먹지만 최근에는 다이닝 레스토랑에서도 쉽게 만날 수 있는 음식이다. 십년 전 즈음에 페루 음식이 세계적인 열풍을 일으킨 적이 있는데 이 덕분에 더욱 인기를 얻었다. 세비체의 원조라고 주장했던 국가들이 여럿 있었으나, 유네스코에 의해 페루의 전통 음식이며 무형 문화유산으로 인정받아 소란이 사라졌다. 사비체는 생선회를 라임 주스에 절인 후 고추, 양파, 고수, 딜 같은 허브를 첨가해 먹는 것인데 라임 주스의 산성이 생선을 살짝 익히며 식중독을 예방하는 효과를 준다. 한국에서도 맛볼 수 있는 곳이 여럿 있다.

다음은 수르실드(Sursild)로 식초와 설탕에 절인 청어 요리이다. 바이킹의 나라 북유럽에서 거의 매일 주식으로 빵과 함께 먹는다. 의외로 비린내가 없으며 감칠맛이 강해 슈납스(Schnapps) 같은 노르딕 증류주와 잘 어울린다. 생연어를 큼직하게 토막 내서 소금, 설탕, 딜 등의 허브와 향신료를 넣고 살짝 절여 만든 그라블락스(Gravlax) 역시 노르딕 음식이다. 이탈리아의 유명 요리인 카르파치오(Carpaccio)는 송아지나 소고기 육회로 더 알려져 있지만 참치나 도미 같은 생선을 얇게 슬라이스해서 올리브오일을 뿌려 나오기도 한다. 에스퀘이사다(Esqueixada)는 스페인, 특히 바르셀로나가 위치해 있는 카탈루냐 지방의 생선회 샐러드이다.

태국 이산 지방의 코이 플라(Koi Pla)는 다진 생선회를 매운 양념을 해서 먹는 샐러드 형식의 음식이다. 필리핀의 키니라우(Kinilaw)는 스페인 식민 통치의 영향으로 만들어졌으며 라임즙이나 칼라만시 주스로 재워서 신맛이 강조된다. 보르네오 섬의 말레이시아와 인도네시아에서도 신맛이 강한 열대과일즙에 절여 먹는 생선회 요리들이 있다. 남태평양의 섬나라에서도 코코넛 우유를 섞어 만드는 이국적인 생선회 음식들이 존재한다. 남태평양 섬들 중 가장 큰 하와이는 한국에서도 아주 유명한 포케(Poke)와 로미 오이오(Lomi Oio)가 있다. 일본 이민자들의 영향을 받은 포케는 주로 참치를 넣고 간장과 참기름으로 양념하여 채소와 밥 위에 얹어 먹는 요리이다. 로미 오이오는 오이오라는 하와이에서 잡히는 생선을 다져서 해초와 채소를 넣고 소금으로 간한 전통 음식이다. 포케에 비해 덜 알려져 있다.

회무침과 가장 잘 어울리는 술 ①

이름 **화주**	종류 **증류주**	매칭 ● ● ● ● ○

페어링

술이 가진 다양한 향이 회무침의 고추장 양념 맛을 잘 받쳐 주며, 강하지 않은 알코올 느낌과 함께 씁쓸하면서 달콤한 맛이 회무침의 다양한 맛들과 잘 어울린다. 술과 초장의 강도가 비슷하여 조화롭게 어우러지며, 얼음을 넣어 온도를 낮추면 회무침과 더욱 잘 어울려 상쾌하게 즐길 수 있다.

술 정보

알코올	25%
시각	연한 황금색, 연한 갈색, 골드브라운
향	진득한 꿀향, 뿌리작물향, 흙향, 목질향, 알코올향,
단맛	● ◑ ○ ○ ○
짠맛	○ ○ ○ ○ ○
신맛	○ ○ ○ ○ ○
쓴맛	● ◑ ○ ○ ○
감칠맛	◑ ○ ○ ○ ○
목넘김	● ● ◑ ○ ○
바디감	● ● ● ◑ ○

종합적 평가

인삼이 가진 맛과 향이 알코올과 만나면서 더욱 뚜렷하게 느껴지고, 약간의 단맛이 쓴맛과 잘 어우러진다. 술이 더덕과 도라지 등의 뿌리작물 맛과 향을 발산하며, 단맛은 적게 느껴지면서 길게 이어지기보다는 마지막에 알코올에 의해 적당하게 끊어지면서 깔끔함을 선사한다.

Made by

- **제조사** 내국양조
- **생산 지역** 충청남도 〉 논산시
- **원료** 쌀, 6년근 홍삼농축액, 정제수, 효모
- **음용 온도** 10~15℃

- **특징** 양조장 이름인 내국은 조선시대 궁중에 설치된 의약을 맡아 보는 기관이다. 화주는 100% 국내산 쌀을 주원료로 발효 숙성한 후 6년근 홍삼 농축 원액으로 블랜딩하였다. 홍삼 특유의 떫은맛을 최소화해 홍삼의 풍미 뒤에 무겁지 않은 쓴맛이 남아 매력적이다.
- **홈페이지** https://naekooksool.com

회무침과 두 번째로 잘 어울리는 술 ②

이름 **희양산9**	종류 **막걸리**	원료 **쌀, 효모, 누룩, 정제수**

페어링

술이 가진 감칠맛이 회무침의 감칠맛을 더욱 강조해 주며, 술의 단맛이 밥과 유사한 맛과 바디감으로 회무침의 부족한 탄수화물 맛을 보완해 준다. 술의 단맛과 신맛이 회무침의 약간 매운맛을 균형 있게 중화시키면서 전체적인 맛을 상승시킨다.

술 정보

알코올	9%
시각	아이보리색, 연하며 밝은 쌀뜬물색
향	단 향, 새콤한 향, 바나나향, 연유향, 잘 익은 참외향
단맛	◐○○○○
짠맛	●○○○○
신맛	●●○○○
쓴맛	◐○○○○
감칠맛	●○○○○
목넘김	●●●○○
바디감	●●○○○

종합적 평가

단맛이 적고 신맛이 있어 깔끔하며 목넘김이 부드럽다. 향은 크게 느껴지지 않지만, 맛에서는 다양한 맛을 경험할 수 있다. 산미가 있어 눈을 감고 마시면 와인의 느낌도 느껴진다. 전체적으로 균형 잡힌 맛과 부드러운 텍스처로 편안하게 즐길 수 있는 술이다.

회무침과 세 번째로 잘 어울리는 술 ③

이름 **여보 소주**	종류 **증류주**	원료 **포도, 정제수, 효모, 쌀, 밀**

페어링

술의 강하지 않으면서 부드러운 맛이 회무침의 매운맛을 살려 주면서 회의 담백함도 잘 느낄 수 있게 해 준다. 술의 약간 달콤한 향이 초장의 매운 맛과 어우러져 회무침을 가볍게 만든다. 알코올이 입안의 매운맛을 깔끔하게 씻어 내어 전체적으로 맛의 균형을 맞추어 준다.

술 정보

알코올	23%
시각	맑고 투명
향	청포도향, 연한 단 향, 연한 딸기향, 가벼운 바닐라향
단맛	●◐○○○
짠맛	○○○○○
신맛	○○○○○
쓴맛	●○○○○
감칠맛	◐○○○○
목넘김	●●●◐○
바디감	●●○○○

종합적 평가

전체적으로 향이 약하고 알코올향이 적으며, 포도향이 잘 느껴진다. 향은 강하지 않지만 은은하게 퍼지는 포도향 덕분에 증류주를 싫어하는 사람도 보편적으로 편하게 마실 수 있다.

물회

더운 여름, 입맛을 돋우는 음식 중 하나인 물회. 오독오독 씹히는 해산물, 쫄깃한 생선회, 싱싱한 채소에 살짝 얼린, 새콤달콤하고 매콤한 소스를 부어 주면 침샘이 폭발하지 않을 수 없다.

물회는 당연히 바다가 인접한 지역에서 발달하였고 각 지역에서 주로 잡히는 생선과 해산물을 넣어 만들었다. 물회에 들어가는 채소와 양념도 쉽게 구할 수 있는 것들이었다. 일반 생선회에 비해 저렴하게 즐길 수 있어 먹는 사람들에게는 마냥 맛있고 편한 음식으로 여겨지지만, 사실 물회 한 그릇에는 수많은 어부와 해녀들의 일분 일초를 다투는 노력이 깃들어 있다.

배를 타고 멀리 바다로 나가는 어부들은 시시때때로 변하는 날씨에 맞춰 고기를 잡는다. 언제 어디서 고기떼가 몰려들지 모르니 그물을 붙잡고 있다가 내리고 또 건지고를 반복한다. 새벽부터 고된 작업을 쉴 새 없이 하느라 제대로 된 식사는커녕 물 마실 짬도 없다. 어쩌다 물자리를 이동하는 틈이 나면 그제야 끼니를 챙기는데 그것조차 오래 즐길 수는 없는 긴장의 직업이다. 이럴 때, 어부들이 한 그릇 후다닥 먹어 왔던 음식이 바로 물회이다. 너무 작아서 상품 가치가 떨어지는 생선을 뼈째 다지듯이 썰어 된장이나 고추장에 비벼 먹는 비빔 생선회가 원조이다. 고된 노동에 지치고 시간에 더 쫓길 때는 물을 부어 삼키듯 먹었다. 이 음식이 어부의 가족이나 이웃 주민들에게 알려지면서 물회를 전문적으로 파는 식당들이 생겨났다. 사실 물회의 역사는 그리 길지 않다. 1945년, 해방 후에 큰 배를 타고 먼 바다로 나가 고기를 잡는 어업 형태가 생겨났기 때문에 80년 정도로 본다. 하지만 실제로는 1960년대부터 상업적으로 판매가 되었기 때문에 물회의 역사는 그보다 더 짧다고 할 수 있다.

물회로 유명한 지역은 강원도와 경상도, 제주도이다. 각 지역마다 얻을 수 있는 식재료가 다르므로 물회의 특징도 다르다. 강원도는 주로 오징어가 들어가며 전복, 해삼, 멍게, 성게 등의 해산물이 많이 쓰인다. 식초를 넣은 고추장 양념을 육수와 섞어 오징어회나 해산물 혹은 생선회에 부어 담아낸다. 가장 큰 특징은 물 대신 황태나 문어를 삶은 육수를 쓴다는 점이다. 경상도는 양념을 만드는 부분에서 경상북도와 경상남도 간에 차이가 있다. 경상북도는 고추장을 주로 쓰고, 경상남도는 된장과 고추장을 혼합해 쓴다. 물가자미와 광어가 주재료이지만 근래에는 다양한 생선들도 사용한다. 회와 채소를 양념과 함께 먼저 비빈 후에 찬물을 넣어 먹는다. 제주도의 대표 물회는 한치회와 자리돔회이며 된장을 비벼 먹는 것이 특징이다. 그러나 물회의 원조 지역이라 할 수 있는 제주도는 관광으로 유명해지면서 다양한 어종이 들어간 물회를 팔고 있다. 모슬포와 마라도가 주요 서식지인 자리돔은 여름철에 잘 잡히는 어종이다. 태우라는 이름의 제주도 전통 뗏목배를 이용하여 들망 방식으로 오래전부터 잡아온 자리돔은 손바닥만큼 작지만 맛은 매우 고소하다. 겨울에는 자리 젓갈로, 여름에는 자리회 냉국으로 제주도민들이 즐겨 먹는 향토 음식이다.

비벼먹기 좋아하고 국물 좋아하는 한국인들에게 물회는 오이 냉국이나 미역 냉국처럼 시원한 국물에 말아 먹는 비빔밥 같은 음식이 아닐까 싶다.

물회와 가장 잘 어울리는 술 ①

이름 **화주**	종류 **증류주**	매칭 ● ● ● ● ○

페어링

화주가 가지고 있는 인삼의 다양한 향과 맛이 새콤달콤한 물회의 강한 맛에 밀리지 않고 오히려 더 강하게 느껴지면서 전체적인 맛을 이끌어 간다. 술의 묵직하지만 균형 잡힌 맛이 약간 매콤한 물회와 먹을 때 목넘김을 좋게 하며 술맛의 다양성이 물회와 잘 어우러진다.

술 정보

알코올	25%
시각	연한 황금색, 연한 갈색. 골드브라운
향	진득한 꿀향, 뿌리작물향, 흙향, 목질향, 알코올향
단맛	● ◑ ○ ○ ○
짠맛	○ ○ ○ ○ ○
신맛	○ ○ ○ ○ ○
쓴맛	● ◑ ○ ○ ○
감칠맛	◑ ○ ○ ○ ○
목넘김	● ● ◑ ○ ○
바디감	● ● ● ◑ ○

종합적 평가

인삼이 가진 맛과 향이 알코올과 만나면서 더욱 뚜렷하게 느껴지고, 약간의 단맛이 쓴맛과 잘 어우러진다. 술이 더덕과 도라지 등의 뿌리작물 맛과 향을 발산하며, 단맛은 적게 느껴지면서 길게 이어지기보다는 마지막에 알코올에 의해 적당하게 끊어지면서 깔끔함을 선사한다.

Made by

- **제조사** 내국양조
- **생산 지역** 충청남도 〉 논산시
- **원료** 쌀, 6년근 홍삼농축액,정제수, 효모
- **음용 온도** 10~15℃

- **특징** 양조장 이름인 내국은 조선시대 궁중에 설치된 의약을 맡아 보는 기관이다. 화주는 100% 국내산 쌀을 주원료로 발효 숙성한 후 6년근 홍삼 농축원액으로 블랜딩한 술이다. 홍삼 특유의 떫은맛은 최소화해 홍삼의 풍미를 즐기고 난 후 남는 무겁지 않은 쓴맛이 매력적이다.
- **홈페이지** https://naekooksool.com

물회와 두 번째로 잘 어울리는 술 ②

이름 **희양산9**	종류 **막걸리**	원료 **쌀, 효모, 누룩, 정제수**

페어링

막걸리의 쌀 단맛이 물회의 달콤함과 잘 어우러지며 새콤함을 눌러 주고 단맛을 강조한다. 술지게미가 물회의 매콤함을 부드럽게 잡아 주어 맛의 강도를 낮추고 전체적으로 조화롭게 만든다. 술의 강하지 않은 향과 맛이 물회의 맛을 해치지 않으면서, 두 가지가 서로 동반자처럼 잘 어울려 함께 즐기기에 좋다.

술 정보

알코올	9%
시각	아이보리색, 연하며 밝은 쌀뜬물색
향	단 향, 새콤한 향, 바나나향, 연유향, 잘익은 참외향
단맛	◑○○○○
짠맛	●○○○○
신맛	●●○○○
쓴맛	◑○○○○
감칠맛	●○○○○
목넘김	●●●○○
바디감	●●○○○

종합적 평가

단맛이 적고 신맛이 있어 깔끔하고 목넘김이 부드럽다. 향이 크게 느껴지지 않지만 반면에 맛에서는 다양한 맛을 느낄 수 있다. 산미가 있어서 눈을 감고 마시면 와인의 느낌도 있다.

물회와 세 번째로 잘 어울리는 술 ③

이름 **와카코마 고햐쿠만고쿠 80 무로카나마겐슈** 若駒 五百万石80 無濾過生原酒	종류 **사케**	분류 **준마이**	쌀품종 **고햐쿠만고쿠** 五百万石	정미율 **80%**

페어링

물회를 먹고 나서 술을 마시면 술의 단맛이 매운맛을 잘 정리해 주고, 특히 고소한 단맛이 강조되면서 전체적인 단맛의 균형이 좋아진다. 술의 감칠맛이 물회의 소스 감칠맛에 더해져 물회의 감칠맛이 더욱 풍부하게 느껴진다.

술 정보

알코올	16%
시각	아주 연한 노란색
향	쌀향, 바닐라향, 약한 간장향, 견과류향, 흰 꽃향, 약하고 은은한 복숭아향
단맛	●●○○○
짠맛	●○○○○
신맛	●◑○○○
쓴맛	●○○○○
감칠맛	●●○○○
목넘김	●●●○○

종합적 평가

국화차의 씁쓸한 맛이 있고 알코올이 느껴지며 유질감이 있다. 향이나 맛이 강하지 않아서 담백한 음식과 먹기에 좋다.

모둠 초밥

초밥은 말 그대로 식초를 넣은 밥 위에 생선이나 해산물을 얹어 먹는 요리이다. 세계적으로는 일본 음식 스시(すし, 寿司)로 잘 알려져 있다. 설탕, 소금, 식초를 배합하여 흰 쌀밥에 섞은 것을 샤리(酢飯)라고 하는데 샤리의 간이 스시의 맛을 결정하는 중요한 요소이다. 그리고 샤리의 양과 밀도 또한 생선과의 조화를 이루는 데 중요한 역할을 한다. 물론 위에 얹는 생선과 해산물의 신선도와 회를 뜨는 기술 역시 빼놓을 수 없다.

우리나라 동해안에서 발달한 생선 식해처럼 일본에서도 생선을 저장할 때 밥을 넣어 발효시켰다. 일본어로 나레즈시(馴れ寿司)하는데 매우 오래전부터 먹었다. 하지만 밥으로 생선을 발효하는 방식은 비단, 한국과 일본만의 저장법은 아니다. 미얀마, 라오스, 베트남, 캄보디아 그리고 태국에서도 오래전부터 이 방법을 사용했다. 쌀과 생선 젓갈로 유명한 나라들이다. 메콩강과 이라와디강이 흐르는 인도차이나 반도는 고온 다습한 기후로 다모작을 할 정도로 쌀 생산량이 많으며 강과 바다를 통해 얻어지는 생선 또한 풍부하다. 그러니 자연스레 밥과 소금을 넣고 생선을 발효시켜 먹었을 것이다. 후에 이 저장 방법은 말레이시아, 인도네시아, 필리핀 등지로 퍼져 나갔다.

14세기 무로마치 시대에는 나마나레(生なれ)라는 스시가 등장했으며, 이시기에 가이세키 형태의 식사도 탄생되었다. 나마나레는 발효와 생식을 혼합한 형태이다. 나레즈시는 생선의 발효가 끝나면 밥을 버리는데 나마나레는 밥알의 형태가 유지되어 생선과 밥을 함께 먹을 수 있었다.

17세기부터 19세기 중반, 일본의 마지막 사무라이 정권인 에도 막부 시대에는 하야즈시(早寿司)가 생겨났다. 생선을 발효시키는 시간을 점차로 줄이면서 샤리를 만들어 싱싱한 생선을 즐기게 되었다. 이는 상업이 발달하면서 유통이 원활해지자 생선을 발효시켜 저장할 필요성이 줄어들었기 때문이다. 에도 시대는 일본 요리가 집대성된 시기로, 지금의 형태인 손으로 쥐어 만드는 니기리즈시(握り寿司) 또한 에도 시대에 개발되었다. 1958년에는 히가시 오사카에 회전 초밥집이 처음으로 생기면서 보다 빠르고 보다 저렴하게 스시를 즐길 수 있게 되었다.

니기리즈시(握り寿司) 손으로 쥐어 만든 초밥이다.
마키즈시(巻き寿司) 김으로 밥과 재료를 말아 만든 롤 형태의 초밥을 말한다.
테마키즈시(手巻き寿司) 손으로 말아먹는 콘 형태의 초밥이다.
호소마키(細巻き) 한 가지 재료만 사용하여 만든 얇은 롤 초밥이다.
후토마키(太巻き) 여러 가지 재료를 넣어 만 굵은 롤 초밥을 일컫는다.
우라마키(裏巻き) 안쪽에 김, 바깥쪽에 밥을 배치하여 만 롤 초밥을 말한다.
이나리즈시(稲荷寿司) 유부주머니에 밥을 채운 초밥이다.
오시즈시(押し寿司) 나무 틀에 눌러서 만든 초밥이다.
치라시즈시(ちらし寿司) 밥 위에 다양한 재료를 얹어낸 초밥을 말한다.

모둠 초밥과 가장 잘 어울리는 술 ①

이름 **희양산9**	종류 **막걸리**	매칭 ● ● ● ◑ ○

페어링

막걸리가 가진 신맛이 초밥의 새콤한 맛과 어우러지면서 기름기를 가진 회의 느끼함을 잡아 준다. 기름이 많은 생선을 사용한 초밥의 경우 더 잘 어울린다. 너무 강하지 않은 술맛이 초밥의 다양한 맛을 잘 느끼게 해 준다. 술의 감칠맛에 초밥의 감칠맛이 더해져서 감칠맛이 증가된다. 또한 밥의 단맛과 술의 단맛도 어울린다.

술 정보

알코올	9%
시각	아이보리색, 연하며 밝은 쌀뜨물색
향	단 향, 새콤한 향, 바나나향, 연유향, 잘 익은 참외향
단맛	◑ ○ ○ ○ ○
짠맛	● ○ ○ ○ ○
신맛	● ● ○ ○ ○
쓴맛	◑ ○ ○ ○ ○
감칠맛	● ○ ○ ○ ○
목넘김	● ● ● ○ ○
바디감	● ● ○ ○ ○

종합적 평가

단맛이 적고 신맛이 있어 깔끔하며 목넘김이 부드럽다. 향은 크게 느껴지지 않지만, 맛에서는 다양한 맛을 경험할 수 있다. 산미가 있어 눈을 감고 마시면 와인의 느낌도 느껴진다. 전체적으로 균형 잡힌 맛과 부드러운 텍스처로 편안하게 즐길 수 있는 술이다.

Made by

- **제조사** 두술도가
- **생산 지역** 경상북도 〉 문경시
- **원료** 쌀, 효모, 누룩, 정제수
- **음용 온도** 10~15℃
- **특징** 유기농 쌀과 우리밀 누룩을 사용해

서 술을 빚는다. 한 달 이상 완전 발효와 숙성을 거치므로 탄산이 거의 없다. 막걸리의 라벨이 인상적인데, 같은 희양산 공동체에서 만난 전미화 작가의 작품을 사용해서 고리타분하다고 느낄 수 있는 막걸리 라벨에 대한 편견을 깨 주었다.
- **홈페이지** https://www.instagram.com/doosooldoga

모둠 초밥과 두 번째로 잘 어울리는 술 ②

이름	**락베어 클레어밸리 리슬링 2021** Rockbare Clare Valley Riesling 2021	종류 **화이트와인**	품종 **리슬링** Riesling

페어링

와인의 강한 새콤함이 초밥의 새콤함과 잘 어우러지며 상큼한 맛을 강조한다. 술이 가진 깔끔한 맛이 기름진 회를 감싸고 기름기를 효과적으로 씻어 준다. 이후 간장의 감칠맛이 리슬링의 산미와 조화를 이루어 전체적인 맛을 더욱 좋게 만든다.

술 정보

알코올	12%
시각	조금 연한 레몬색, 연한 금색
향	배향, 레몬향, 리치향, 파인애플향, 시트러스향, 새콤한 향
단맛	◉○○○○
짠맛	●○○○○
신맛	●●●○○
쓴맛	●○○○○
감칠맛	●◉○○○
목넘김	●●●◉○
바디감	●●○○○

종합적 평가

전체적으로 향과 맛에서 새콤함이 두드러지며, 레몬 맛이 길게 남는다. 살짝 버터리한 느낌이 입안을 부드럽게 적셔 주며, 산미는 길게 오래 지속된다.

모둠 초밥과 세 번째로 잘 어울리는 술 ③

이름	**와카코마 고햐쿠만고쿠 80 무로카나마겐슈** 若駒 五百万石80 無濾過生原酒	종류 **사케**	분류 **준마이**	쌀품종 **고햐쿠만고쿠** 五百万石	정미율 **80%**

페어링

초밥의 쌀 단맛과 사케의 드라이함이 잘 어우러져 밥의 맛에 더욱 집중할 수 있게 해 준다. 사케의 감칠맛은 초밥의 쌀과 회의 감칠맛을 더욱 강조하여 전체적인 맛의 상승감을 가져온다. 전체적으로 흰 살 생선 초밥과 사케의 담백한 맛이 잘 어울려 조화를 이루며, 상큼하면서도 깊이 있는 맛을 제공한다.

술 정보

알코올	16%
시각	아주 연한 노란색
향	쌀향, 바닐라향, 약한 간장향, 견과류향, 흰 꽃향, 약하고 은은한 복숭아향
단맛	●●○○○
짠맛	●○○○○
신맛	●◉○○○
쓴맛	●○○○○
감칠맛	●●○○○
목넘김	●●●○○

종합적 평가

국화차의 씁쓸한 맛이 나고 알코올이 느껴지며 유질감이 있다. 향이나 맛이 강하지 않아서 담백한 음식과 먹기에 좋다.

돈카츠

에도 막부 시대가 끝나고 메이지 시대가 열릴 무렵인 19세기 중·후반, 일본은 서양과의 교역이 더욱 활발해졌다. 사절단이나 유학생들을 통해 알게 된 서양의 발전된 문명에 충격을 받으며 그 대열에 끼고 싶다는 열망이 생겨난 것도 이즈음이다. 그들처럼 발전하려면 모든 것을 모방해야 하겠다는 생각에 우선 서양인들처럼 체격 키우기를 실시했다. 하지만 1,000년이 넘도록 금기시했던 육식 섭취는 일본인들에게 쉽지 않은 일이었다. 오랫동안 유지해 온 습관을 버리기도, 뿌리 깊게 박혀 있는 관념을 바꾸기도 어려웠던 일본인들에게 메이지 천황은 직접 고기 먹는 모습을 지속적으로 보여 주며 육식 금지령을 해제하였다. 그렇다고 모든 일본인들이 육식을 바로 행할 수는 없는 일이었고, 친숙한 음식에 고기를 추가하는 메뉴들을 개발해 가며 차근차근 조금씩 다가갔다. 그 시기에 개발되어 현재까지 전해 오는 대중적인 대표 음식으로는 샤브샤브와 스키야키를 꼽을 수 있다. 그리고 유럽 여러 나라에서 즐겨 먹는 커틀릿(Cutlet)을 밀가루, 달걀 물, 빵가루를 차례로 입혀 덴푸라 형태로 튀겨 낸 돈카츠가 있다.

송아지나 소고기의 등심에 붙은 갈비살을 반죽에 묻혀 지지거나 튀긴 음식이 커틀릿이다. 나라마다 음식명은 다르지만 유럽 여러 나라에서 커틀릿을 먹는다. 프랑스에서는 코트레트(côtelette), 이탈리아에서는 코토레타(Cotoletta), 독일과 오스트리아에서는 슈니첼(Schnitzel)이라 부른다. 19세기 후반까지 일본에서도 유럽과 똑같이 소고기를 사용하여 커틀릿을 만들었다. 하지만 청일전쟁과 러일전쟁이 잇달아 발발하자 소고기를 전투 식량으로 사용하게 되면서 일반인은 소고기를 먹기 어려워졌다. 그래서 소고기 대신 일본인들이 거부하던 돼지고기로 커틀릿을 만들었다. 당연히 처음에는 반응이 좋았을 리 없었다. 그럼에도 메이지 정부는 돼지고기의 장점을 대대적으로 알리면서 일본인들에게 돼지고기 섭취를 권장했다. 서서히 돼지고기에 관심을 갖던 일본인들이 20세기 초반에 만들어 낸 음식이 포크 카츠레츠였다. 포크 카츠레츠는 서양식으로 나이프와 포크를 이용해서 먹는 음식이고 돈카츠는 튀긴 커틀릿을 잘라서 내기 때문에 젓가락으로 먹을 수 있는 음식이다.

일제 강점기 후반에 한국으로 전파된 돈카츠(일본식으로 포크 카츠레츠)는 60년대부터 경양식집이 유행하면서 선망의 대상이 되었다. 요즘으로 말하면 기념일이나 근사한 데이트를 위해서 다이닝 레스토랑에서 먹는 음식과 같이 특별한 날에 접할 수 있는 음식이었던 것이다. 하지만 우리나라가 88올림픽을 치르고 90년대에 들어오면서 경제적으로나 문화적으로 발전을 하자 외식 문화 역시 양상이 많이 달라졌다. 프랑스와 이탈리아 레스토랑 같은 제대로 된 양식당들과 미국에서 건너온 패밀리 레스토랑들이 줄지어 오픈을 했다. 경양식집의 인기가 떨어졌고 많은 경양식집이 문을 닫았다. 그후 칼질을 하면서 썰어먹는 돈카츠는 기사 식당이나 분식집들의 전유물이 되었지만 여전히 노스탤지어를 자극하는 사랑받는 메뉴로 남아 있다.

포크 카츠레츠 형태의 돈카츠와는 다르게, 두툼한 돼지고기를 바삭하게 튀겨 썰어져 나오는 돈카츠는 아직도 인기 절정이다. 젓가락을 사용해서 먹는 일본 돈카츠는 1980년 초반에 한국에 발을 디뎠다. 돈카츠를 먹으려고 갔다가 젓가락을 사용하는 썰어져 나온 돈카츠를 마주하고 놀랐던 이들도 꽤 있다. 그러나 놀람도 잠시, 바삭한 텍스처와 고소한 맛에 이어 돼지고기의 두툼한 양은 금세 모두를 반하게 했다. 남녀노소 모두 즐길 수 있는 음식이다.

돈카츠와 가장 잘 어울리는 술 ①

이름 **이 라우리 타보 피노 그리지오 2022** I Lauri Tavo Pinot Grigio 2022	종류 **화이트와인**	매칭 ● ● ● ● ○

페어링

와인의 산미가 기름이 적은 돈카츠의 기름을 잡아 주어 입안의 오일리함을 깔끔하게 정리해 준다. 술의 약한 단맛과 감칠맛이 돈카츠 고기의 담백함을 더욱 부각시키며, 전체적으로 산미가 고기와 술을 부드럽게 만들어 주어 맛의 균형이 조화롭게 느껴진다.

술 정보

알코올	12.5%
시각	볏짚색, 연한 노란색
향	청포도향, 풋사과향, 파인애플향, 버터향, 약한 단 향
단맛	◐ ○ ○ ○ ○
짠맛	● ○ ○ ○ ○
신맛	● ● ● ○ ○
쓴맛	◐ ○ ○ ○ ○
감칠맛	◐ ○ ○ ○ ○
목넘김	● ● ◐ ○ ○
바디감	● ● ○ ○ ○

종합적 평가

산도가 강하게 느껴지지만 부드럽게 마무리된다. 처음에는 강렬한 산미가 느껴지지만, 시간이 지남에 따라 입안에서 부드럽게 마무리되며 조금 단조로운 맛이 산미 부족을 보완해 준다.

Made by

- **제조사** 이 라우리 I Lauri
- **생산 지역** 이탈리아 〉 베네토
- **주요 품종** 피노 그리지오 Pinot Grigio
- **음용 온도** 10~12℃
- **특징** 피노 그리지오는 피노누아의 클론으로 추측되며 전 세계적으로 재배되는 품종 중 하나이다. 대표적으로 이탈리아, 프랑스, 뉴질랜드, 호주, 미국 등지에서 재배되며, 이탈리아에서 전 세계 피노 그리지오의 30%를 생산한다. 지역마다 다른 스타일의 피노 그리지오가 나오며 수확 시기에 따라 다양한 방식의 와인이 나오기도 한다.
- **홈페이지** https://www.i-lauri.it

돈카츠와 두 번째로 잘 어울리는 술 ②

이름 **반피 로쏘 디 몬탈치노 2019** Banfi Rosso di Montalcino 2019	종류 **레드와인**	품종 **산지오베제** Sangiovese

페어링

돼지 고기의 향미가 두드러지지만 와인이 가진 다양한 향과 오크향이 돼지 고기의 향과 기름향을 눌러 준다. 술은 탄닌이 적고 미디엄 바디 느낌이며 고기의 기름이나 단백질을 씻어 주어 부드러운 식감을 만든다. 단맛이 없는 와인은 돼지고기 본연의 맛을 잘 느낄 수 있게 해 준다.

술 정보

알코올	14.5%
시각	보라빛이 도는 루비색. 연한 단호박색, 구리색
향	가죽향, 달지 않은 베리(딸기)향, 체리향, 중간 오크향. 바닐라향
단맛	○○○○○
짠맛	●○○○○
신맛	●●○○○
쓴맛	●○○○○
감칠맛	●○○○○
목넘김	●●○○○
탄닌	●●○○○

종합적 평가

연하게 느껴지는 향에 비해 탄닌이 있어 혀가 조여지지만, 탄닌이 금방 줄어들어 미디엄 바디가 된다. 처음에 연하게 느껴진 향미는 시간이 지남에 따라 점점 열려 좋아진다.

돈카츠와 세 번째로 잘 어울리는 술 ③

이름 **씨 막걸리 시그니처 나인**	종류 **막걸리**	원료 **정제수, 쌀, 배즙, 건포도, 노간주나무 열매 등**

페어링

막걸리에 함유된 다양한 재료가 풍부한 과실맛을 만들며, 돈카츠와 함께 먹었을 때 전체적으로 맛이 깔끔하게 마무리된다. 술의 강한 향미가 돈카츠의 기름진 향과 잘 어울리며, 술지게미와 단맛, 알코올이 입안의 느끼함을 잡아 준다.

술 정보

알코올	9%
시각	건포도색, 검붉은색, 살구색, 오트밀색
향	꽃향, 단 향, 캐러멜향, 배향, 시원한 향, 과실향, 솔향, 멜론향, 잘익은 감향, 잘 익은 무화과향
단맛	●◐○○○
짠맛	◐○○○○
신맛	●◐○○○
쓴맛	○○○○○
감칠맛	●●●○○
목넘김	●●●●○

종합적 평가

술지게미가 적고 입자가 고와 텁텁함이 없으며, 잘 익은 무화과 맛과 풍부한 향을 가지고 있다. 맛과 향이 풍부하여 즐기기 좋고, 전체적으로 밸런스가 뛰어나다.

퍼보

동남아시아 음식에 대한 관심이 나날이 높아지고 있다. 특히 일찍부터 국내에 진출한 베트남 음식은 쌀국수를 중심으로 그 저변이 상당이 넓어진 모양새다. 베트남은 북부에서 남부까지 기후와 지형이 달라 다양한 식재료와 조리법이 발달하였으며 이에 따라 요리의 종류도 꽤 많은 편이다. 베트남 요리 중 우리에게 가장 유명한 대중적 음식은 앞서 말한 대로 쌀국수인데, 베트남어로는 퍼(Phở)라고 한다.

퍼는 따뜻한 육수에 쌀국수를 말아 먹는 탕면이다. 지역에 따라 차이는 있지만 보통 소고기를 퍼의 육수와 고명에 주로 사용하며, 소고기를 사용한 쌀국수를 퍼보(Phở bò)라고 부른다. '퍼'는 넓적한 쌀 면을 말하고 '보'는 소고기를 뜻한다. 사태와 양지를 물에 넣고 삶아 육수를 내는 방식이 전통적이다. 고기를 삶을 때는 팔각이나 정향, 계피, 고수 씨 같은 다양한 향신료와 양파, 생강 같은 허브류 채소를 넣는다. 천천히 우려내면 향이 살아 있는 깊은 맛의 육수가 완성된다. 하지만 요즘에는 오래 고아낸 육수보다 시판용 가루나 고형 육수 사용이 많아지고 있다.

퍼보는 베트남 북부 지역에서 만들어 먹었다고 알려져 있지만 19세기 중반 베트남의 상황을 고려했을 때, 소고기를 쉽게 먹기는 어려웠을 것으로 생각하는 학자들이 많다. 그래서 퍼보의 유래를 프랑스가 식민 통치를 했던 시기로 보는 연구자들이 많다. 프랑스의 전통 요리인 포토푀(Pot-au-Feu)에서 퍼의 근원을 찾기도 한다. 400년 넘게 이어 오는 프랑스 국민 요리 포토푀는 소고기와 채소를 함께 넣고 장시간 낮은 온도에서 익혀 내는 간단해 보이는 음식이다. 하지만 사실은 국물을 맑게 우려야 하기 때문에 둥둥 뜨는 기름을 지속적으로 걷어 내야 하는, 손이 많이 가는 음식이다. 보통 이틀 정도 걸려 완성하는데, 처음에는 국물을 맑은 수프인 콩소메(Consommé) 형태로 먹고, 부드럽게 삶은 소고기와 무, 감자, 대파, 당근 등의 채소를 머스터드 소스나 소금에 찍어 먹는다. 지금도 고급 프렌치 레스토랑에서는 이러한 방법으로 육수를 우려 낸다. 1867년부터 78년 동안 베트남에 살면서 식민 통치를 한 프랑스인들은 그곳에서도 포토푀를 요리해 먹었을 것이고, 포토푀를 접한 베트남인들은 남은 국물에 구하기 쉬운 쌀국수와 채소를 넣어 먹었던 것 같다. 북부 지역에서 주로 먹던 퍼보는 1950년대, 북부에 공산 정권이 수립되고 프랑스군과 함께 수많은 사람들이 남하하는 과정에서 베트남 전역에 퍼지게 되었다.

퍼보는 가정이나 식당 혹은 길거리 노점에서 쉽게 먹을 수 있는 대중 음식으로, 주로 평일에는 아침 식사로 많이 먹는다. 꿰이(Quay)라는 찹쌀 튀김을 찍어 먹기도 하는데 이는 중국의 영향을 받은 것으로 보인다. 얇게 썬 소고기, 쌀국수, 숙주, 양파 등의 채소를 넣고 육수를 넘치듯이 부어 먹으며, 라임즙과 고수, 민트를 넣으면 향이 살아난다. 단맛과 매운맛을 내기 위해 해선장 소스와 칠리 소스를 첨가하기도 한다. 숙취 해장용으로 먹는 사람이 많을 정도로 이제 퍼보는 우리에게 익숙하고 편한 음식이 되었다.

퍼보(소고기 쌀국수)와 가장 잘 어울리는 술 ①

이름 **싱하** Singha	종류 **맥주**	매칭 ● ● ● ◐ ○

페어링

맥주가 가진 향이나 맛이 강하지 않아 쌀국수의 담백한 향과 맛을 해치지 않는다. 맥주의 탄산이 쌀국수의 감칠맛과 약간의 짠맛을 마지막에 씻어 주어 다시 쌀국수의 맛을 깔끔하게 느낄 수 있다. 전체적으로 맥주와 쌀국수가 서로의 맛을 방해하지 않고 잘 어울리는 조합이다.

술 정보

알코올	5%
시각	연한 황금색, 투명한 노란색
향	홉향, 맥아향, 연한 달콤함
단맛	○ ○ ○ ○ ○
짠맛	◐ ○ ○ ○ ○
신맛	○ ○ ○ ○ ○
쓴맛	● ◐ ○ ○ ○
감칠맛	◐ ○ ○ ○ ○
목넘김	● ● ● ○ ○
바디감	◐ ○ ○ ○ ○
탄산	● ● ○ ○ ○

종합적 평가

경쾌한 탄산 질감이 돋보이며, 쌉쌀한 맛과 말린 오레가노 같은 허브향이 느껴진다. 전체적으로 맛이 깔끔하며 쌉쌀한 뒷맛이 있다. 강하지 않은 음식들과 잘 어울린다.

Made by

- **제조사** 빠툼타니 브루어리 Pathumthani Brewery
- **생산 지역** 태국 〉빠툼타니주
- **원료** 정제수, 맥아, 기타 과당, 호프
- **음용 온도** 4~6℃
- **특징** 태국 맥주이며 강한 홉향과 풍부한 풍미를 가지고 있다. 제조사 빠툼타니 브루어리는 맥주 양조 기술을 배우

기 위해 독일과 덴마크를 다녀온 산티 프로야 비롬 박디가 1933년에 설립한 맥주 회사로, 태국에서 최초로 만들어진 맥주 양조장이자 가장 큰 맥주 회사이다. 싱하는 태국어로 '사자'를 뜻한다. 맥주의 로고는 태국의 민간 신앙에 나오는 가상의 동물을 형상화한 것이다.
- **홈페이지** https://sbc.boonrawd.co.th

퍼보(소고기 쌀국수)와 두 번째로 잘 어울리는 술 ②

| 이름 프랑수아 빌라르 꽁뚜르 드 드뽕상 2020
Francois Villard Contours de Deponcins 2020 | 종류 화이트와인 | 품종 비오니에
Viognier |

페어링

와인의 상큼하고 시트러스한 과실 맛이 쌀국수에 짜 넣는 레몬이나 라임의 신맛과 잘 어울려 새콤한 맛을 강조한다. 술의 쓴맛과 알코올이 진한 국물의 짠맛, 감칠맛과 조화롭게 어울리며 다양한 맛을 입안에서 느끼게 한다. 마지막에는 와인이 입안을 깔끔하게 정리해 준다.

술 정보

알코올	13.5%
시각	진한 노랑, 진한 황금색, 약한 초록색
향	달지 않은 시트러스 계통의 과실향(레몬), 흰 꽃, 부싯돌과 유사한 미네럴리티
단맛	○○○○○
짠맛	●○○○○
신맛	●◑○○○
쓴맛	●○○○○
감칠맛	◑○○○○
목넘김	●●●○○
바디감	●●●○○

종합적 평가

레몬 껍질을 먹는 듯한 씁쓸함이 느껴지지만, 기본적으로 레몬의 단맛과 신맛이 균형을 잘 이루고 있다. 드라이한 산미와 과실 맛이 느껴지며, 꽃향기가 연하게 퍼지면서 전체적인 맛의 복합성을 더한다.

퍼보(소고기 쌀국수)와 세 번째로 잘 어울리는 술 ③

| 이름 너디 호프 | 종류 막걸리 | 원료 정제수, 찹쌀, 누룩, 효모, 정제효소, 바질 |

페어링

막걸리의 강한 바질향이 쌀국수의 고소한 향, 짠맛과 잘 어울린다. 묵직한 술지게미 느낌이 쌀국수 면의 전분과 잘 어우러져 풍부한 질감을 느낄 수 있다. 바질향이 전체적으로 느껴지면서 쌀국수를 먹을 때 바질 파스타가 연상될 정도로 독특한 조화를 이룬다.

술 정보

알코올	5%
시각	녹색이 있는 아이보리색, 쑥색과 유사한 초록빛 쑥색, 회색
향	바질향, 고소한 향(잣), 새콤한 향, 단 향, 사과향
단맛	●●○○○
짠맛	◑○○○○
신맛	●●○○○
쓴맛	●○○○○
감칠맛	●○○○○
목넘김	●●●◑○
바디감	●●◑○○

종합적 평가

바질 맛은 강하지 않으나 허브향은 강하게 난다. 달콤하고 새콤한 맛으로 시작된 첫맛이 쌉싸름한 맛으로 이어지며 균형을 이룬다. 전체적으로 밸런스가 잘 잡혀 있으며, 후미에서는 기분 좋은 크림 치즈의 풍미가 느껴져 부드러운 마무리를 제공한다.

분짜

분짜는 베트남의 수도 하노이에서 시작된 음식으로 한국에서는 소고기 쌀국수 퍼보(Phở bò) 다음으로 잘 알려져 있다. 베트남어 분짜(Bún Chả)는 숯불 고기 쌀국수를 의미하는데, 짜(Chả)는 다지거나 얇게 썰어 구운 고기를, 분(Bún)은 원통형의 얇은 쌀국수를 뜻한다. 우리에게 익숙한 퍼 (Phở)는 납작하고 넓은 쌀국수이다.

먹는 방법은 숯불에 구운 돼지고기와 싱싱한 채소, 허브, 분(Bún)을 소스에 살짝 담았다 꺼내 먹는 것인데 더운 날씨에 그만이다. 분짜 소스의 기본은 느억맘(Nước Mắm)이다. 느억맘은 베트남의 전통 젓갈 간장이라 보면 된다. 우리나라와 마찬가지로 동남아시아에서도 오래 전부터 생선이나 해산물을 발효시켜 액체나 고체로 된 젓갈을 만들어 먹었다. 특히 액체로 된 젓갈은 모든 요리에 간을 맞추고 감칠맛까지 더해 주어, 한국이나 일본의 간장 같은 존재이다. 발효 젓갈 간장인 베트남의 느억맘에 새콤함을 더할 라임즙과 매콤한 고추, 달콤한 설탕을 넣고 소스를 만들면 느억짬(Nước Chấm)이 된다. 여기에 민트, 타이 바질, 고수 같은 허브까지 첨가하면 향마저 매력적인 분짜 소스가 완성된다.

지금은 쌀국수가 베트남과 인도차이나 반도의 라오스, 캄보디아 등 대부분의 지역에서 대중적으로 자리 잡았지만 1950년대까지는 베트남 북부와 중부에서 주로 먹었다. 쌀 농사가 훨씬 원활한 남부에 비해 중 북부는 쌀로 가루를 내서 국수나 전병 형태로 보관해 먹기가 용이했기 때문이다.

베트남 대표 요리들

분팃느엉(Bún Thịt Nướng) 분짜와 흡사한 남부 요리. 구운 돼지고기와 쌀국수(분 Bún), 숙주, 각종 허브를 곁들여 느억짬 (Nước Chấm)에 적셔 먹는다. 베트남식 튀김 짜조와 함께 먹기도 한다.

짜조(Chả Giò) 돼지고기, 새우, 버섯, 당면 등을 다져서 라이스페이퍼에 만 다음 튀긴 요리이다. 영어로 스프링롤(Spring Roll)이라고도 하며 북부 지역에서는 넴(Nem)이라고 부른다.

고이꾸온(Gỏi Cuốn) 숯불에 구운 고기, 해산물, 싱싱한 채소, 허브, 과일, 쌀국수 등을 라이스페이퍼에 싸서 소스에 찍어 먹는 요리. 기름에 튀기지 않아 부드럽고 담백해서 다이어터들에게 인기만점이다. 영어로는 섬머롤(Summer Roll)이라고 하며 한국에서는 월남쌈이라 부른다.

반세오(Bánh Xèo) 쌀가루와 강황 가루를 섞은 노란 반죽에 새우, 돼지고기, 숙주, 양파, 버섯 등을 넣고 기름에 지져 낸 베트남 중부 후에(Huế)지방 음식이다. 얇게 부친 반세오를 상추나 허브 잎에 싼 후, 다시 라이스페이퍼로 말아 느억짬 소스에 찍어 먹는다.

반미껩(Bánh mì kẹp) 프랑스 식민 통치 시절의 영향을 받아 만들어진 음식으로, 쌀가루로 만든 바게트인 반미(Bánh mì) 안에 여러 가지 재료로 속을 채운 샌드위치이다. 돼지 내장 파테(Pâté), 숯불에 구운 고기, 새우 등의 주재료와 당근, 양파, 상추 등의 채소를 넣어 먹는다. 베트남 느낌이 물씬 나는 허브와 소스 덕분에 프렌치 스타일의 샌드위치와는 다른 매력을 물씬 풍긴다.

분짜와 가장 잘 어울리는 술 ①

이름 **도멘 슐룸베르거 케슬러 그랑 크뤼 2019** Domaines Schlumberger Kessler Grand Cru 2019	종류 **화이트와인**	매칭 ● ● ● ◐ ○

페어링

와인의 단맛과 신맛이 느억맘 소스의 새콤함, 매콤함, 감칠맛과 조화를 이루어 서로의 맛을 더욱 돋보이게 하고 전체적인 맛을 끌어올린다. 또한 마지막에는 쌀국수의 탄수화물과 술의 단맛이 입안에서 어우러지며 부드러운 마무리를 선사한다.

술 정보

알코올	12.5%
시각	진한 노랑, 꿀물색, 밝은 금빛
향	흰색 꽃, 단 향, 파인애플 향, 자몽 향, 리치 향, 새콤한 향
단맛	● ● ● ◐ ○
짠맛	◐ ○ ○ ○ ○
신맛	● ● ◐ ○ ○
쓴맛	● ◐ ○ ○ ○
감칠맛	● ○ ○ ○ ○
목넘김	● ● ◐ ○ ○
바디감	● ● ◐ ○ ○

종합적 평가

포도의 향과 다양한 익은 열대과일의 풍미가 어우러진 단맛을 느낄 수 있다. 처음에는 단맛으로 시작해 신맛과 쓴맛이 조화를 이룬 뒷맛으로 마무리된다. 마지막에는 미세한 미네랄 느낌이 남는다.

Made by

- **제조사** 도멘 슐룸베르거 Domaines Schlumberger
- **생산 지역** 프랑스 〉 알자스
- **주요 품종** 게뷔르츠트라미너 Gewürztraminer
  프랑스 화이트 품종이다. 게뷔르츠트라미너는 향신료를 뜻하는 독일어 '게뷔르츠'와 포도 품종을 뜻하는 '트라미너

(Traminer)'에서 유래되었다. 게뷔르츠트라미너 포도는 분홍빛을 띠는 껍질을 지녔다. 강렬한 꽃향기가 인상적인 품종으로 중간 정도의 당도와 바디감이 있으며 산미와 탄닌이 낮다.
- **음용 온도** 10~12℃
- **홈페이지** https://www.domaines-schlumberger.com

분짜와 두 번째로 잘 어울리는 술 ②

이름 **한산 소곡주**	종류 **약주**	원료 **찹쌀, 백미, 야국, 메주콩, 생강 등**

페어링

느억맘 소스의 단 향과 술의 단 향이 어우려져 향이 더욱 풍부해진다. 분짜의 숯불 돼지고기와 간장향이 술의 견과류향과 혼합되어 복합적인 향미를 만들어 낸다. 술의 단맛이 분짜 소스의 새콤함, 매콤함, 감칠맛과 조화를 이루어 전체적인 맛이 향상된다. 결과적으로 분짜의 맛이 더 깊고 풍부하게 느껴진다.

술 정보

알코올	18%
시각	단호박색과 진한 노란색 사이의 연한 갈색
향	진한 단 향, 견과류향, 옅은 국간장향, 오래된 누룩향
단맛	● ● ● ● ○
짠맛	● ○ ○ ○ ○
신맛	● ○ ○ ○ ○
쓴맛	◐ ○ ○ ○ ○
감칠맛	● ● ● ○ ○
목넘김	● ● ● ○ ○
바디감	● ● ● ○ ○

종합적 평가

술의 진한 찹쌀 단맛이 두드러지며, 누룩향에 비해 맛은 강하지 않고 부드럽다. 아몬드향의 너티함과 커피 맛 등이 주정강화 와인과 유사한 관능적 특성을 가진다. 이로 인해 술은 견과류의 풍미와 커피의 깊은 맛을 우아하게 나타낸다.

분짜와 세 번째로 잘 어울리는 술 ③

이름 **니와노 우구이스 나츠가코이** 庭のうぐいすなつがこい	종류 **사케**	분류 **도쿠베츠 준마이**	쌀품종 **유메잇콘** 夢一献	정미율 **60%**

페어링

숯불에 구운 돼지고기의 맛과 향, 그리고 간장의 뉘앙스가 사케의 감칠맛과 잘 어우려져 술의 부드러움을 강조한다. 사케의 열대과일향이 느억맘 소스의 다양한 향미와 어우러지면서 맛을 더욱 풍부하게 만든다. 또한, 분짜의 쌀국수와 사케의 찹쌀 단맛이 조화를 이룬다.

술 정보

알코올	15%
시각	투명한 색에 미색, 아주 약하게 탁도가 있음
향	연한 멜론향, 단 열대과일(두리안, 잭프룻)의 숙성향. 곡물향, 바닐라향
단맛	● ○ ○ ○ ○
짠맛	◐ ○ ○ ○ ○
신맛	● ○ ○ ○ ○
쓴맛	● ○ ○ ○ ○
감칠맛	● ○ ○ ○ ○
목넘김	● ● ○ ○ ○
바디감	● ○ ○ ○ ○

종합적 평가

전체적으로 향은 가볍고 드라이하며 알코올향이 느껴진다. 크게 조화를 깨는 맛이 없어서 다양한 음식과의 페어링이 잘 될 것으로 예상된다. 일반적인 사케에 비해 단맛이 적지만 열대과일향이 다양하게 느껴져 음식과의 조화에 도움을 준다.

똠얌꿍

대표적인 태국 음식을 꼽으라 하면 가장 먼저 떠오르는 요리가 바로 똠얌꿍(Tom Yum Goong)이다. 똠얌꿍은 외국의 주요 신문사들과 방송국에서 선정하는 세계 3대 음식이나 세계 5대 수프 같은 기사에도 수없이 거론될 만큼 잘 알려져 있다. 이에는 태국이 동양에서 가장 유명한 관광국이라는 사실도 한몫했다. 일반적으로 태국 음식은 풍부한 식재료와 허브, 향신료를 다양하게 사용하여 다채로운 맛을 선사한다. 눈을 감게 만드는 신맛, 은은하게 느껴지는 단맛, 그리고 동남 아시아 특유의 젓갈에서 감지되는 짠맛이 한데 섞여 독특한 매력을 보여 준다. 특히 이렇게 맵고, 시고, 달고, 짠, 4가지 맛을 동시에 가지고 있는 태국 음식의 특징을 가장 잘 드러내는 음식이 바로 똠얌꿍이다.

가정에서 밀키트나 분말을 이용하여 만들어 먹을 수도 있지만 제대로 맛보려면 태국 요리 전문점에서 여러 가지 향신료를 사용해 끓인 똠얌꿍을 만나 보자. 보통 똠얌꿍은 우리나라의 신선로와 거의 흡사한 놋그릇에 담겨 나온다. 매워 보이는 약간 붉은색의 수프지만 그리 맵지는 않고 살짝 칼칼한 맛이며 시큼하면서 강한 허브향이 풍긴다. 상큼한 향의 라임 잎, 마른 파처럼 생긴 레몬그라스, 동남아시아 생강인 갈랑갈이 큼직하게 들어가고 버섯이나 죽순 같은 채소와 허브들도 듬뿍 들어간다. 남쁠라(Nam Pla)라고 불리는 태국의 생선 젓갈 간장으로 간을 맞추며 고추와 설탕으로 매운맛과 단맛을 가미한다.

본래 태국어로 똠(Tom)은 끓이다, 얌(Yum)은 태국식 샐러드를 말하는데 똠얌은 샐러드탕이라는 의미가 된다. '샐러드(얌)'에 주로 쓰이는 향신료인 레몬그라스, 갈랑갈, 바질, 고수, 민트 등이 똠얌 수프에도 들어가기 때문에 샐러드탕인 것이다. 칼칼하고 시큼한 맛의 샐러드탕인 똠얌의 주재료에 따라 뒤에 붙는 명칭도 달라진다. 바다와 강이 발달한 태국에서 흔히 구할 수 있는 재료인 새우를 넣은 똠얌 수프에는 새우라는 뜻의 꿍(Goong)이 붙는다. 관광객들에게 인기가 많아 가장 잘 알려져 있다. 가이(Gai), 즉 닭고기를 주재료로 넣으면 똠얌가이(Tom Yum Gai), 돼지고기를 넣으면 똠얌무(Tom Yum Muu)가 된다.

똠얌꿍은 몸을 뜨끈하게 하는 다채로운 향신채와 매콤하고 새콤한 맛의 조화로 컨디션이 저조할 때나 해장에 좋은 음식이다. 매콤하고 새콤달콤한 향신료의 밸런스가 중요한 이 대표적인 태국 음식의 핵심 맛은 라임에서 비롯된다. 라임즙은 마지막에 넣어야 청량한 신맛을 살릴 수 있다. 깔끔하게 먹고 싶다면 코코넛 밀크를 넣지 않아도 된다. 하지만 코코넛 밀크를 넣으면 부드럽고 달달해진다. 태국 쌀밥이나 쌀국수를 넣어 먹으면 든든한 한끼 식사가 된다.

똠얌꿍이 가장 잘 어울리는 술 ①

이름 **브렛 브라더스 그루 데 브렛 2021** Bret Brothers Glou des Bret 2021	종류 **레드와인**	매칭 ●●●●○

페어링

바디감이 가볍고 탄닌이 적게 느껴져 똠얌꿍의 국물맛을 해치지 않는다. 술이 가진 발효향이 똠얌꿍의 다양한 향과 어우러지면서 향이 뚜렷하게 느껴진다. 술과 음식 모두 서로의 영역에서 맛을 해치지 않으면서도 조금씩 부족한 부분을 채워주어 맛이 더 좋아진다.

술 정보

알코올	11.5%
시각	연한 라즈베리색, 약간 탁한 루비색, 연한 포도색
향	체리향, 레드 베리향, 발효향, 약한 고추 매운향, 약한 새콤한 향
단맛	○○○○○
짠맛	●◐○○○
신맛	●●○○○
쓴맛	●◐○○○
감칠맛	●●○○○
목넘김	●●○○○
바디감	◐○○○○
탄닌	◐○○○○

종합적 평가

내추럴와인과 비슷한 느낌을 주며 약한 포도 람빅 맥주의 느낌도 느껴진다. 목넘김이 깔끔하고 가벼워서 음용성이 매우 좋다. 탄닌과 바디감이 적어 해산물 요리와 잘 어울리며, 가벼운 레드와인이기 때문에 국물 요리와도 부담 없이 즐길 수 있다. 와인의 산미와 드라이한 특성이 좋으며, 다양한 음식과의 페어링에 유연하게 대응할 수 있는 장점을 지닌다.

Made by

- **제조사** 브렛 브라더스 Bret Brothers
- **생산 지역** 프랑스 〉부르고뉴
- **주요 품종** 가메이 Gamay
  프랑스 부르고뉴 보졸레 지역의 레드 품종이다. 화강암 토양에서 잘 자라며 배, 바나나, 라즈베리, 흑후추, 체리 풍미를 지니며, 탄닌이 적고 알코올 도수도 낮다. 산미가 아주 좋아서 레드와인으로 만들어진다.
- **음용 온도** 16~17℃
- **홈페이지** https://www.bretbrothers.com

똠얌꿍이 두 번째로 잘 어울리는 술 ②

| 이름 | 씨 막걸리 시그니처 큐베 | 종류 | 막걸리 | 원료 | 쌀, 누룩, 노간주나무 열매, 건포도, 배즙 |

페어링

술이 매콤달콤하고 새콤한 다양한 음식 맛을 감싸 전체적인 맛을 부드럽게 해 준다. 술이 가진 향신료의 풍부한 맛과 똠얌꿍의 향신료가 어우러져 향과 맛 모두가 한층 풍부해진다. 전체적으로 술의 맛과 향이 음식의 맛과 향을 보완하고 조화롭게 어우러져 서로의 장점을 극대화하는 형태로 페어링이 이루어진다.

술 정보

알코올	12%
시각	어두운 아이보리색에 연한 갈색, 약간의 연한 회색
향	과숙한 바나나향, 주니퍼향, 건포도향, 곡물향, 유제품향
단맛	●○○○○
짠맛	●○○○○
신맛	●●○○○
쓴맛	●◐○○○
감칠맛	●●◐○○
목넘김	●●●◐○
바디감	●●●○○

종합적 평가

술의 부원료에서 느껴지는 다양한 향들이 있고 향 대비 맛이 강렬하게 느껴진다. 은은하게 배맛이 느껴지면서 부재료들이 각자의 역할을 하면서도 맛과 향에서 조화롭게 이어진다.

똠얌꿍이 세 번째로 잘 어울리는 술 ③

| 이름 | 마노츠루 미도리야마나마 준마이다이긴조 나카도리 무로카나마겐슈 真野鶴 綠山生 純米大吟醸 中取り無ろ過生原酒 | 종류 | 사케 | 분류 | 준마이다이긴조 | 쌀품종 | 야마다니시키 山田錦 | 정미율 | 50% |

페어링

사케의 감칠맛이 음식에 더해져 음식의 고소함이 더욱 강조되며, 사케의 단맛이 음식의 신맛을 살짝 눌러 주어 맛을 부드럽게 만들어 준다. 이 경우, 음식이 주연 역할을 하며 사케가 조연으로서 뒤에서 맛의 균형을 잘 받쳐 주는 형태로, 서로의 조화를 통해 전체적인 맛의 상승감을 느낄 수 있다.

술 정보

알코올	17.5%
시각	연미색, 아주 연한 노란색
향	단 향, 바닐라향, 견과류향, 곡물향, 메케한 파프리카향
단맛	●●●○○
짠맛	●○○○○
신맛	●○○○○
쓴맛	●◐○○○
감칠맛	●●●○○
목넘김	●●●○○
바디감	●●●◐○

종합적 평가

향에 단 향이 있고 맛에서도 느껴진다. 또한 약간의 스파이스한 향도 같이 있다. 바닐라향이 전체적으로 있고 식혜를 입안에 머물고 있는 느낌도 있다. 알코올 도수가 높지만 목넘김이 좋고 편하게 마실수 있다. 향신료를 넣은 단짠의 허브 음식과 어울릴 듯하다.

팟타이

맵지도 않고 자극적인 향도 없는, 달달하게 볶은 쌀국수이다. 동남아 음식을 많이 접하지 않은 이들이나 강한 향을 부담스럽게 여기는 사람들 혹은 어린 아이들에게 특히 사랑받는 태국의 대표 음식이다.

팟타이(Phat Thai)는 '볶는다'라는 뜻의 팟(Phat)과 태국을 뜻하는 타이(Thai)가 합쳐진 말로, 납작한 쌀국수와 달걀, 두부, 숙주, 쪽파 등을 넣고 재빠르게 볶아 낸 음식이다. 주재료로는 새우, 닭, 돼지 등을 선택할 수 있다. 야자나무 꽃에서 추출한 수액으로 만든 팜 슈거(Palm Sugar)로 달달한 맛을 내고, 태국의 액체 젓갈 간장인 남플라(Nam Pla)로 간을 맞춰 짭조름한 맛을 낸다. 새콤함을 더하기 위해 열대 지방 열매인 타마린드(Tamarind)즙을 첨가하고, 고소한 땅콩 가루를 뿌려 완성한다. 일반적으로 태국의 모든 식당이나 노점상 테이블에는 4가지의 양념이 놓여 있다. 매운 칠리 플레이크, 액체 젓갈 간장 남플라, 달달한 설탕, 새콤한 식초가 그것인데 각자 원하는 대로 음식에 간을 더해 먹는다. 칼칼한 맛을 선호하는 한국인들은 칠리 플레이크나 남플라에 절인 고추지를 뿌려 먹기도 한다.

태국의 국민 요리 팟타이는 2011년에 CNN이 선정한 세계에서 가장 맛있는 요리 50에 들어가면서 세계적인 명성을 얻었다. 20세기 초중반에는 쌀 부족으로 고심한 태국 정부가 쌀 소비를 줄이고자 쌀국수를 대중화시켰는데, 그때 고안된 요리가 팟타이이다. 물론 중국 음식의 영향으로 그전부터 쌀국수 요리는 존재했지만 온국민의 사랑을 받을 정도는 아니었다. 그러나 시간이 지나면서 점차 팟타이에 대한 태국인들의 관심이 높아졌고, 음식명에 태국을 뜻하는 타이(Thai)가 들어가면서 자긍심마저 강해졌다. 태국은 동남아시아 국가 중 유일하게 식민 지배를 받지 않은 나라로, 국민들의 자부심이 꽤 높은 편이다.

태국의 대표 국수 요리들

팟씨유 (Phat See Ew) 간장과 굴 소스로 맛을 낸 쌀국수 볶음으로 단짠의 조화가 좋다.

팟키마오 (Phat Kee Mao) 매운 양념으로 볶은 쌀국수이다. 숙취를 위한 해장 국수라고도 한다.

미 끄롭 (Mee Krob) 얇은 쌀국수를 튀기듯 볶아서 새콤달콤한 탕수 소스를 부어 먹는다.

얌운센 (Yum Woon Sen) 각종 채소와 다진 고기 혹은 해산물을 넣은 당면 샐러드이다.

까오 쏘이 (Khao Soi) 라오스와 태국 북부에서 즐겨 먹는 쌀국수 탕면이다.

까놈진 (kanom Jeen) 발효시킨 쌀국수로 끈적하며 보통 태국에서는 카레에 말아 먹는다.

팟타이와 가장 잘 어울리는 술 ①

이름 **씨 막걸리 시그니처 큐베**	종류 **막걸리**	매칭 ● ● ● ◐ ○

페어링

단맛이 있는 팟타이와 막걸리의 곡물에서 오는 달콤함이 입안에서 잘 어우러진다. 팟타이의 매콤함과 짠맛이 막걸리의 새콤함과 어우러져 서로의 맛을 돋보이게 하며 전체적인 풍미를 향상시킨다. 입안에 팟타이의 탄수화물과 소스가 남기는 약간의 오일리함을 막걸리의 산미와 알코올이 깔끔하게 씻어 주면서 입안을 상쾌하게 정리한다.

술 정보

알코올	12%
시각	어두운 아이보리색, 연한 갈색, 약간의 연한 회색
향	과숙한 바나나향, 주니퍼향, 건포도향, 곡물향, 유제품향
단맛	● ○ ○ ○ ○
짠맛	● ○ ○ ○ ○
신맛	● ● ○ ○ ○
쓴맛	● ◐ ○ ○ ○
감칠맛	● ● ◐ ○ ○
목넘김	● ● ● ◐ ○
바디감	● ● ● ○ ○

종합적 평가

술의 부재료에서 느껴지는 다양한 향이 있고, 향보다는 맛이 강렬하게 느껴진다. 은은한 배맛이 느껴지면서 부재료가 각자의 맛을 표현하며 맛과 향을 조화롭게 만든다

Made by

- **제조사** 씨 막걸리
- **생산 지역** 경기도 〉 양평군
- **원료** 쌀, 누룩, 노간주나무 열매, 건포도, 배즙
- **음용 온도** 8~12℃
- **특징** 2020년 서울 강남 최초 도심속 전용양조장을 오픈한 후 2022년 경기도 양평으로 확장 이전한 양조장이다. 처음 출시 때부터 기존과 다른 원료를 사용하고 다양한 색으로 막걸리를 만들어 '무지개 막걸리'로 유명했다. 2020년 7월부터 출시한 막걸리만 30종이 넘으며 쌀막걸리에 다양한 부재료를 넣어 만드는 게 특징이다. 항상 기발하고 신선한 재료 조합으로 선보이는 막걸리들이 재료의 한계를 넘어서는 특징을 보인다.
- **홈페이지** http://cmakgeolli.com

팟타이와 두 번째로 잘 어울리는 술 ②

이름 **타이거 맥주** **Tiger Beer**	종류 **맥주**	원료 **정제수, 보리맥아, 설탕, 호프추출물**

페어링

맥주의 향과 맛이 강하지 않아 팟타이 본연의 맛을 해치지 않으면서도 소스의 매콤함과 짠맛이 맥주의 탄산과 청량감에 의해 깔끔하게 씻겨 나간다. 입안이 깔끔하게 정리된 후, 마치 처음 먹는 것처럼 새롭게 팟타이를 즐길 수 있도록 해 준다.

술 정보

알코올	5%
시각	연한 금색
향	가벼운 곡물향, 비누향, 고수향, 약간의 과일 맛
단맛	◐○○○○
짠맛	○○○○○
신맛	○○○○○
쓴맛	●○○○○
감칠맛	◐○○○○
목넘김	●●●◐○
바디감	●○○○○
탄산	●●○○○

종합적 평가

전형적인 동남아 라거 맥주로, 청량감이 돋보이며 깔끔하고 부드러운 목넘김이 특징이다. 홉의 강도가 높지 않고 마일드한 향이 나며, 약간의 고수나 비누향 같은 동남아 특유의 향이 느껴진다. 가벼운 목넘김과 함께 뒤에 남는 청량감이 매우 상쾌하다.

팟타이와 세 번째로 잘 어울리는 술 ③

이름 **브렛 브라더스 그루 데 브렛 2021** **Bret Brothers Glou des Bret 2021**	종류 **레드와인**	품종 **가메이** **Gamay**

페어링

팟타이에 와인의 베리 풍미가 더해지면서 맛이 더욱 풍부해지고 전반적인 향미가 향상된다. 와인의 약한 산미가 팟타이의 매콤함과 조화를 이루어 맛의 균형을 잡아 주며, 와인의 탄닌이 팟타이의 새콤함을 부드럽게 감싸 주어 맛의 강도를 조절해 준다.

술 정보

알코올	11.5%
시각	연한 라즈베리색, 약한 탁함, 연한 포도색
향	체리향, 레드 베리향, 발효향, 약한 고추 매운향, 살짝 새콤한 향
단맛	○○○○○
짠맛	●◐○○○
신맛	●●○○○
쓴맛	●◐○○○
감칠맛	●●○○○
목넘김	●●○○○
바디감	◐○○○○
탄닌	◐○○○○

종합적 평가

내추럴와인과 비슷한 느낌을 주며, 약한 포도 람빅 맥주의 느낌도 느껴진다. 목넘김이 깔끔하고 가벼워서 음용성이 매우 좋다. 탄닌과 바디감이 적어 해산물 요리와 잘 어울리며, 가벼운 레드와인이기 때문에 국물 요리와도 부담 없이 즐길 수 있다. 와인의 산미와 드라이한 특성이 좋으며, 다양한 음식과의 페어링에 유연하게 대응할 수 있는 장점을 지닌다.

푸팟퐁커리

푸(Bu)는 게를 의미하고, 팟(Phat)은 볶는 것을, 퐁 커리(Pong Kari)는 커리 가루를 뜻한다. 이름이 길지만 한국인들에게는 발음이 재미나서 기억하기 좋은 음식이 바로 푸팟퐁커리이다.

바다와 강이 발달해 해산물과 생선이 풍부한 태국은 아시아의 관광대국이다. 밀려드는 관광객들에게 인기 있는 식재료가 새우와 게다 보니 이를 이용한 음식들이 많다. 돼지고기나 닭고기 같은 재료를 넣고 만들기도 하지만 특유의 감칠맛이 강한 해산물과 퐁 커리(Pong Kari), 코코넛 우유의 조합은 마법처럼 끌리게 되는 맛이다. 새우를 넣고 만드는 쿵 팟 퐁 커리(Goong Phat Pong Kari)도 맛있고 대중적인 음식이지만, 게를 넣고 만드는 푸팟퐁커리는 한국인들에게 유독 인기 있는 메뉴이다. 마늘, 양파, 미나리, 파 같은 향이 짙은 채소를 커리 가루와 함께 기름에 볶아 풍미를 돋우고 코코넛 우유를 넣어 달달한 맛을 더한다. 여기에 잘 풀어 둔 달걀을 첨가해 스크램블 하듯이 볶아 내면 부드러운 커리가 완성된다. 블루 크랩(Blue Crab)처럼 큰 게는 삶거나 찌듯이 처음부터 함께 조리해야 잘 익으면서 게 향이 소스에 잘 밴다. 껍질째 먹을 수 있는 소프트 셸 크랩(Soft Shell Crab)은 전분을 묻혀 기름에 튀긴 뒤 소스가 완성되면 부어서 낸다. 그래야 바삭한 식감이 살아 있고 고소한 튀김의 맛도 느낄 수 있다. 소프트 셸 크랩으로 만든 것은 푸님 팟 퐁 커리(Phat Pong Kari)라고 부른다. 손을 사용해서 게살을 발라 먹기 귀찮은 이들은 껍질째 먹을 수 있는 게를 선택하는 경우가 많다.

태국에는 푸팟퐁커리말고도 커리를 이용한 요리들이 꽤 있다. 퐁 커리(Pong Kari)는 커리 가루를 사용한 요리명에 들어가고, 깽 커리(Kaeng Kari)는 농도가 진한 풀반죽과 같은 페이스트 형태의 커리로, 보통은 국물 요리에 주로 붙는 이름이다. 태국 요리명은 조리 방식, 소스, 식재료 이름이 붙는 경우가 많으므로 몇 가지 중요한 이름만 알아도 여행 가서 도움이 된다. 대표적인 커리 음식들은 다음과 같다.

엘로우 커리(Kaeng Kari) 전 지역에서 먹는 가장 대중적인 커리이다.

그린 커리(Khiao Wan) 보통 가지와 돼지 고기 혹은 닭고기 같은 고기류를 주로 넣는데 살짝 매콤하며 단맛이 있다.

레드 커리(Kaeng Phet) 가장 매운맛을 낸다.

오렌지 커리(Kaeng Som) 코코넛 우유를 많이 넣어 맵지만 부드럽다.

맛사만 커리(Kaeng Matsaman) 무슬림들에 의해 만들어진 요리로 인도 남부, 말레이시아, 태국의 재료가 섞여 가장 맛난 맛을 낸다. 닭고기와 양고기를 주재료로 사용하는 편이다.

태국 음식은 다양한 허브와 향신료의 조합에 따라 달라지는 이국적인 향들이 가득하다. 또 단맛과 짠맛에 신맛과 매운맛을 더한 4가지 맛을 한 번에 느낄 수 있는 묘미가 있다.

푸팟퐁커리가 가장 잘 어울리는 술 ①

이름 **한산 소곡주**	종류 **약주**	매칭 ●●●●○

페어링

푸팟퐁커리의 단맛과 감칠맛이 한산소곡주의 단맛과 감칠맛에 잘 어우러져 전체적인 맛을 상승시킨다. 음식의 후미에 남는 약간의 매콤함을 술의 단맛이 잡아 맛을 부드럽게 해 준다. 커리의 향이 술의 견과류향이나 간장향과 조화를 이루면서 고소한 맛이 더욱 풍부해진다. 두 가지의 맛이 서로 보완하고 강화하여 더욱 다채롭고 깊이 있는 풍미를 느낄 수 있다.

술 정보

알코올	18%
시각	단호박색과 진한 노란색 사이의 연한 갈색
향	진한 단 향, 견과류향, 옅은 국간장향, 오래된 누룩향
단맛	●●●●○
짠맛	●○○○○
신맛	●○○○○
쓴맛	◐○○○○
감칠맛	●●●○○
목넘김	●●●○○
바디감	●●●○○

종합적 평가

술의 진한 찹쌀 단맛이 두드러지며, 누룩향에 비해 맛은 강하지 않고 부드럽다. 아몬드향의 너티함과 커피 맛 등이 주정강화 와인과 유사한 관능적 특성을 가진다. 이로 인해 술은 견과류의 풍미와 커피의 깊은 맛을 우아하게 나타낸다.

Made by

- **제조사** 한산소곡주명인 농업회사법인 주식회사
- **생산 지역** 충청남도 〉 서천군
- **원료** 찹쌀(국내산), 누룩(국내산), 맵쌀(국내산), 들국화, 메주콩, 생강, 홍고추
- **음용 온도** 8~10℃

- **특징** 앉은뱅이 술이라는 별명이 있으며 충청남도 무형문화재 제3호, 대한민국식품명인 19호로 지정된 우희열 명인이 전통을 계승하고 있다. 100일 이상의 발효를 통해 만들어진다.
- **홈페이지** https://www.sogokju.co.kr

푸팟퐁커리가 두 번째로 잘 어울리는 술 ②

| 이름 | 마노츠루 미도리야마나마 준마이다이긴조 나카도리 무로카나마겐슈
真野鶴 緑山生 純米大吟醸 中取り無ろ過生原酒 | 종류 **사케** | 분류 **준마이다이긴조** | 쌀품종 **야마디니시키**
山田錦 | 정미율 **50%** |

페어링

사케가 가진 곡물 유래의 단맛이 푸팟퐁커리의 매콤함을 부드럽게 잡아 준다. 술의 곡물 맛이 푸팟퐁커리에 들어 있는 쌀과 어우러져 비슷한 감칠맛을 느끼게 해 주며, 커리에 포함된 밥의 무게감과 술의 곡물 풍미가 목넘김에서 자연스럽게 조화를 이룬다. 또한, 사케의 알코올이 커리의 기름진 부분을 씻어 내면서 음식의 바디감을 가볍게 만들어 준다.

술 정보

알코올	17.5%
시각	연미색, 아주 연한 노란색
향	단 향, 바닐라향, 견과류향, 곡물향, 메케한 파프리카향
단맛	●●●○○
짠맛	●○○○○
신맛	●○○○○
쓴맛	●◐○○○
감칠맛	●●●○○
목넘김	●●●○○
바디감	●●●◐○

종합적 평가

향에 단 향이 있고 맛에서도 느껴진다. 또한 약간의 스파이스한 향도 같이 있다. 바닐라향이 전체적으로 있고 식혜를 입안에 머물고 있는 느낌도 있다. 알코올 도수가 높지만 목넘김이 좋고 편하게 마실수 있다. 향신료를 넣은 단짠의 허브 음식과 어울릴 듯하다.

푸팟퐁커리가 세 번째로 잘 어울리는 술 ③

| 이름 | 씨 막걸리 시그니처 큐베 | 종류 **막걸리** | 원료 **쌀, 누룩, 노간주나무 열매, 건포도, 배즙** |

페어링

술이 가진 술지게미의 바디감, 텁텁함, 그리고 씁쓸함이 푸팟퐁커리의 맛과 섞여 조화롭게 어우러진다. 술의 알코올이 음식의 기름기와 신맛을 씻어 내면서 맛을 부드럽게 만들어 주고, 전체적으로 더욱 균형 잡힌 풍미를 선사한다.

술 정보

알코올	12%
시각	어두운 아이보리색에 연한 갈색, 약간의 연한 회색
향	과숙한 바나나향, 주니퍼향, 건포도향, 곡물향, 유제품향
단맛	●○○○○
짠맛	●○○○○
신맛	●●○○○
쓴맛	●◐○○○
감칠맛	●●○○○
목넘김	●●●◐○
바디감	●●●○○

종합적 평가

술의 부재료에서 오는 다양한 향들이 느껴지며 향 대비 맛이 강렬한 편이다. 은은한 배맛이 있고 부재료들이 각자의 역할을 하면서도 맛과 향에서 조화롭게 표현된다.

연질 치즈

치즈는 다양한 방식으로 나눌 수 있지만 가장 대중적으로 사용하는 분류법은 치즈의 텍스처에 따른 것이다. 치즈와 술과의 페어링을 결정할 때 가장 먼저 고려해야 할 점은 치즈의 텍스처이다. 텍스처는 치즈의 수분 함량에 따라 결정되는데 기본적으로 부드러운 재질의 연질 치즈와 단단한 경질 치즈로 나뉜다.

연질 치즈 중에서도 수분 함량 80% 정도로, 형태를 굳히기 어려워서 용기에 담아 출시되는 것을 초연질 치즈라 한다. 대부분의 크림 치즈와 이탈리아의 대표 크림 치즈인 리코타(Ricotta), 마스카르포네(Mascarpone)가 이에 해당한다.

수분 함량이 50% 이상인 연질 치즈는 자르기 쉽고 부드러워서 아기 엉덩이처럼 몰랑한 재질이다. 연질 치즈로는 물소젖으로 만든 생모차렐라 치즈인 모차렐라 디 부팔라(Mozzarella di Bufala)가 있다. 이탈리아 남부, 캄파냐(Campagne) 등에서 생산된다. 또 다른 연질 치즈로는 크림을 넣어 만든 부라타(Burrata) 치즈가 있는데 우리나라에서 유독 인기가 있다. 모차렐라 디 부팔라는 생치즈인 만큼 풍미가 뛰어나서 조리하기보다는 인살라타 카프레제(Insalata Caprese)로 즐기면 훨씬 좋다. 토마토와 생모차렐라 치즈를 접시에 담고 바질 잎을 올린 후, 올리브오일을 뿌려 먹는 카프레제 샐러드는 신선한 맛과 향으로 모두에게 사랑받는 음식이다. 생모차렐라 치즈 대신 부라타를 사용해도 된다. 부라타는 생모차렐라와 매우 흡사한 치즈로 보관을 좀 더 길게 하기 위해 20세기에 풀리아(Puglia) 지방에서 만들었다. 크림을 첨가해 지방 함량이 많아 속은 부드럽고 겉은 생모차렐라와 달리 막이 형성되어 있다.

연질 치즈 생산의 강대국은 프랑스이다. 해양성 기후와 지중해성 기후를 두루 포함하며 남서부의 알프스 산맥 지역을 제외하면 국토의 대부분이 평야라 목축업 기반이 잘 형성되어 있다. 소와 염소, 양의 우유는 온화한 기후에서 쉽게 얻어지기 때문에 자주 생산할 수 있다. 오래 보관해야 하는 숙성 치즈는 프랑스의 산간 지역이나 추운 북동 지방에서 주로 생산하며, 프랑스 대부분은 담백한 맛의 연질 치즈가 주를 이룬다. 염소젖으로 만든 프로마주 드 쉐브르(Fromage de Chèvre)는 초연질과 연질 치즈 두 분류에 다 해당되며 북부를 제외한 대부분의 프랑스에서 생산된다. 한국에서 구매 가능한 연질 치즈는 생 앙드레(Saint. André), 퐁 레베크(Pont L'eveque), 숌므(Chaumes), 에푸아스(Epoisse)가 있다.

전 세계를 대표하는 연질 치즈로는 브리(Brie)와 카망베르(Camembert)를 꼽을 수 있는데 둘 다 프랑스가 고향이지만 여러 나라에서 생산 가능하다. 브리 치즈는 8세기부터 일 드 프랑스(Île-de-France)의 수도원에서 만들어 온 역사 깊은 치즈이다. 카망베르 치즈는 브리 치즈를 모방해서 만들었고 18세기에 노르망디(Normandie)에서 시작되었는데 브리 치즈보다 훨씬 유명하다. 겉껍질은 식용 가능한 흰곰팡이 균으로 덮여 있으며 시간이 지나면서 숙성되어 색이 노랗게 변하고 향이 강해진다. 두 치즈 모두 세계적으로 사랑받는 연질 치즈이다.

연질 치즈와 가장 잘 어울리는 술 ①

이름 **꾸스 라 헨 뮈스카 드 생장 드 미네르부아 2019** Cours la Reine Muscat de Saint-Jean de Minervois 2019	종류 **화이트와인**	매칭 ● ● ● ● ○

페어링

와인의 강한 단맛이 연질 치즈의 고소한 우유 맛을 더욱 돋보이게 해 준다. 술과 음식이 서로를 부르며 자연스럽게 페어링이 이루어져, 전반적으로 크림 치즈와 술의 조화가 식욕을 돋운다. 우유의 담백함과 상큼함을 가진 연질 치즈가 새콤달콤한 술과 잘 어울리며, 특히 까망베르 치즈와는 꿀을 뿌려 먹는 느낌으로 훌륭하게 연결된다.

술 정보

알코올	15%
시각	연한 황금색, 중간 노란색
향	약한 꿀향, 레몬, 그린 망고향, 약한 장미향
단맛	● ● ● ● ○
짠맛	◑ ○ ○ ○ ○
신맛	● ○ ○ ○ ○
쓴맛	● ○ ○ ○ ○
감칠맛	● ● ○ ○ ○
목넘김	● ● ● ○ ○
바디감	● ● ● ○ ○

종합적 평가

술 자체는 진득한 질감과 풍부한 단맛이 있으며 산도와 단맛의 밸런스가 잘 잡혀 있다. 디저트 와인까지는 아니지만, 열대과일의 강렬한 여운이 있어 디저트와 잘 어울린다.

Made by

- **제조사** 꾸스 라 헨 Cours la Reine
- **생산 지역** 프랑스 〉 랑그독 루씨용
- **주요 품종** 뮈스카 블랑 Muscat Blanc à Petits Grains
뮈스카는 여러 나라의 주정강화 와인에 주재료로 많이 사용된다. 뮈스카 블랑(Muscat Blanc)은 시트러스, 장미, 복숭아 향을 가지는 것이 특징이고, 강화 및 숙성된 뮈스카(Muscat)는 커피, 과일케이크, 건포도, 토피(Toffee)의 아로마 노트와 함께 산화로 인한 어두운 색을 가지는 특징이 있다 .
- **음용 온도** 10~12℃
- **홈페이지** http://barroubio.fr

연질 치즈와 두 번째로 잘 어울리는 술 ②

이름 **잣진주**	종류 **약주**	원료 **정제수, 찹쌀, 멥쌀, 누룩, 잣**

페어링

연질 치즈의 상큼하고 깔끔한 맛이 술의 고소한 풍미와 만나 조금 더 유제품의 맛과 향을 느끼게 한다. 술에 고소한 풍미가 있어 견과류를 추가로 곁들이면 더 다양한 맛을 느낄 수 있다. 까망베르와 같이 외피가 단단하고 안에 짠맛이 있는 경우는 고소함과 단맛을 가진 술이 잘 어울린다.

술 정보

알코올	16%
시각	기름이 보임. 연한 노란색
향	잣기름향, 구수한 향, 곡물향, 누룩향
단맛	●○○○○
짠맛	●○○○○
신맛	●○○○○
쓴맛	●○○○○
감칠맛	●○○○○
목넘김	●●○○○

종합적 평가

잣을 넣어서 고소한 맛이 특징이고 마시고 나면 기름이 입안에서 느껴진다. 곡물에서 나온 단맛이 있고 신맛이 약하게 있으며 균형미가 좋다.

연질 치즈와 세 번째로 잘 어울리는 술 ③

이름 **알렉스 감발 부르고뉴 알리고테 2018** Alex Gambal Bourgogne Aligote 2018	종류 **화이트와인**	품종 **알리고테** Aligote

페어링

와인에 산도가 있어 치즈를 먹고 난 후 유제품 맛과 질감을 씻어 주며 입안을 깔끔하게 정리한다. 단맛은 적고 산도가 높기 때문에 연질 치즈의 외피 향이 강할수록 잘 어우러진다.

술 정보

알코올	12%
시각	연한 노란색, 연한 황금색
향	유제품향, 풀향, 배향, 청사과 껍질향, 마른 짚향, 안 익은 청포도향, 레몬향
단맛	○○○○○
짠맛	●○○○○
신맛	●●●◐○
쓴맛	●●○○○
감칠맛	●◐○○○
목넘김	●●○○○
바디감	●●○○○

종합적 평가

새콤한 향에 어울리는 새콤한 맛을 가지고 있다. 고소한 맛이 여운으로 남고 청량한 산미와 함께 쓴맛이 뒤를 받쳐 주면서 균형미를 만든다.

경질 치즈

수분 함량 50% 이하인 치즈들로 반경질과 경질로 구분된다. 반경질은 수분 함량이 40~50% 정도이다. 처음 출시될 때는 부드럽지만 시간이 지나면서 딱딱하게 변한다. 페타(Feta), 에담(Edam), 하우다(Gauda)가 반경질의 대표 치즈이다.

그리스의 국민 치즈 페타(Feta)는 BC 8세기부터 만들어 먹기 시작했으며 가장 기본적인 치즈 형태를 띠고 있다. 염소와 양의 젖으로 만들며 3개월 정도만 숙성한다. 요즘에는 소와 물소젖으로도 생산하여 향미가 다소 약하다. 지중해식 채소와 올리브 열매가 주재료인 그릭 샐러드(Greek Salad)에 절대 빠지면안 되는 시그니처 재료이다. 올리브오일에 작은 깍두기 모양으로 담겨 나온 제품이 보관하기도 편하고먹기도 쉬우며 치즈 초보자들에게 안성맞춤이다.

네덜란드의 에담(Edam)과 하우다(Gauda)는 대표적인 반경질 텍스처의 치즈이다. 빨간색, 노란색, 검정색의 왁스 껍질로 감싼 치즈는 강렬한 이미지를 심어 준다. 네덜란드는 15세기부터 17세기까지 동인도회사를 통해 여러 나라와 무역을 하며 그들의 치즈를 알렸다. 에담(Edam) 치즈는 북부 네덜란드의 에담지역에서 생산하며 4주에서 10개월 정도 숙성하여 출시한다. 하우다에서 생산하는 하우다(Gauda) 치즈는 12세기부터 생산했고 36개월까지 숙성한다. 네덜란드 발음은 하우다이지만 영어로 가우다 혹은 고다라고 발음하며 한국에서는 고다로 통한다. 에담과 고다 치즈 모두 고소한 맛이 특징이다.

경질 치즈는 수분 함량이 40% 미만으로 처음에는 고무 지우개처럼 쫀득거리는 텍스처지만 시간이 지날수록 딱딱하게 굳어 바스러진다. 체더(Cheddar), 만체고(Manchego) 그리고 대부분의 스위스 치즈가 경질 치즈에 해당된다.

영국 서머셋(Somerset)의 체더(Cheddar) 치즈는 전 세계에서 가장 유명한 치즈로, 미국을 통해 오렌지색으로 변신하며 더욱 알려지게 되었다. 원래는 크림색이고 12~24개월 숙성하지만 농가용 체더는 더오래 숙성하여 향미가 풍부하다. 12세기에 생산하기 시작했지만 18세기에 파스퇴르(Louis Pasteur)라는 미생물학자에 의해 발효 식품 보관이 용이해지면서 전 세계로 퍼지게 되었다.

소설 돈키호테의 배경지인 라 만차(La Mancha) 지역에서 양젖으로 만든 만체고(Manchego)는 스페인의국민 치즈이다. 견과류의 향미가 강하게 느껴지는 맛있는 치즈로 달콤한 과일과 잘 어울린다. 스페인은전통적으로 양이나 염소젖으로 치즈를 만들었으나 근래 들어서는 소젖을 이용한 치즈들이 늘고 있다.

스위스는 국토의 대부분을 알프스 산맥이 자리하고 있어 겨울이 험하고 길다. 산악 지대에서 발달된 치즈이다 보니 우유를 가열하여 생산된 경질 치즈가 많다. 그냥 먹을 때보다 불을 사용해서 그라탕이나 퐁듀 같은 요리를 해먹을 때가 더 고소하고 맛있다. 만화 톰과 제리에 나오는 구멍이 숭숭 뚫린 에멘탈 혹은 에망탈(Emmental), 르 그뤼에르(Le Gruyere), 라클레트(Raclette), 아펜젤러(Appenzeller)가 스위스를 대표하는 치즈들이다.

경질 치즈와 가장 잘 어울리는 술 ①

이름 **택이**	종류 **막걸리**	매칭 ● ● ● ◑ ○

페어링

경질 치즈의 부드러운 입안 질감이 낮은 도수 술의 부드러움, 곱게 갈린 술지게미의 질감과 어울린다. 술과 치즈의 무게감과 균형감이 잘 맞는 느낌이다. 경질 치즈의 짠맛과 술의 단맛에 치즈와 술의 감칠맛이 더해지면서 전체적으로 맛이 향상된다. 경질 치즈의 우유 맛과 고소함이 술에 의해 더 잘 느껴진다.

술 정보

알코올	8%
시각	약간 어두운 아이보리색, 중간 정도 술지게미
향	캐러멜향, 약간 새콤한 향, 곡물향, 누룩향, 바닐라향
단맛	● ○ ○ ○ ○
짠맛	◑ ○ ○ ○ ○
신맛	● ◑ ○ ○ ○
쓴맛	◑ ○ ○ ○ ○
감칠맛	● ● ○ ○ ○
목넘김	● ● ● ○ ○
바디감	● ● ○ ○ ○

종합적 평가

향에서는 새콤함이 느껴지나 맛에서는 신맛과 단맛이 어우러져 목넘김이 편하다. 술의 농도가 무겁지 않으며 신맛과 약간의 당도가 주는 균형미가 좋다

Made by

- **제조사** 좋은술
- **생산 지역** 경기도 〉 평택시
- **원료** 쌀, 누룩, 정제수
- **음용 온도** 8~12℃

- **특징** 택이는 세 번 원료를 넣어 만든 삼양주 무감미료 막걸리이다. '택이'라는 이름은 양조장의 소재지인 평택에서 따 온 이름이며 라벨 디자인 역시 평택 평야를 위에서 내려다 본 모습을 나타내고 있다. 양조장은 '찾아가는 양조장'으로 선정되어 있다.
- **홈페이지** http://cheonbihyang.com

경질 치즈와 두 번째로 잘 어울리는 술 ②

이름 **잣진주**	종류 **약주**	원료 **정제수, 찹쌀, 멥쌀, 누룩, 잣**

페어링

술의 고소한 맛이 경질 치즈의 고소한 우유 맛과 어우러져 고소함을 더욱 강조해 준다. 경질 치즈의 담백함과 짠맛이 술의 감칠맛, 단맛과 조화를 이루며 술의 알코올이 마지막으로 입안에 남아 있는 치즈 맛을 깔끔하게 정리해 준다. 결과적으로 술의 고소한 맛이 더 잘 느껴지면서 조화로운 페어링이 이루어진다.

술 정보

알코올	16%
시각	기름이 보임. 연한 노란색
향	잣기름향, 구수한 향, 곡물향, 누룩향
단맛	●◑○○○○
짠맛	●○○○○○
신맛	●◑○○○○
쓴맛	●◑○○○○
감칠맛	●◑○○○○
목넘김	●●◑○○○

종합적 평가

잣을 넣어 고소한 맛이 특징이고 산미가 느껴지며 마시고 나면 입안에서 기름이 느껴진다. 곡물에서 나온 단맛이 있고 신맛이 약하게 있으면서 균형미가 좋다.

경질 치즈와 세 번째로 잘 어울리는 술 ③

이름 **하네야 준마이다이긴조 츠바사 50** 羽根屋 純米大吟醸 翼 50	종류 **사케**	분류 **준마이다이긴조**	쌀품종 **고햐쿠만고쿠** 五百万石	정미율 **50%**

페어링

경질 치즈의 밀키하고 부드러운 맛으로 시작하여 술의 산미가 천천히 입안에서 느껴진다. 술의 단맛과 쓴맛이 치즈의 짠맛과 잘 맞아 전체적인 균형감을 형성한다. 치즈가 전체적으로 짜진 않지만 곡물의 단맛과 조화롭게 어우러지며, 술의 무게감과 치즈의 텍스처가 잘 어울린다. 이로 인해 조화로운 페어링이 이루어지며 맛의 깊이가 더해진다.

술 정보

알코올	15%
시각	아주 연한 노란색, 깨끗한 연한 황금색
향	쌀 식혜향, 익기 시작한 홍로 사과향, 약한 단 향, 너트향
단맛	●◑○○○○
짠맛	●◑○○○○
신맛	●●○○○○
쓴맛	●●○○○○
감칠맛	●●●○○○
목넘김	●●●○○○
바디감	●●●○○○

종합적 평가

술에서 나는 사과향이 맛에서도 느껴진다. 약간의 산미가 술의 고소함을 올려 준다. 전체적으로 튀지 않는 부드러움과 전체적인 맛의 균형이 느껴진다. 알코올이 높지만 안주 없이 먹을수 있을 만큼 편안한 술이다. 마무리에서는 약한 알코올감이 남는다.

초경질 치즈

수분 함량 20~30% 정도의 매우 단단한 재질이다. 주로 겨울이 길고 산세가 험한 지역에서 오래 숙성시켜 보관하기 수월하게 만든 치즈들이다. 알프스 산맥과 피레네 산맥 지역 그리고 영국에서도 초경질 치즈들이 많이 생산된다. 하지만 세계적인 명성의 초경질 치즈들은 이탈리아에서 생산된 것들이다. 그라나 파다노(Grana Padano), 파르미지아노 레지아노(Parmigiano-Reggiano), 숙성된 페코리노(pecorino) 등이 그 예이다.

그라나 파다노(Grana Padano)는 곡물을 씹는 것 같은 서걱거리는 텍스처가 특징이다. 치즈를 만들 때 사용하는 소금과 제조 방식에 의해 단백질이 분해되어 생긴 아미노산 결정체 때문에 그런 식감이 형성되었다. 치즈명에서 곡식을 뜻하는 그라나(Grana)가 이 특징을 암시한다. 파다노(Padano)는 포강(Po River)이 흘러가는 파다노 평야 계곡에서 유래한 단어이다. 그라나 파다노 치즈는 11세기, 밀라(Milano) 근교에 위치한 키아라발레(Chiaravalle) 수도원에서 만들기 시작했다. 그 후로 롬바르디아(Lombardia) 뿐 아니라 대부분의 이탈리아 북부에서 생산하며 최소 20개월 정도 숙성한다. 숙성되면서 견과류의 고소한 맛과 솔트 캐러멜 같은 달달한 짠맛이 생기고 단단하고 거친 질감으로 완성된다.

많은 이들에게 파르미지아노 레지아노(Parmigiano-Reggiano) 치즈는 미국식 이름인 파마잔으로 알려져 있다. 파르미지아노 레지아노는 이탈리아 중북부 에밀리아-로마냐(Emilia-Romagna) 주(州)의 파르마(Parma)와 레지오 에밀리아(Reggio Emilia) 두 지역에서 생산되므로 지역명을 따서 치즈명을 짓게 되었다. 파르미지아노 레지아노는 이탈리아 미식의 본고장인 에밀리아-로마냐 주의 파르마와 레지오 에밀리아 외에 발사믹 식초의 고향인 모데나(Modena)와 볼로네즈 소스를 탄생시킨 볼로냐 (Bologna)에서도 생산한다. 그리고 롬바르디아(Lombardia) 주의 만토바(Mantova)에서도 생산된다. 너무 단단해서 치즈 나이프가 부러질 정도라 보통은 망치처럼 생긴 도구로 치듯이 조각을 내어 먹거나 강판에 갈아 요리에 사용한다. 풍부한 향과 복합적인 맛, 세분화된 질감은 파르미지아노 레지아노 치즈를 세계적으로 알리기에 충분했다. 최소 12개월 동안 숙성해야 하며, 18~24개월 동안 숙성한 것은 베키오(Vècchio), 24~36개월 동안 숙성한 것은 스트라베키오(Stravècchio)라고 부른다. 가끔 일부 치즈 농가에서 36개월 이상 숙성된 치즈를 맛볼 수 있는데 맛이 깊고 향긋한 풍미가 놀라울 정도이다. 파르미지아노 레지아노는 그 자체로도 맛있지만 숙성된 발사믹 식초와 함께 먹으며 단짠의 조화에 감동하지 않을 수 없다.

페코리노 치즈는 페코리노 로마냐(Pecorino-Romagna)가 원조이다. 로마에서는 5월 1일에 파바콩과 함께 먹는 전통이 이어질 정도로 고대 로마 때부터 생산해 현재까지 사랑받는 역사 깊은 치즈이다. 양젖으로 만들어 최소 5개월 정도 숙성해 출시하는데 보통은 경질 치즈이지만 숙성 시간을 오래 두면 바스러지는 단단한 재질의 초경질 텍스처가 된다. 로마(Roma)가 있는 라치오(Lazio) 주, 토스카나(Toscana), 그리고 사르데냐(Sardégna)섬에서도 생산된다. 카르보나라(Carbonara) 파스타를 만들 때 소스의 주재료로 반드시 들어가는 치즈이다.

초경질 치즈와 가장 잘 어울리는 술 ①

이름	하네야 준마이다이긴조 츠바사 50	종류	사케	매칭 ● ● ● ○ ○
	羽根屋 純米大吟醸 翼 50			

페어링

사케가 가진 고소한 너트향과 곡물향이 초경질 치즈의 너트향과 만나면서 풍미가 한층 풍부하게 느껴진다. 술의 감칠맛과 초경질 치즈의 감칠맛이 어우러져 전체적인 맛을 향상시키며, 치즈의 짠맛이 사케의 단맛을 더욱 강조해 준다. 술의 알코올이 치즈의 유제품 느낌을 부드럽게 만들어 준다.

술 정보

알코올	15%
시각	아주 연한 노란색, 깨끗한 연한 황금색
향	쌀 식혜향, 익기 시작한 홍로 사과향, 약한 단 향, 너트향
단맛	● ◑ ○ ○ ○
짠맛	● ◑ ○ ○ ○
신맛	● ● ○ ○ ○
쓴맛	● ● ○ ○ ○
감칠맛	● ● ● ○ ○
목넘김	● ● ● ○ ○
바디감	● ● ● ○ ○

종합적 평가

술에서 나는 사과향이 맛에서도 느껴진다. 약간의 산미가 술의 고소함을 올려 준다. 전체적으로 튀지 않는 부드러움과 전체적인 맛의 균형이 느껴진다. 알코올이 높지만 안주 없이 먹을 수 있을 만큼 편안한 술이다. 마무리에서는 약한 알코올감이 남는다.

Made by

- **제조사** 후미기쿠 주조 富美菊酒造
- **생산 지역** 일본 〉 도야마현
- **주요 품종** 고하쿠만고쿠 五百万石
- **분류** 준마이
- **정미율** 50%
- **음용 온도** 5~10℃

- **특징** 하네야는 1916년 개업한 양조장이며 현재 하네야(羽根屋)와 후미기쿠(富美菊)라는 두 가지 브랜드로 운영 중이다. 하네야는 '날아오르는 날개처럼 마시는 이의 마음을 설레게 만드는 사케로 존재하고 싶다'라는 의미를 담고 있다. 츠바사의 경우 와인 글라스로 마셨을 때 맛있는 사케 어워드 2015년 금상, IWC2016년 금상을 수상하였다.
- **홈페이지** https://fumigiku.co.jp

초경질 치즈와 두 번째로 잘 어울리는 술 ②

이름 **택이**	종류 **막걸리**	원료 **쌀, 누룩, 정제수**

페어링

막걸리의 곡물향과 바닐라향이 초경질 치즈의 발효향과 잘 어우러져 치즈의 풍미를 한층 더 높여 준다. 초경질 치즈의 단단한 텍스처와 감칠맛이 막걸리의 부드러운 텍스처, 감칠맛과 만나면서 전체적인 맛의 조화를 이루고 시너지를 준다. 치즈 플레이팅에서 다양한 곁들임 음식과 함께 먹을 때도 막걸리의 거슬림이 적어 전체적으로 균형 잡힌 맛을 경험할 수 있다.

술 정보

알코올	8%
시각	약간 어두운 아이보리색, 중간 정도 술지게미
향	캐러멜향, 약간 새콤한 향, 곡물향, 누룩향, 바닐라향
단맛	● ○ ○ ○ ○
짠맛	◑ ○ ○ ○ ○
신맛	● ◑ ○ ○ ○
쓴맛	◑ ○ ○ ○ ○
감칠맛	● ● ○ ○ ○
목넘김	● ● ● ○ ○
바디감	● ● ○ ○ ○

종합적 평가

향에서는 새콤한 향이 느껴지지만 맛에서는 단맛과 새콤한 맛이 잘 어우러져 부드러운 목넘김을 만들어 낸다. 술의 농도가 무겁지 않으며, 신맛과 약간의 당도의 균형이 잘 맞아 편안한 맛을 느낄 수 있다.

초경질 치즈와 세 번째로 잘 어울리는 술 ③

이름 **잣진주**	종류 **약주**	원료 **정제수, 찹쌀, 멥쌀, 누룩, 잣**

페어링

술의 향에서 느껴지는 구수한 향이 초경질 치즈의 우유향이나 발효향과 잘 어우러진다. 맛에서는 술의 고소함이 치즈의 고소함과 조화를 이루어 맛을 한층 향상시킨다. 마지막에 알코올이 입안을 깔끔하게 씻어 주며, 술에서 남는 약간의 단맛과 감칠맛이 초경질 치즈의 짠맛, 감칠맛과 잘 어울려 전체적인 맛의 균형을 잡아 준다.

술 정보

알코올	16%
시각	기름이 보임. 연한 노란색
향	잣기름향, 구수한 향, 곡물향, 누룩향
단맛	● ◑ ○ ○ ○
짠맛	● ○ ○ ○ ○
신맛	● ◑ ○ ○ ○
쓴맛	● ◑ ○ ○ ○
감칠맛	● ◑ ○ ○ ○
목넘김	● ● ◑ ○ ○

종합적 평가

잣을 넣어 고소한 맛이 특징이고 산미가 느껴지며 마시고 나면 입안에서 기름기가 느껴진다. 곡물에서 나온 단맛과 약한 신맛이 있고 균형미가 좋다.

블루 치즈

블루 치즈는 응고된 우유, 커드(Curds)에 푸른곰팡이 균을 넣고 섞어서 번식시키거나 응고되기 전에 주사로 균을 넣어 퍼트리는 방식으로 만든다. 푸른곰팡이 균이라고 하지만 반드시 푸른색만 나오는 것은 아니다. 때로는 진한 초록색이나 짙은 퍼플색, 검은색으로도 균이 퍼져 나온다. 푸른곰팡이 균이 최적의 온도와 습도를 만나 발효와 숙성을 거치고 나면 페니실린 균으로 치즈에 남게 되어 몸에 이로운 음식이 된다. 페니실린은 세균에 의한 감염을 치료하는 초기 항생제이다. 로크포르(Roquefort), 스틸톤(Stilton), 고르곤졸라(Gorgonzola), 다나 블루(dana blue), 블루 도베르뉴(bleu d'auvergne) 등이 대표적인 블루 치즈들이다.

로크포르(Roquefort)는 초창기 블루 치즈로, 프랑스 남부 아베롱(Aveyron) 지방의 로크포르-쉬르-술종(Roquefort-sur-Soulzon)이라는 마을에서 생산한다. 1,000년도 훨씬 넘는 오랜 역사를 가진 치즈여서 수많은 프랑스 왕들에게 사랑을 받았고, 다른 블루 치즈 생산자들이 본보기로 삼기도 한다. 일반적으로 5개월 숙성해서 출하한다. 안타깝게도 한국에서는 구매가 불가능하다.

프랑스의 또 다른 블루 치즈 중 한국에서 구매 가능한 것이 블뢰 도베르뉴(Bleu d'Auvergne)이다. 로크포르에 비해 숙성 기간이 짧아 푸른곰팡이 균이 적으며 재질도 훨씬 부드럽고 풍미는 약한 편이다. 블루 치즈 초보자들에게 추천한다. 또 하나의 초보자용 블루 치즈는 덴마크의 다나 블루(Dana Blue)이다. 20세기에 로크포르를 본떠서 만들었는데 향이 약하다.

고르곤졸라(Gorgonzola)는 이탈리아의 대표 블루 치즈이며 고르곤졸라 피자로 인해 한국에서도 잘 알려져 있다. 롬바르디아 주에 위치한 작은 마을인 고르곤촐라에서 이름이 유래되었다. 순하다는 뜻의 돌체(Dolce)와 강한 맛의 피칸테(Picante) 두 가지 종류가 있다. 한국에서는 고르곤졸라 치즈가 들어간 피자를 꿀과 먹으며 강한 균 향을 줄이려 하지만 이탈리아나 외국에서는 꿀을 뿌리지 않고 달콤한 과일을 곁들여 블루 치즈와 경질 치즈의 짠맛을 순화시킨다.

스파클링와인의 꽃이 샴페인(Champagne)이라면 블루 치즈의 꽃은 스틸턴(Stilton)이다. 18세기 초, 영국에서 생산을 시작했는데 엄격한 품질 통제로 프리미엄 블루 치즈로 알려지게 되었다. 노팅햄(Nottingham), 더비(Derby), 레스터(Leicester)에서만 생산되고 전 세계 어느 나라나 영국의 다른 지역에서도 만들 수 없다. 최소 9주 이상 숙성하기 때문에 묵직한 흙의 향과 더불어 견과류의 고소한 향이 밴 복합성을 보이며 달달한 짠맛이 난다. 영국의 상류층이나 미식가들은 스틸턴 블루 치즈를 포르투갈의 주정 강화 와인인 포트(Port/Oporto)와 함께 즐기며 식사를 마무리한다. 향긋하고 달콤한 포트 와인과의 조화는 유명 페어링으로 잘 알려져 있다.

대부분의 블루 치즈는 반경질 텍스처에 속한다. 구매 후 바로 먹을 때는 부드럽게 잘라지면서 스프레드도 가능하다. 하지만 시간이 지나 숙성이 길어지면 수분이 마르면서 부스러지는 재질로 변한다. 이때는 그냥 먹어도 좋지만 요리의 소스로 사용하거나 포타주(Potage) 같은 우유나 크림을 넣은 수프에 첨가하면 풍미가 좋아지고 감칠맛도 배가된다.

블루 치즈와 가장 잘 어울리는 술 ①

이름	**꾸스 라 헨 뮈스카 드 생장 드 미네르부아 2019**	종류 **화이트와인**	매칭 ● ● ● ● ○
	Cours la Reine Muscat de Saint-Jean de Minervois 2019		

페어링

블루 치즈의 강한 발효향이 술의 강한 과실향과 어우러져 치즈와 과일의 다양한 향을 느낄 수 있다. 블루 치즈의 쿰쿰하고 짭조름한 맛이 달콤한 술과 조화를 이루어 단짠의 어울림을 느끼게 한다. 마치 블루 치즈에 꿀을 함께 곁들여 먹는 듯한 풍미가 느껴진다.

술 정보

알코올	15%
시각	연한 황금색, 중간 노란색
향	약한 꿀향, 레몬, 그린 망고향, 약한 장미향
단맛	● ● ● ● ○
짠맛	◐ ○ ○ ○ ○
신맛	● ○ ○ ○ ○
쓴맛	● ○ ○ ○ ○
감칠맛	● ● ○ ○ ○
목넘김	● ● ● ○ ○
바디감	● ● ● ○ ○

종합적 평가

술 자체는 진득한 질감과 풍부한 단맛이 있으며 산도와 단맛의 밸런스가 잘 잡혀 있다. 디저트 와인까지는 아니지만, 열대 과일의 강렬한 여운이 있어 디저트와 잘 어울린다.

Made by

- **제조사** 꾸스 라 헤인 Cours la Reine
- **생산 지역** 프랑스 〉 랑그독 루씨용
- **주요 품종** 뮈스카 블랑 Muscat Blanc à Petits Grains
  뮈스카는 여러나라의 주정강화 와인에 주재료로 많이 사용한다. 뮈스카 블랑(Muscat Blan)은 시트러스, 장미, 복숭아 향을 가지는 것이 특징이고 강화 및 숙성된 뮈스카(Musca)는 커피, 과일케이크, 건포도와 토피(Toffee)의 아로마 노트와 함께 산화로 인한 어두운 색을 가지는 특징이 있다
- **음용 온도** 10~12℃
- **홈페이지** http://barroubio.fr

블루 치즈와 두 번째로 잘 어울리는 술 ②

이름 **택이**	종류 **막걸리**	원료 **쌀, 누룩, 정제수**

페어링

블루 치즈의 강한 발효향이 곡물향보다 강하지만, 술의 바닐라와 캐러멜향이 블루 치즈의 부족한 향을 채워 준다. 블루 치즈의 짠맛은 술의 단맛과 신맛에 의해 감싸져 맛이 가벼워지고 부드러워지는 느낌이. 블루 치즈의 크리미한 질감이 막걸리의 부드러운 술지게미와 만나 입안에서 부드러움을 만들어 내며, 전체적으로 풍부한 맛의 조화를 이룬다.

술 정보

알코올	8%
시각	약간 어두운 아이보리색, 중간 정도 술지게미
향	캐러멜향, 약간 새콤한 향, 곡물향, 누룩향, 바닐라향
단맛	● ○ ○ ○ ○
짠맛	◐ ○ ○ ○ ○
신맛	● ◐ ○ ○ ○
쓴맛	◐ ○ ○ ○ ○
감칠맛	● ● ○ ○ ○
목넘김	● ● ● ○ ○
바디감	● ● ○ ○ ○

종합적 평가

새콤한 향이 느껴지나 맛에서는 단맛과 어우러지며 술지게미가 많지 않고 부드러워 목넘김이 편하다. 술의 농도가 무겁지 않으며 신맛과 약간의 단맛이 주는 균형미가 좋다.

블루 치즈와 세 번째로 잘 어울리는 술 ③

이름 **크로넨버그 1664 로제** Kronenbourg 1664 Rose	종류 **맥주**	원료 **정제수, 맥아, 밀, 합성향료(라즈베리향, 시트러스향), 오렌지껍질 등**

페어링

맥주의 라즈베리 과일 풍미가 블루 치즈의 향을 덮으며, 단 향이 치즈의 짠맛을 덜 느끼게 한다. 이로써 향으로 단짠의 조화가 이루어진다. 술의 단맛은 적지만 탄산이 블루 치즈의 유제품 오일리함과 감칠맛을 씻어 내어 마지막을 깔끔하게 정리해 준다.

술 정보

알코올	4.5%
시각	탁한 그레이 살구색, 연핑크색, 연한 피치색
향	라즈베리향, 새콤한 향
단맛	● ○ ○ ○ ○
짠맛	◐ ○ ○ ○ ○
신맛	● ○ ○ ○ ○
쓴맛	◐ ○ ○ ○ ○
감칠맛	◐ ○ ○ ○ ○
목넘김	● ● ○ ○ ○
탄산	● ● ○ ○ ○

종합적 평가

매우 강한 산딸기향이 느껴지며, 맛은 새콤하지 않아 마시기 좋다. 향과 맛에 비해 목넘김이 약하고, 탄산의 버블감이 강하게 느껴진다.

부드러운 식감의 가공육

상하지 않게 잘 보관하기 위해 염장, 건조, 훈제 처리를 한 고기를 가공육이라고 한다. 영어로는 프로세스드 미트(Processed Meats)라고 하지만 샤퀴트리(Charcuterie)라는 프랑스어로 말하면 좀 더 미식에 가까운 느낌이다. 사냥을 해서 잡은 고기든 도축으로 얻어진 고기든 관계 없이 말리는 방식은 꽤 오래된 저장법이다. 소금과 불의 사용이 쉬워지면서 염장과 훈제 방식도 점차로 발전했다. 저장을 길게 해 줄 뿐만 아니라 풍미마저 좋아지자 인기가 날로 높아졌다. 16세기, 르네상스 이후 유럽의 상류계급과 부유층들은 미식에 더욱 몰두하였다. 그 즈음 샤퀴트리 장인과 전문점들이 생겨났고 18세기, 프랑스 대혁명 이후에는 샤퀴트리 조합도 형성되었다. 샤퀴트리의 발달은 외식 산업과 미식 문화에 영향을 미쳤으며 다양한 메뉴 구성에도 한몫을 했다.

대부분 부드러운 식감의 샤퀴트리는 동물의 고기와 내장과 지방 등을 다져서 만든다. 혼합된 다진 고기를 채소나 다른 부재료와 섞어 케이싱(Casing)에 채워 만들거나 파이나 빵에 속재료로 채워 구워 내었다. 소시지(Sausage), 순대(Soondae) 같은 부댕(Boudin), 파테(Pâté)가 부드러운 식감의 대표적인 샤퀴트리이다.

소시지(Sausage)는 고대 그리스의 시인 호메로스의 오디세이에도 언급될 정도로 역사가 오래되었다. 돼지고기로 만드는 것이 일반적이지만 가금류나 소고기, 양고기로도 만든다. 다진 고기를 채소, 허브, 향신료와 섞기도 하고 때로는 견과류나 곡물류를 넣기도 한다. 염장해서 건조시킨 소시지는 프랑스에서는 소시송(Saucisson), 이탈리아에서는 살라미(Salami), 스페인에서는 살치차(Salchicha)라 한다. 건조 소시지들은 다음에 소개하는 '쫄깃한 식감의 가공육'에서 언급하겠다. 소시지의 케이싱은 동물의 창자나 위나 방광을 깨끗이 씻어서 사용하는데 근래 들어서는 식용 가능한 인공 껍질 케이싱 사용이 늘고 있다. 한입 물면 톡 터지는 쫀득한 껍질과 보들보들한 속살은 소시지의 큰 매력이다. 제조하면서 익혀 내든 훈제를 하든 전 세계 어느 나라에서나 생산하고 소비되는 대중적인 샤퀴트리이다.

부댕(Boudin)은 오랜 역사를 지닌 샤퀴트리 종류 중 하나이다. 우리나라에서도 부댕과 비슷한 것이 있는데 바로 순대이다. 여기서 말하는 순대는 다진 고기와 여러 부재료를 섞어 동물의 창자에 채워 익혀 먹는 옛날 순대를 말한다. 유럽은 물론이고 중국을 비롯한 아시아 여러 나라에서도 순대를 많이 먹는다. 돼지고기를 주로 사용하지만 양이나 염소를 이용해 만드는 나라들도 있다. 유럽에서는 프랑스, 스페인, 영국이 순대를 먹는 대표적인 나라들이다. 프랑스어로 부댕(Boudin), 스페인어로는 모르씨야(Morcilla), 영국과 스코틀랜드에서는 블랙 푸딩(Black Pudding)이라 부른다. 선지의 유무에 따라 이름이 조금 달라진다. 선지가 들어간 부댕 와르(Boudin Noir)와 선지를 뺀 부댕 블랑(Boudin Blanc)처럼 말이다.

파테(Pâté)는 부드럽게 으깬 간과 지방 그리고 다진 고기를 사용해서 만든다. 돼지고기는 물론이고 소고기와 가금류, 때로는 생선으로도 만든다. 허브와 향신료 같은 부재료를 함께 넣기도 하고 크림이나 알코올을 첨가하기도 한다. 보통 스프레드로 먹기 편하게 제품이 나오지만 파이나 빵에 속재료로 넣어져 구워 나오기도 한다.

부드러운 식감의 가공육과 가장 잘 어울리는 술 ①

이름 **필그림 멘시아 2020** Pilgrim Mencia 2020	종류 **레드와인**	매칭 ● ● ● ◐ ○

페어링

와인이 가진 중간 바디감이 부드러운 식감의 가공육(소시지, 파테 등)과 균형 있게 어울린다. 가공육 특유의 짠맛과 와인의 탄닌, 단맛, 신맛이 적절히 조화를 이루어 서로의 역할을 잘 수행한다. 가공육이 너무 짜거나 훈제향이 강하지 않을 경우, 이 와인과 부드럽게 잘 어울린다. 그러나 향이 강한 가공육에는 강한 와인을 선택하는 것이 좋다.

술 정보

알코올	15%
시각	퍼플, 약한 검붉은 루비색, 진한 체리 레드색
향	블랙베리향, 약한 유제품향, 자두향, 후추향, 감초향
단맛	◐ ○ ○ ○ ○
짠맛	◐ ○ ○ ○ ○
신맛	● ○ ○ ○ ○
쓴맛	◐ ○ ○ ○ ○
감칠맛	● ◐ ○ ○ ○
목넘김	● ● ● ◐ ○
바디감	● ● ○ ○ ○
탄닌	● ● ◐ ○ ○

종합적 평가

중간의 바디감과 약간의 탄닌이 입안에서 잘 어우러진다. 향보다는 맛에서 베리 맛이 두드러지며, 이 베리 맛이 혀끝에 다양하게 남아 있다. 부드럽고 좋은 탄닌이 입안 전체에서 균형 있게 느껴져 전체적으로 조화를 이룬다.

Made by

- **제조사** 고델리아 Godelia
- **생산 지역** 스페인 〉 비에르소
- **주요 품종** 멘시아 Mencia
  스페인 북서부의 레드 품종이다. 멘시아는 가볍고 신선한 향을 내는데, 주로 라즈베리와 블랙커런트 향을 느낄 수 있으며 일부 얼씨(Earthy, 흙향), 돌에서 느껴지는 미네랄, 버

섯향이 엿보인다. 생산되는 와인은 짙은 갈색으로, 신선한 산도와 탄닌, 검은 과일의 풍미, 민트와 같은 허브향 등 복합적인 향과 맛을 낸다.
- **음용 온도** 16~18℃
- **홈페이지** https://pilgrimwines.co.za

부드러운 식감의 가공육과 두 번째로 잘 어울리는 술 ②

| 이름 **크롬바커 필스**
Krombacher Pils | 종류 **맥주** | 원료 **정제수, 보리 맥아, 호프, 호프추출물** |

페어링

맥주와 소시지의 조합은 전형적인 페어링으로 매우 잘 어울린다. 이 술은 라거보다는 묵직한 편이라 부드러운 식감의 육가공품(소시지, 파테 등)의 기름을 깔끔하게 정리해 준다. 가공육의 짠맛과 양념 베이스가 드라이한 술과 잘 어우러지면서 서로의 부족한 맛을 보완해 준다.

술 정보

알코올	4.8%
시각	진한 보리색, 진한 황금색, 거품은 일반적
향	맥아향, 약한 바닐라향, 약한 오렌지향
단맛	○○○○○
짠맛	◐○○○○
신맛	◐○○○○
쓴맛	●○○○○
감칠맛	◐○○○○
목넘김	●●●○○
바디감	●○○○○
탄산	●○○○○

종합적 평가

라거에 비해 조금 더 묵직한 느낌을 주며, 흰색의 거품이 올라오고 밀도가 느껴진다. 쌉싸름한 향이 약간 진하며 과일향이 살짝 올라온다. 맥주의 쓴맛은 적고, 홉의 맛이 뒤에서 잘 느껴진다. 전체적으로 마시기 편안한 느낌의 맥주이다.

부드러운 식감의 가공육과 세 번째로 잘 어울리는 술 ③

| 이름 **술공방 9.0** | 종류 **막걸리** | 원료 **정제수, 쌀, 국, 누룩, 효모 등** |

페어링

가공육의 짠맛과 양념 베이스가 막걸리의 단맛과 잘 어울린다. 막걸리의 곡물 느낌이 부드럽고, 크리미한 질감의 가공육과 만나면서 밥과 고기를 함께 먹는 듯한 느낌을 준다. 또한, 막걸리의 풀향이 가공육의 훈연 또는 짠향과 조화를 이루어 맛의 깊이를 더해 준다.

술 정보

알코올	9%
시각	진한 아이보리색, 연한 초록빛, 입자가 묵직하고 거침
향	곡물향, 풀향, 쌀향, 생쌀향, 바닐라향, 새콤한 향
단맛	●◐○○○
짠맛	◐○○○○
신맛	●◐○○○
쓴맛	◐○○○○
감칠맛	●○○○○
목넘김	●●●○○
바디감	●●○○○

종합적 평가

곡물의 단맛과 함께 풀맛과 레몬맛 등 다양한 맛이 입안에서 느껴진다. 묵직한 바디감과 산미, 그리고 감칠맛이 균형감 있게 잘 어우러지며, 약간의 나물 맛도 함께 느껴진다.

쫄깃한 식감의 가공육

건조 방식을 이용한 저장 식품들은 수분이 마르기 때문에 딱딱한 텍스처를 갖게 된다. 소금이나 소금물을 이용해서 염장과 건조 처리를 함께 하면 깊은 풍미를 지닌 쫄깃한 재질의 샤퀴트리를 얻을 수 있다. 우리에게는 훈제 방식을 이용한 햄(Ham)이 익숙하지만 염장 건조해서 만드는 프로슈토(Prosciutto), 하몽(Jamón), 장봉(Jambon)은 쫄깃한 재질의 돼지 다리 가공육으로 유명하다. 원하는 텍스처와 향미에 따라 몇 달에서 몇 년 이상 자연 건조시킨다. 건조 소시지로는 소시송(Saucisson), 살라미(Salami), 초리소(Chorizo)를 들 수 있다.

프로슈토(Prosciutto)는 자연 건조한 생햄인 프로슈토 크루도(Crùdo)와 훈제해 익힌 프로슈토 코토(Cotto)로 나눈다. 무화과나 멜론 같은 과일을 곁들여 먹는 샤퀴트리는 프로슈토 크루도이다. 이탈리아에서는 크루도라고 말해야 원하는 쫄깃한 재질의 생햄을 먹거나 살 수 있다. 주 생산지는 이탈리아 중북부이다. 미식의 본고장 에밀리아-로마냐(Emilia-Romagna)의 파르마 생햄(Prosciutto crudo di Parma)과 프리울리-베네치아 쥴리아(Friuli-Venezia Giulia)의 산 다니엘레 생햄(Prosciutto crudo di San Daniele)이 대표적인 프로슈토이다.

하몽(Jamón)은 일반적으로 알려진 발음이지만 스페인에서는 하몬이라 부른다. 하몬 세라노 (Jamón Serrano)는 일반 돼지로 만들며, 건조나 훈제 등 약간의 조리 과정을 거쳐 만든다. 부드러운 식감이며 풍미가 떨어지고 가격은 저렴하다. 우리에게도 잘 알려진 생햄은 하몬 이베리코(Jamón Iberico) 등급이다. 혼합 사료로 키운 흑 돼지로 만든다. 돼지 지방의 고소하고 향긋한 향을 자랑하는 최고의 등급은 하몬 이베리코 데 베요타(Jamón Iberico de Bellota) 혹은 하몬 이베리코 데 몬타네라(Jamón Iberico de Montanera)이다. 도토리를 먹고 방목하여 키운 흑 돼지로 만들어 풍미와 텍스처 모두 뛰어나다.

장봉(Jambon)은 프랑스의 햄으로 장봉 크뤼(Jambon Cru)와 장봉 퀴(Jambon Cuit)로 나뉜다. 장봉 크뤼는 염장 후 건조한 생햄을, 장봉 퀴는 조리하거나 훈제한 햄을 의미한다. 프로슈토나 하몽에 비해 국제적인 명성은 떨어지지만 샌드위치 속재료로 매일 먹기는 좋은 샤퀴트리이다.

소시송(Saucisson)은 프랑스의 건조 소시지로 일반적으로 돼지고기로 만들지만 다른 고기를 혼합하기도 한다. 특히 남동부의 소시송이 유명하다. 케이싱에 고기를 채우고 몇 주 또는 몇 달 동안 자연 건조하면 독특한 풍미를 지닌 쫄깃한 재질의 샤퀴트리로 탄생한다.

살라미(Salami)는 이탈리아에서 유래된 건조 소시지이지만 현재는 여러 나라에서 생산한다. 보관도 오래 가고 가지고 다니기도 편한 데다 가격도 저렴해서 노동 계층에서 인기가 있다. 돼지고기 지방이 많이 들어간 속재료에 허브와 향신료를 풍부하게 넣어 건조시키기 때문에 독특하고 색다른 풍미가 형성된다. 쫄깃한 살라미는 다양한 요리에 사용되기도 하지만 술 안주로 즐기기에 그만이다.

초리소(Chorizo)는 스페인과 포르투갈 그리고 남미에서 사랑받는 샤퀴트리다. 고추를 넣고 만들어 칼칼하며 돼지 지방과의 조화가 식욕을 당긴다. 건조 초리소는 썰어서 그냥 먹을 수 있고, 생초리소는 보통 구워 먹는데 흘러나온 고추기름에 빵을 찍어 먹으면 너무 맛있다.

쫄깃한 식감의 가공육과 가장 잘 어울리는 술 ①

이름 **필그림 멘시아 2020** Pilgrim Mencia 2020	종류 **레드와인**	매칭 ● ● ● ◐ ○

페어링

와인의 알코올과 탄닌이 가공육의 기름을 씻어 내면서 마지막에 입안을 깔끔하게 정리한다. 가공육의 향신료들이 와인의 향신료향과 어우러지면서 맛을 기대하게 만든다. 가공육의 감칠맛이 산미를 잘 살리고 탄닌을 눌러 주어 맛을 부드럽고 조화롭게 해 준다. 가공육의 감칠맛을 대적할 만한 술의 바디감이 있다.

술 정보

알코올	15%
시각	퍼플, 약한 검붉은 루비색, 진한 체리 레드색
향	블랙 베리향, 약한 유제품향, 자두향, 후추향, 감초향
단맛	◐ ○ ○ ○ ○
짠맛	◐ ○ ○ ○ ○
신맛	● ○ ○ ○ ○
쓴맛	◐ ○ ○ ○ ○
감칠맛	● ◐ ○ ○ ○
목넘김	● ● ● ◐ ○
바디감	● ● ○ ○ ○
탄닌	● ● ◐ ○ ○

종합적 평가

미디엄 바디감과 약간의 탄닌이 입안에서 잘 어우러진다. 향보다는 맛에서 베리 맛이 두드러지며, 이 베리 맛이 혀끝에 다양하게 남아 있다. 부드럽고 좋은 탄닌이 입안 전체에서 균형 있게 느껴져, 전체적으로 조화를 이룬다.

Made by

- **제조사** 고델리아 Godelia
- **생산 지역** 스페인 〉 비에르소
- **주요 품종** 멘시아 Mencia
  스페인 북서부의 레드 품종이다. 멘시아는 가볍고 신선한 향을 내는데, 주로 라즈베리와 블랙커런트 향을 느낄 수 있으며 일부 얼씨(Earthy, 흙향), 돌에서 느껴지는 미네랄, 버섯향이 엿보인다. 생산되는 와인은 짙은 갈색으로, 신선한 산도와 탄닌, 검은 과일의 풍미, 민트와 같은 허브향 등 복합적인 향과 맛을 낸다.
- **음용 온도** 16~18℃
- **홈페이지** https://pilgrimwines.co.za

쫄깃한 식감의 가공육과 두 번째로 잘 어울리는 술 ②

이름 **술공방 9.0**	종류 **막걸리**	원료 **정제수, 쌀, 국, 누룩, 효모 등**

페어링

짠맛의 양념 베이스가 막걸리의 단맛과 어우러져 먹기 편하게 만들어 준다. 입안에서 곡물의 부드러운 느낌이 크리미한 질감의 가공육과 만나면서 밥과 고기를 먹는 느낌을 준다. 막걸리의 풀향이 가공육의 훈연 또는 짠맛과 잘 어울리며 전체적인 조화를 이루어 낸다.

술 정보

알코올	9%
시각	진한 아이보리색, 연한 초록빛, 입자가 묵직하고 거침
향	곡물향, 풀향, 쌀향, 생쌀향, 바닐라향, 새콤한 향
단맛	●◐○○○
짠맛	◐○○○○
신맛	●◐○○○
쓴맛	◐○○○○
감칠맛	●○○○○
목넘김	●●●○○
바디감	●●○○○

종합적 평가

곡물의 단맛과 함께 풀맛과 레몬맛 등 다양한 맛이 입안에서 느껴진다. 묵직한 바디감과 산미, 그리고 감칠맛이 균형감 있게 잘 어우러지며, 약간의 나물 맛도 함께 느껴진다.

쫄깃한 식감의 가공육과 세 번째로 잘 어울리는 술 ③

이름 **양조학당 녘**	종류 **청주**	원료 **멥쌀, 찹쌀, 백국, 솔잎, 쑥 등**

페어링

술의 쑥향과 허브향이 가공육의 육향이나 훈연향과 어우러져 향의 풍미를 다양하게 느끼게 한다. 술의 단맛이 가공육의 짠맛을 중화시키고, 알코올이 기름기를 덜 느껴지게 해 준다. 술의 산미가 마지막 육가공의 기름을 씻어 주며 깔끔하게 마무리된다.

술 정보

알코올	13%
시각	구리빛, 살구빛, 연한 갈색
향	곡물향, 황매실, 쑥향, 소나무향, 마른 허브향
단맛	●●●◐○
짠맛	●◐○○○
신맛	●○○○○
쓴맛	◐○○○○
감칠맛	●●◐○○
목넘김	●●●○○
바디감	●●●○○

종합적 평가

첫맛은 달콤하게 시작되지만 신맛이 잘 받쳐 주며, 신맛의 여운이 길게 남는다. 달고 새콤한 맛의 조화가 좋으며 단맛이 신맛과 짠맛을 가리는 느낌을 주고, 마지막에는 쌉쌀한 여운을 남긴다. 전체적으로 밸런스가 좋고, 중간중간 감칠맛이 느껴져 맛의 깊이를 더한다.

과일 생크림 스펀지케이크

과일을 듬뿍 얹은 예쁜 케이크는 마음을 설레게 하는 행복한 음식이다. 만약 축하할 일이 있거나 기념일에 케이크가 빠진다면 뭔가 허전한 느낌이 들 것이다. 물론 단맛을 싫어하거나 다이어트 때문에 기피하는 어른들도 있겠지만 적어도 어린아이들에게는 언제나 환영받는 달콤한 선물이다.

스펀지케이크는 말그대로 스펀지처럼 부풀어 오른 부드럽고 달달한 케이크를 말한다. 밀가루와 설탕, 달걀이 기본 재료이지만 시간이 지나면서 다양한 재료의 사용에 따라 변형된 스펀지케이크들이 많이 생겨났다. 19세기 전세계를 지배했던 영국의 빅토리아 여왕이 즐겨 먹었다는 빅토리아스폰지(Victoria Sponge)도 유명하다. 스폰지 케이크를 수평으로 잘라 중간에 과일 잼을 필링으로 넣었던 빅토리아스폰지는 과일 잼과 함께 생크림이나 버터 크림을 넣어 만들기도 한다. 스펀지케이크 형태로 구웠지만 크림이나 과일 잼을 발라 돌돌 말아 낸 케이크를 스위스 롤(Swiss Roll)이라 한다. 우리나라에서는 롤케이크라 부르고 있다.

입안에서 녹듯이 사라지는 질감의 카스텔라(Castela)도 스펀지케이크의 한 종류이다. 일본과 대만이 카스텔라 원조국처럼 되어 있지만 사실은 포르투갈에서 전해진 것이다. 예로부터 스페인의 카스티야(Castilla) 지방은 케이크를 잘 만들기로 익히 유명했다. 덕분에 바로 옆 나라인 프랑스와 포르투갈에도 카스티야의 케이크인 팡 데 카스텔라(Pão de Castela)가 퍼졌는데, 이 이름은 포르투갈어로 카스티야 빵이라는 뜻이다. 이후 16세기부터 일본과 무역을 시작한 포르투갈 사람들에 의해 그 당시 개항한 나가사키에 카스텔라라는 명칭으로 전해졌다. 이 밖에 식물성 기름을 버터 대신 넣고 구운 시폰케이크(Chiffon Cake)는 얇고 가벼운 시폰 천처럼 식감이 가볍고 먹는 데 부담이 적어 특히 한국 여성들에게 인기가 있다.

우리나라 사람들이 좋아하는 생크림케이크는 달콤하고 부드러운 스펀지케이크에 신선한 생크림을 바르고 제철 과일 등을 올린 케이크로 80년대 일본을 통해 전해졌다. 대중적으로 가장 인기가 많아 누구라도 부담 없이 즐길 수 있으며 단맛이 나는 가벼운 술과 매치하면 의외의 즐거움을 느낄 수 있다.

과일 생크림 스펀지케이크와 가장 잘 어울리는 술 ①

이름 **리외뜨낭 드 시갈라스 2013** Lieutenant de Sigalas 2013	종류 **화이트와인**	매칭 ● ● ● ◐ ○

페어링

술의 새콤함이 생크림의 단맛을 더욱 돋보이게 하며 생크림의 부드러움과 술의 오일리함이 잘 조화된다. 케이크에 들어 있는 과일의 산미와 술의 산미가 어우러지면서 강하지 않은 바디감이 서로 균형을 이루어 풍미를 한층 풍부하게 만들어 준다.

술 정보

알코올	13.5%
시각	진한 황금색, 연한 녹색
향	꿀향, 사과, 파인애플, 매실향, 꽃향, 벌집 밀랍향, 유제품향
단맛	● ● ● ● ○
짠맛	◐ ○ ○ ○ ○
신맛	● ● ○ ○ ○
쓴맛	● ○ ○ ○ ○
감칠맛	● ● ◐ ○ ○
목넘김	● ● ● ○ ○
바디감	● ● ● ○ ○

종합적 평가

술 자체의 단맛이 강하지만 끈적이지 않고 부드러우며, 입안에서 향기와 함께 우아함을 느끼게 한다. 술의 단맛과 신맛이 단 음식과 어울리기 좋으며 풍부한 맛을 만들어 낸다.

Made by

- **제조사** 샤또 시갈라스 라보 Chateau Sigalas Rabaud
- **생산 지역** 프랑스 〉 보르도
- **주요 품종** 세미용 Semillon
  소미뇽블랑 Sauvignon Blanc
  - **세미용** 프랑스 화이트 품종이다. '세미용'이란 이름은 세미용 드 생-테밀리옹(Sémillon de Saint-Émilion)에서 유래했다. 세미용은 1820년대 호주로 전래됐다. 세미용은

껍질이 얇아 귀부균의 활동이 유리해 세계적으로 유명한 디저트 와인을 만드는 데 주로 쓰인다.
  - **소비뇽블랑** 프랑스 보르도 화이트 품종이다. 서늘한 기후에서는 금방 자른 풀, 피망, 약간의 열대과일향, 구즈베리, 엘더플라워 등의 꽃향과 높은 산미를 지닌다.
- **음용 온도** 8~10℃
- **홈페이지** https://www.chateau-sigalas-rabaud.com

과일 생크림 스펀지케이크와 두 번째로 잘 어울리는 술 ②

| 이름 **루돌프 뮐러 아이스바인 2020**
Rudolf Muller, Eiswein 2020 | 종류 **화이트와인** | 품종 **실바너**
Silvaner |

페어링

와인의 산미가 부드럽게 느껴지고 단맛이 강조되면서 생크림케이크의 단맛과 잘 어울린다. 술과 생크림케이크 간의 균형이 훌륭하며, 술의 신맛이 입안의 오일리함을 정리해 준다. 전체적으로 술의 강도가 적당히 조절되어 생크림과 빵의 바디감을 잘 받쳐 주며, 두 가지의 맛이 조화를 이루는 느낌이다.

술 정보

알코올	10%
시각	진한 황금색, 볏짚 노란색
향	복숭아, 오렌지, 흰 꽃향, 오렌지향, 비누향, 새콤한 향, 아카시아향
단맛	●●●○○
짠맛	◐○○○○
신맛	●◐○○○
쓴맛	◐○○○○
감칠맛	●●○○○
목넘김	●●●○○
바디감	●●○○○

종합적 평가

술 자체에서 꿀과 과일을 조린 듯한 단 향과 맛이 느껴지며, 아이스와인처럼 단맛이 강하지 않고 적당히 조절된 단맛과 신맛의 비율이 조화를 이룬다. 이러한 균형 덕분에 마실 때 부담감이 적고, 부드러운 풍미가 매력적으로 다가온다.

과일 생크림 스펀지케이크와 세 번째로 잘 어울리는 술 ③

| 이름 **한영석 청명주 배치 13** | 종류 **약주** | 원료 **찹쌀, 정제수, 누룩(녹두곡)** |

페어링

술의 곡물에서 생성된 단맛이 생크림 스펀지케이크의 단맛과 잘 어울린다. 청명주의 단맛은 케이크의 단맛과 강도가 비슷하게 느껴져, 두 가지의 단맛이 서로 조화를 이룬다. 마지막에는 술의 산미가 케이크의 단맛을 중화시키면서 크림의 느끼함을 줄여 주어 전체적인 맛의 균형을 맞춘다.

술 정보

알코올	13%
시각	연한 황금색
향	청매실향, 고소한 향, 버섯향, 배향, 계피향
단맛	●●◐○○
짠맛	●○○○○
신맛	●◐○○○
쓴맛	●◐○○○
감칠맛	●●●◐○
목넘김	●●●○○
바디감	●●◐○○

종합적 평가

생대추의 떫은맛과 함께 술 자체에서 신선하고 풋풋한 느낌이 느껴진다. 누룩향 또는 버섯향이 감지되며, 단맛이 강하지 않고 약간의 감칠맛과 신맛이 술의 균형감을 잘 잡아 준다.

치즈 케이크

진하고 고소한 풍미의 치즈로 만들어 텍스처가 꾸덕한 케이크이다. 그러나 모든 치즈 케이크가 꾸덕하고 농도가 짙은 것은 아니다. 치즈와 생크림을 섞어 스펀지케이크 중간에 필링으로 넣거나 케이크 전체에 펴 발라서 장식하는 생크림 치즈 케이크도 있다. 일반적으로 크림 치즈, 크림, 달걀, 설탕을 잘 섞어 만들어 둔 크러스트(Crust)에 넣은 다음 오븐에서 굽는 방식이 가장 전형적인 치즈 케이크 조리법이다. 크러스트는 파이나 페이스트리 반죽을 쓰기도 하고 다이제스티브(Digestive) 비스킷 같은 과자를 부셔서 버터와 섞어 틀을 만들기도 한다. 파이나 페이스트리 반죽은 바삭하고 가벼운 텍스처가 되지만 며칠 지나면 크림 치즈의 수분기로 겉표면이 흐물흐물 해진다. 비스킷으로 틀을 만들면 바삭한 텍스처와 단짠의 조화를 느낄 수 있다. 그러나 너무 구우면 딱딱해지니 주의한다.

치즈 케이크를 만들 때는 수분 80% 정도의 초연질 치즈를 주로 사용하는데, 이탈리아의 마스카르포네(Mascarpone)와 리코타(Ricotta), 프랑스의 부르생(Boursin)이나 레 르세트 드 마담 로익(Les Recettes de Madame Loïk) 그리고 한국에서 쉽게 구하는 미국산 필라델피아(Philadelphia) 크림 치즈가 대표적으로 사용되는 치즈이다. 간혹 연질 치즈인 프랑스의 브리(Brie)나 카망베르(Camembert)를 사용해 만들기도 한다.

대표적인 치즈 케이크로는 3가지를 들 수 있다. 먼저 프렌치 치즈 케이크(French Cheese Cake)는 크림 치즈 반죽에 크림을 많이 넣어 무스나 푸딩처럼 몰랑몰랑한 텍스처를 가지고 있다. 뉴욕 치즈 케이크(New York Cheese Cake)는 무겁고 밀도 높은 텍스처로 치즈 맛이 진하고 풍미가 가득하다. 크러스트는 보통 비스킷으로 만들어 구워 낸다. 바스크 치즈 케이크(Basque Cheese Cake)는 7~8년 전부터 한국에서 선풍적인 인기를 끌며 많은 디저트 카페에서 판매한 바 있는데 현재는 열기가 조금 수그러든 모양새다. 숯불을 사용하는 조리 방식이 특징인 스페인 북서부의 바스크 지방에서 만들어 먹기 시작한 치즈케이크이다. 높은 온도에서 구워 내기 때문에 겉면이 탄 듯 캐러멜화되고 속은 촉촉하다. 그래서 번트 치즈 케이크(Burnt Cheese Cake)라고도 부른다. 스페인어로는 타르타 데 퀘소 데 라 비냐(Tarta de queso de La Viña)라 한다.

치즈케이크의 역사는 고대 그리스로 거슬러 올라간다. 당시에는 꿀과 치즈를 혼합해 만들었으나 이후 로마를 통해 유럽 전역으로 퍼졌다. 현대적인 치즈케이크는 19세기 말에서 20세기 초에 미국에서 크림 치즈를 사용하면서 발전하였다. 고대부터 현대에 이르기까지 사람들은 달콤함의 유혹을 뿌리치기 힘들어 했다. 대신 그 유혹에 빠질 달콤한 케이크들을 계속 만들어 내고 있는 중이다.

치즈 케이크와 가장 잘 어울리는 술 ①

이름 **한영석 청명주 배치 13**	종류 **약주**	매칭 ●●●●○

페어링

술의 발효향과 함께 고소한 향, 버섯향이 치즈 케이크의 치즈향과 잘 어울린다. 술의 단맛이 치즈 케이크의 강하지 않은 단맛과 조화를 이루어 균형감을 잡아 준다. 치즈 케이크의 꾸덕한 식감과 술의 적당한 오일리함이 만나면서 입안에서 부드러운 느낌을 만들어 낸다.

술 정보

알코올	13.8%
시각	연한 황금색
향	청매실향, 고소한 향, 버섯향, 배향, 계피향, 멜론향
단맛	●●◑○○
짠맛	●○○○○
신맛	●◑○○○
쓴맛	●◑○○○
감칠맛	●●●◑○
목넘김	●●●○○
바디감	●●◑○○

종합적 평가

생대추의 떫은맛과 함께 술 자체에서 신선하고 풋풋한 느낌이 느껴진다. 누룩향 또는 버섯향이 감지되며, 단맛이 강하지 않고 약간의 감칠맛과 신맛이 술의 균형감을 잘 잡아 준다.

Made by

- **제조사** 한영석발효연구소
- **생산 지역** 전라북도〉 정읍시
- **원료** 찹쌀, 정제수, 누룩(녹두곡)
- **음용 온도** 10~12℃
- **특징** 술 제조에 산장법(酸漿法)을 사용하는데 고두밥을 찌기 전에 쌀을 물속에 오랫동안 불리는 방법으로, 쌀의 수용

성 물질이 빠져나가면서 효모의 활성도를 낮추고 깔끔한 신맛을 낸다고 설명한다. 배치별로 다른 누룩을 사용함으로써 배치에 따른 술의 맛과 향이 다르다. 60일간 저온 발효 후 30일 추가 숙성 과정을 거쳐 누룩취가 없고 산미가 있어 한식과 잘 어울린다는 평가를 받는다.

- **홈페이지** https://www.instagram.com/hanslab_kor/

치즈 케이크와 두 번째로 잘 어울리는 술 ②

이름	리외뜨낭 드 시갈라스 2013 Lieutenant de Sigalas 2013	종류	화이트와인	품종	세미용, 소비뇽블랑 Semillon, Sauvignon Blanc

페어링

와인의 상큼함이 케이크의 맛과 향보다 강하게 느껴지면서 술이 앞에서 맛을 주도하고 뒤에서 치즈 케이크가 부족한 부분을 보충해 준다. 귀부 와인의 전형적인 맛과 향이 치즈의 발효향과 맛에 잘 어울리며 술의 단맛이 치즈의 부드러움과 조화를 이룬다.

술 정보

알코올	13.5%
시각	진한 황금색, 연한 녹색빛
향	꿀향, 사과, 파인애플, 매실향, 꽃향, 벌집 밀납향, 유제품향
단맛	●●●●○
짠맛	◐○○○○
신맛	●●○○○
쓴맛	●○○○○
감칠맛	●●◐○○
목넘김	●●●○○
바디감	●●●○○

종합적 평가

술 자체의 단맛이 강하지만 끈적이지 않고 부드러우며, 입안에서 향기와 함께 우아함을 느끼게 한다. 디저트의 단맛을 술의 단맛과 신맛이 아래에서 잘 받쳐 주어, 전체적으로 조화롭고 풍부한 맛을 만들어 낸다.

치즈 케이크와 세 번째로 잘 어울리는 술 ③

이름	해창 12도	종류	막걸리	원료	정제수, 찹쌀, 멥쌀, 입국, 효모 등

페어링

치즈 케이크를 촉촉하게 적시는 막걸리의 새콤함이 맛의 균형감을 만들어 낸다. 곡물향을 가진 술의 무게감이 치즈 케이크의 맛과 무게에 밀리지 않으면서 서로의 맛과 향을 잘 느낄 수 있다. 술의 단맛이 치즈 케이크의 단맛과 어우러지면서 전체적으로 맛이 더욱 상승하고, 술과 치즈 케이크의 결합으로 조화롭고 풍부한 맛을 경험할 수 있다.

술 정보

알코올	12%
시각	아이보리색, 진한 탁도, 두유 느낌
향	곡물향, 우유향, 땅콩향, 기름의 오일리한 향, 바닐라향
단맛	●●●○○
짠맛	◐○○○○
신맛	●◐○○○
쓴맛	●○○○○
감칠맛	●●●◐○
목넘김	●●●◐○
바디감	●●●●○

종합적 평가

곡물이 많은 술로, 텁텁하지만 거친 느낌은 없으며 과일과 유자 껍질의 쓴맛이 느껴진다. 묵직한 무게감이 느껴지고 강한 단맛이 두드러진다. 견과류의 너티함이 뚜렷하게 나타나며 마지막에 산미가 입안에 남는다. 전반적으로 입안에서 오일리함이 느껴지고 복합적인 맛의 조화가 인상적이다.

초콜릿 케이크

'신의 열매'라 불리는 초콜릿은 중남미 고대인들에겐 매우 귀하고 사랑스러운 음료이자 약이었고 심지어는 화폐였다. 16세기 이후, 스페인의 침략으로 유럽으로 전파된 초콜릿은 상류층만 누리는 사치 기호품이 되었고 한동안 음란한 약으로 오해를 받기도 했다. 세월이 흐르면서 대량 생산이 가능해져 지금은 누구나 즐길 수 있는 디저트가 되었지만 지금도 여전히 초콜릿은 귀한 선물이자 사랑받는 음식이다.

두말할 나위 없이 초콜릿은 각종 케이크에 다양하게 활용된다. 초콜릿을 사용한 유럽의 대표적인 케이크를 만나 보자. 블랙 포레스트 케이크(Black Forest Cake)는 초콜릿 스펀지케이크 안에 휘핑 크림을 켜켜이 바르고 잘 익은 체리를 휘핑 크림과 함께 케이크 위에 올려 장식한 전형적인 유럽식 케이크이다. 초콜릿 수플레 케이크(Chocolate Soufflé Cake)는 프랑스를 대표하는 고급 케이크로 머랭 기법으로 만들어서 몰랑몰랑 부드러운 텍스처를 지닌다. 달걀 흰자에 설탕을 넣어 가며 단단한 상태가 될 때까지 거품을 내서 반죽의 기본을 만드는데, 이 작업을 머랭(Meringue)이라 한다. 초콜릿 레이어 케이크(Chocolate Layer Cake)는 수평으로 여러 번 잘라 낸 케이크 사이 사이에 초콜릿 필링을 채운 것이다. 함께 섞는 크림의 비율에 따라 진한 초콜릿 풍미가 달라지긴 하지만 폭신한 텍스처와 풍부한 초콜릿 필링을 맛볼 수 있다. 퐁당 오 쇼콜라(Fondant au Chocolat)는 다크 초콜릿 반죽으로 구운 작은 사이즈의 케이크로 자르면 녹진한 초콜릿이 흘러나온다. 한동안 한국에서도 유행했으며 용암처럼 초콜릿이 흘러나와서 라바 케이크(Lava Cake)라 부르기도 한다.

이번에는 미국식 초콜릿 케이크들이다. 설탕과 버터, 우유를 넣고 한국의 엿과 젤리의 중간 정도 느낌으로 만든 것이 퍼지이다. 매우 달고 진한 맛의 퍼지에 초콜릿까지 넣었으니 초콜릿 퍼지 케이크(Chocolate Fudge Cake)를 먹어본 경험이 없는 사람도 얼마나 달지 상상이 갈 것이다. 끈적하고 단맛이 매우 강한 미국의 케이크이다. 브라우니(Brownie)는 보통 카카오 가루로 만들며 가장 미국적인 디저트라 볼 수 있다. 밀도와 굽는 시간에 따라 촉촉한 쿠키와 케이크 사이의 텍스처가 완성된다. 레드벨벳 케이크(Red Velvet Cake)는 10여 년 전에 한국에 소개돼 히트를 친 케이크이다. 카카오 가루를 밀가루, 버터, 버터밀크, 붉은 색 식용 색소 등과 섞어 구우면 붉은색의 케이크가 완성된다. 식용 색소 대신 비트즙으로 색을 내면 케이크 맛이 약간 쌉쌀하지만 그 매력으로 레드 벨벳 케이크를 즐기는 이들도 많다.

참고로 고급 카카오 원료는 남아메리카와 카리브 해 연안 지역에서 주로 나오며, 세계 생산의 80% 정도를 차지하는 일반 카카오 열매는 가나를 비롯한 서부 아프리카에서 생산된다. 초콜릿으로 유명한 국가로는 스위스, 벨기에, 프랑스, 영국, 이탈리아, 네덜란드가 있다.

초콜릿 케이크와 가장 잘 어울리는 술 ①

이름 **올드 라스푸틴 러시안 임페리얼 스타우트** Old Rasputin Russian Imperial Stout	종류 **맥주**	매칭 ● ● ● ◐ ○

페어링

맥주의 탄 향과 카카오 맛이 커피와 초콜릿 케이크를 함께 즐기는 듯한 느낌을 주며, 초콜릿 케이크의 약한 단맛과 맥주의 단맛이 균형을 이룬다. 초콜릿 케이크의 크리미함이 맥주의 알코올을 부드럽게 만들어 맥주의 크리미함이 함께 느껴진다. 초콜릿 함량이 높아 쓴맛이 강해질수록 스타우트 맥주와의 조화가 더욱 잘 이루어진다.

술 정보

알코올	9%
시각	짙은 간장색, 진한 갈색
향	볶은 보리, 탄 향, 다크 초콜릿향, 카카오닙스향
단맛	◐ ○ ○ ○ ○
짠맛	◐ ○ ○ ○ ○
신맛	○ ○ ○ ○ ○
쓴맛	● ● ○ ○ ○
감칠맛	● ◐ ○ ○ ○
목넘김	● ● ● ◐ ○
바디감	● ● ● ◐ ○
탄산	● ○ ○ ○ ○

종합적 평가

고소하고 쌉싸름한 맛이 지배적이며, 카카오 함량이 높은 초콜릿과 볶은 곡류의 느낌이 뚜렷하다. 탄닌은 없지만 텁텁함이 있으며 고소함과 조화가 잘 이루어진다. 곡물을 태운 쓴맛과 발효의 단맛이 순차적으로 느껴지고, 전체적으로 깊이 있는 맛의 복합성을 보여 준다.

Made by

- **제조사** 노스 코스트 브루잉 컴퍼니 North Coast Brewing Co.
- **생산 지역** 미국 〉 캘리포니아
- **원료** 정제수, 보리맥아, 설탕, 홉, 효모
- **음용 온도** 12~15℃
- **특징** 라벨에 라스푸틴의 초상화가 붙어 있으며 국내에서 가장 유명한 임페리얼 스타우트이다. 20세기 초 제정 러시아의 마지막 로마노프 왕조를 파탄으로 이끈 괴승 라스푸틴(Rasputin)에서 그 이름을 따왔다. 강렬하면서도 편안한 맛과 향이 일품이다.
- **홈페이지** https://northcoastbrewing.com

초콜릿 케이크와 두 번째로 잘 어울리는 술 ②

| 이름 **해창 12도** | 종류 **막걸리** | 원료 **정제수, 찹쌀, 멥쌀, 입국, 효모 등** |

페어링

막걸리의 견과류 맛이 초콜릿 케이크의 단맛과 잘 어우러진다. 초콜릿 케이크에 술의 단맛이 더해지면서 전체적으로 단맛이 상승한다. 막걸리 곡물의 텁텁함과 케이크의 약간 푸석한 질감이 입안에서 부드럽게 어우러지며 서로의 맛과 질감을 조화롭게 만든다.

술 정보

알코올	12%
시각	아이보리색, 진한 탁도, 두유 같은 느낌
향	곡물향, 우유향, 땅콩향, 기름의 오일리한 향, 바닐라향
단맛	●●●○○
짠맛	◑○○○○
신맛	●◑○○○
쓴맛	●○○○○
감칠맛	●●●◑○
목넘김	●●●◑○
바디감	●●●●○

종합적 평가

곡물이 많은 술로, 텁텁하지만 거친 느낌은 없으며 과일 껍질과 유자 껍질의 쓴맛이 느껴진다. 묵직한 무게감이 느껴지고 다른 술에 비해 강한 단맛이 두드러진다. 견과류의 너티함이 뚜렷하게 나타나며 마지막에 산미가 입안에 남는다. 전반적으로 입안에서 오일리함이 느껴지고, 복합적인 맛의 조화가 인상적이다.

초콜릿 케이크와 세 번째로 잘 어울리는 술 ③

| 이름 **799805 스위트 디저트 와인(포트)**
799805 Sweet Dessert Wine(port) | 종류 **포트 와인** |

페어링

초콜릿 케이크의 진한 초콜릿 질감이 포트 와인의 끈적한 물성과 잘 어울린다. 알코올 도수가 높은 포트 와인이지만 초콜릿의 단맛과 향을 해치지 않고 서로의 맛과 향을 잘 보완해 준다. 술과 케이크가 고급스럽고 부드러운 맛의 조화를 이룬다.

술 정보

알코올	19.5%
시각	탁한 자주색
향	흑설탕 조린 향, 알코올향, 오크향, 건포도향, 캐러멜향
단맛	●●●●◑
짠맛	◑○○○○
신맛	●○○○○
쓴맛	●○○○○
감칠맛	●●◑○○
목넘김	●●●○○
바디감	●●●◑○
탄닌	●◑○○○

종합적 평가

술의 단맛과 알코올의 점성이 입안에 오래 남아 기분 좋은 단맛을 지속시킨다. 강한 단맛이지만 부드럽고 오래도록 입안에 여운을 남긴다. 포트 와인으로서는 달지 않은 편에 속하며, 알코올의 강한 느낌 없이 조화로운 단맛이 특징이다.

궁중 약과

현재 가장 유명한 우리나라 디저트를 꼽으라면 감히 약과라고 단언한다. 오랜 역사를 지닌 데다 명절이나 제사에 빠지지 않고 상에 오르기도 하지만 코로나가 한창 극성을 부리던 시기에 MZ세대의 레트로 열풍을 타고 대유행을 했기 때문이다. 이 같은 유행은 지금까지도 이어져 남녀노소 좋아하는 국민 간식이된 느낌이다.

참기름과 밀가루, 꿀을 섞어 만든 과자를 유밀과(油蜜果)라 하는데 그중 약과가 가장 유명하다. 밀이 자라기 힘든 지역에서 토종 밀로 얻은 귀한 밀가루와 더 귀한 참기름을 꿀과 함께 넣어 반죽해 튀긴 다음다시 꿀에 재운 과자이니 약(藥)이 되는 과자로 인식되었다. 한방에서는 참기름과 꿀이 기력을 보충하는영양제로 사용되며 병을 치유하는 약재로도 쓰여서 값진 음식이었다.

삼국시대부터 만들어 먹었다는 약과는 고려시대에 더욱 발전했다. 불교가 국교이던 당시, 사찰에서 공양에 올리는 음식으로 세간에 알려지면서 귀족층과 권세가들에게 인기를 끌었다. 100년에 가까운 원나라의 간섭 시기에는 수많은 사신들이 고려를 찾았고 그들에게 바치는 여러 선물들 중 약과가 포함되었다. '고려병'이라 부르며 중국인들도 약과의 맛에 빠지자 고려인들 사이에서 약과의 인기는 날로 높아졌다. 그러다 보니 약과 재료의 가격 또한 높아져서 약과 만들기를 금지한 적도 있었다.

조선시대에는 유교의 영향으로 조상에 대한 예를 다하는 문화 때문에 제사가 많았고 약과는 제사상에빠지지 않는 음식이 되었다. 특히 겨울에 구하기 힘든 과일을 대신하여 달콤한 약과가 제사상에 큰 축을차지했다. 조선의 효자 임금인 정조 때는 어머니 혜경궁 홍씨의 회갑연이 성대하게 열렸는데 이 회갑연에 쓰인 음식과 비용을 정리하여 기록한 문헌이 '원행을묘정리의궤'이다. 이 문헌에 따르면 약과를 만드는 데 드는 비용이 소고기 편육을 만드는 비용보다 두 배나 들었다고 기록할 정도로, 약과는 귀하고 비싼 음식이었다. 고려 시대와 마찬가지로 조선시대에도 한동안 환갑, 혼인, 제사를 제외하고 민가에서 약과를 비롯한 유밀과를 만들어 먹으면 곤장 60대를 맞는 태형으로 다스리기도 했다.

채집을 해야 하고 계절에 제한이 있는 꿀을 대신하여 곡물의 엿기름으로 만든 조청이 발달하자 조선시대에는 전통 과자가 늘어났다. 조선왕조실록이나 여러 조선 문헌에 언급된 유밀과나 한과가 무려 250여종이나 되었다. 음식을 저장할 수 있도록 꿀과 조청의 높은 당도가 제 역할을 톡톡히 한 덕분이다. 다진대추, 계피 가루, 꿀 등의 소를 넣어 만두처럼 빚어 튀긴 만두과와 타래처럼 꼬아서 튀겨 낸 생강 향의매작과는 모양은 다르지만 약과와 매우 흡사한 과자이다. 약과로는 결이 살아 있고 네모나게 만들어서모약과라고도 불리는 개성약과와 고려시대의 사찰인 용주사에서부터 만들어 먹었다는 수원약과가 유명하다. 요즘에는 약과에 서양 제과 기술을 더해 모던하게 재탄생한 약과 파이와 약과 쿠키들도 시중에서만날 수 있다.

'그 정도면 약과다'라는 유명한 문장이 있을 만큼 약과는 우리네 생활 속에 깊게 자리 잡은 전통 과자임에 틀림없다.

궁중 약과와 가장 잘 어울리는 술 ①

이름 **마한 오크 46**	종류 **증류주**	매칭 ● ● ● ◐ ○

페어링

약과의 캐러멜향과 마한 오크에서 오는 캐러멜향 및 바닐라향이 조화롭게 어우러진다. 증류주의 알코올이 약과의 단맛과 기름진 부분을 씻어 내어 입안을 깔끔하게 정리해 준다. 얼음을 타면 술의 맛이 더욱 풍부해지며, 알코올 도수가 낮아지면서 바닐라향와 캐러멜향을 더 풍부하게 느낄수 있다. 이러한 특성 덕분에 캐러멜화된 디저트와 잘 어울리며, 향이 더 올라오고 부드럽게 느껴진다.

술 정보

알코올	46%
시각	연하면서 맑은 갈색, 연한 붉은 위스키색
향	오크향, 캐러멜향, 설탕 조린 향, 초콜릿향, 바닐라향, 알코올향
단맛	◐ ○ ○ ○ ○
짠맛	◐ ○ ○ ○ ○
신맛	○ ○ ○ ○ ○
쓴맛	● ◐ ○ ○ ○
감칠맛	● ◐ ○ ○ ○
목넘김	● ● ● ○ ○
바디감	● ● ◐ ○ ○

종합적 평가

부드러운 단맛으로 시작해 마지막에는 오크의 진한 초콜릿 또는 캐러멜 맛이 알코올과 어우러져 마무리된다. 원주로 사용된 부드러운 쌀 소주(마한) 덕분에 목넘김이 부드럽고 알코올감이 적다. 올리브오일이나 버터가 들어간 요리와 잘 어울릴 것으로 보인다.

Made by

- **제조사** 스마트브루어리
- **생산 지역** 충청북도 〉 청주시
- **원료** 쌀, 정제수
- **음용 온도** 10~15℃
- **특징** 자체 생산 중인 쌀 소주(마한)를 한

국산 영동 오크통에 약 2년간 숙성해서 나온 국산 쌀 위스키이다. 주세법상 일반 증류주이지만 버번이나 위스키에 가까운 술이다. 술을 생산하는 대표가 삼성전자 반도체 부사장을 역임했으며 삼성전자를 나온 뒤에는 경쟁 업체인 SK하이닉스 생산 담당 사장을 역임하는 등 경력이 특이하다.

- **홈페이지** https://www.smartbrewery.co.kr

궁중 약과와 두 번째로 잘 어울리는 술 ②

이름 **오마이갓**	종류 **막걸리**	원료 **정제수, 멥쌀, 모과 발효액, 보리, 고구마 등**

페어링

약과에서 느껴지는 캐러멜향과 계피, 생강의 향이 막걸리의 다양한 부재료의 향과 잘 어우러진다. 술지게미와 당분이 밀가루, 꿀, 조청으로 만든 약과의 단맛에 잘 어울린다. 마지막 입안에서 술의 산미가 전체적인 단맛을 눌러 주어 맛의 균형을 맞추면서 전체적인 풍미를 더욱 상승시킨다.

술 정보

알코올	10%
시각	연한 붉은색 및 보란색, 약하게 어두운 아이보리 색
향	모과향, 청사과향, 시나몬향, 박하향, 새콤한 향
단맛	● ● ● ○ ○
짠맛	◐ ○ ○ ○ ○
신맛	● ● ◐ ○ ○
쓴맛	◐ ○ ○ ○ ○
감칠맛	● ● ● ○ ○
목넘김	● ● ● ○ ○
바디감	● ● ● ○ ○

종합적 평가

여러 원료를 사용하여 모과와 페퍼베리 등의 다양한 향이 느껴지며, 향의 조화가 뛰어나다. 단맛과 새콤한 맛이 적절히 어우러져 전체적으로 향과 맛의 균형이 잘 잡혀 있다.

궁중 약과와 세 번째로 잘 어울리는 술 ③

이름 **뒤플뢰 페르 피스 뉘 생 조르쥬 2018** Dufouleur Père & Fils Nuits Saint Georges 2018	종류 **레드와인**	품종 **피노누아** Pinot Noir

페어링

와인의 다소 무겁고 다양한 향이 약과의 고소한 캐러멜 향미와 어우러지면서 향을 풍부하게 만들어 준다. 술의 단맛이 적어 약과의 단맛과 다른 맛을 더욱 잘 느낄 수 있다. 마지막에는 약간의 감칠맛과 신맛이 약과의 단맛 뒤에서 맛을 받쳐 주며 전체적인 맛을 더욱 상승시킨다.

술 정보

알코올	13.5%
시각	투과되는 밝고 맑은 선명한 루비색
향	연한 가죽향, 흙향, 약한 후추, 달지 않은 검은 체리, 버섯향
단맛	○ ○ ○ ○ ○
짠맛	◐ ○ ○ ○ ○
신맛	● ○ ○ ○ ○
쓴맛	◐ ○ ○ ○ ○
감칠맛	● ○ ○ ○ ○
목넘김	● ● ● ○ ○
바디감	● ◐ ○ ○ ○
탄닌	● ○ ○ ○ ○

종합적 평가

와인은 연한 붉은색을 띠며 바디감도 강하지 않다. 약간의 산도와 함께 부드럽고 가벼운 탄닌이 느껴지며 자연스러운 목넘김을 자랑한다. 이 술은 한 시간 전에 오픈해서 마시는 것이 좋으며, 시간이 지남에 따라 천천히 변화하는 향을 비교해 볼 것을 추천한다.

White Wine   Red Wine   Sparkling Wine

Chapter

3

집에서 만드는 요리와 어울리는 술

Beer   Sake   Korean sool

간장 나물 비빔밥

Bibimbap with Vegetables and Soy Sauce

주재료(2인분)

다진 소고기 200g
표고버섯 3개
무 100g
당근 1/2개
애호박 1/2개
시금치 100g
콩나물 100g
삶은 고사리 100g
밥 2공기
달걀 2개
들기름 적당량
식용유 약간
소금 약간
후추 약간

비빔간장 양념장

고춧가루 1T
설탕(또는 올리고 당) 0.5T
간장 3T
매실청 1T
물 2T
다진 마늘 1T
다진 파 1T
참기름 1T

소고기 밑간

간장 1.5T
맛술 1T
설탕 0.5T
다진 마늘 0.5T
후춧가루 약간

조리 방법

1 준비한 재료를 섞어 비빔간장 양념장을 만든다.

2 다진 소고기는 밑간해 재우고, 채소는 깨끗이 씻어 둔다.

3 콩나물과 시금치는 약간의 소금을 넣고 끓는 물에 살짝 데친 뒤 찬물에 헹궈 물기를 짠다.

4 삶은 고사리는 적당한 길이로 썬 다음 팬에 들기름을 두르고 중약불에서 볶는다.

5 무, 당근, 애호박은 채 썰고 표고버섯은 얇게 슬라이스한다.

6 팬에 들기름을 두르고 무 → 당근 → 애호박 → 표고버섯 순으로 소금을 약간씩 뿌리며 차례로 볶아 낸다. 볶을 때 팬이 마르면 들기름을 추가한다.

7 같은 팬에 식용유를 두르고 재워 둔 소고기를 넣어 중불에서 익을 때까지 볶는다.

8 팬에 식용유를 두르고 달걀을 반숙 또는 완숙으로 프라이한다.

9 오목한 그릇에 밥을 담고 볶은 소고기, 표고버섯, 무, 당근, 애호박, 고사리, 시금치, 콩나물을 방사형으로 놓는다.

10 중앙에 달걀프라이를 올리고 비빔간장 양념장을 곁들여 낸다.

Pairing with.

1 **막걸리** 하늘담9
2 **약주** 경주법주
3 **사케** 야마자키카모시 하루카스미 준마이긴조 나마켄슈

간장 나물 비빔밥과 가장 잘 어울리는 술 ①

이름 **하늘담9**	종류 **막걸리**	매칭 ● ● ● ○ ○

페어링

간장의 단맛과 은은한 짠맛이 술의 쌀향과 단맛을 더욱 돋보이게 하며 훌륭한 조화를 만든다. 비빔밥과 술을 같이 먹으면 밥이 막걸리의 지게미에 감싸여 더욱 풍부한 식감을 느낄 수 있다. 비빔밥에 곁들여 마시는 반주로 훌륭한 조합을 선사한다.

술 정보

알코올	9%
시각	연한 아이보리색, 콩물색, 탄산 적음
향	단 향, 완숙 바나나향, 곡물향, 누룽지향, 구아바향, 열대과일향, 고구마향
단맛	● ● ● ○ ○
짠맛	● ○ ○ ○ ○
신맛	● ● ○ ○ ○
쓴맛	◐ ○ ○ ○ ○
감칠맛	● ● ● ◐ ○
목넘김	● ● ● ◐ ○
탄산감	● ● ○ ○ ○

종합적 평가

걸쭉한 외관과 달리 목넘김이 가볍고 여운이 오래 남는 막걸리이다. 입 천장 뒤쪽으로는 후추와 알코올의 느낌이 전해지고, 목과 입천장 중간에서는 막걸리의 무게감이 느껴진다. 향에 비해 맛의 다양성이나 강도는 약한 편이며, 단맛이 두드러지고 잣과 같은 견과류의 풍미가 있다.

Made by

- **제조사** 순천주조
- **생산 지역** 전라남도 〉 순천시
- **원료** 정제수, 찹쌀, 맵쌀, 국, 물엿, 포도당, 효모, 젖산, 아세설팜칼륨, 스테비올배당체, 자일리톨, 정제효소제
- **특징** 묵직한 질감을 가진 막걸리로 찹쌀의 함량이 높고 고급

스러운 단맛과 감칠맛이 있다. 술지게미의 농도 진한 입자감에도 텁텁하거나 부담스럽지 않고 약한 청량감이 있다. 1939년부터 시작해 3대를 이어 내려온 기업이 순천 주조의 역사이다.

- **홈페이지** https://www.haneuldam.com

간장 나물 비빔밥과 두 번째로 잘 어울리는 술 ②

이름 **경주법주**	종류 **약주**	원료 **쌀, 정제포도당, 누룩, 구연산, 젖산, 효모, 국**

페어링

쌀로 만든 술의 단맛과 비빔밥의 단맛, 그리고 간장의 조금 짠맛이 서로 어우러져 시너지를 발휘하며 풍미를 한층 끌어올린다. 다양한 나물의 짭조름한 맛이 술의 단맛과 조화를 이루어 더욱 다채롭고 풍부한 맛의 변주를 선사한다.

술 정보

알코올	13%
시각	아주 연한 황금색, 연한 녹색, 연한 레몬색
향	쌀 풋내향, 누룩향, 단 향, 바닐라향, 사과향
단맛	● ● ○ ○ ○
짠맛	◑ ○ ○ ○ ○
신맛	● ● ○ ○ ○
쓴맛	● ○ ○ ○ ○
감칠맛	● ● ◑ ○ ○
목넘김	● ● ● ○ ○

종합적 평가

곡물의 진한 맛과 발효 풍미가 돋보이는 약주이다. 약간의 산미가 있어 밥이 들어간 음식의 탄수화물 단맛과 잘 어우러지며, 살균된 술 특유의 맛과 향이 은은하게 느껴진다.

간장 나물 비빔밥과 세 번째로 잘 어울리는 술 ③

이름 **야마자키카모시 하루카스미 준마이긴조 나마겐슈** 山崎醸春かすみ純米吟醸生原酒	종류 **사케**	분류 **준마이긴조**	쌀품종 **유메산스이** 夢山水	정미율 **55%**

페어링

쌀로 만든 술의 부드러우며 약한 단맛이 비빔밥의 간장, 나물의 짠맛과 어우러지며 맛의 균형감을 만든다. 쌀을 씹었을 때 느껴지는 단맛이 술의 단맛과 조화를 이루어 전체적인 맛을 한층 더 풍부하고 조화롭게 만든다.

술 정보

알코올	15.8%
시각	맑은 쌀뜬물색, 연한 투명함
향	연한 우유향, 연한 쌀향, 아카시아향,
	약간 말린 푸른 사과향, 알싸한 마늘향
단맛	● ● ○ ○ ○
짠맛	◑ ○ ○ ○ ○
신맛	● ◑ ○ ○ ○
쓴맛	● ● ○ ○ ○
감칠맛	● ◑ ○ ○ ○
목넘김	● ● ◑ ○ ○
탄산감	● ● ● ○ ○

종합적 평가

술은 은은한 쌀의 단맛이 느껴지지만, 단맛이 사라진 후에는 쓴맛이 강조되며 오래 남는다. 쌀의 달큰함과 알코올의 쓴맛이 조화롭게 어우러진다.

고추장 나물 비빔밥

Bibimbap with Vegetables and Gochujang

주재료(2인분)

다진 소고기 200g
무 100g
당근 1/2개
애호박 1/2개
삶은 고사리 100g
콩나물 100g
시금치 100g
밥 2공기
달걀 노른자 2개
들기름 적당량
식용유 약간
소금 약간
후추 약간

비빔고추장 양념장

고추장 3T
고춧가루 1T
설탕 1T
물 3~5T
식초 약간
다진 파 1T
다진 마늘 1T
녹인 버터 2/3T
참기름 1T
통깨 1T

다진 소고기 밑간

간장 1.5T
맛술 1T
설탕 0.5T
다진 마늘 0.5T
참기름 0.5T
후추 약간

삶은 고사리 양념장

국간장 1T
다진 파 0.4T
다진 마늘 0.2T
깨소금 0.2T
참기름 0.4T

조리 방법

1 준비한 재료를 섞어 비빔고추장 양념장을 만든다.
2 다진 소고기는 밑간해 재우고, 채소는 깨끗이 씻어 둔다.
3 삶은 고사리는 적당한 길이로 썬 다음 양념장을 넣어 간을 한다.
4 콩나물과 시금치는 약간의 소금을 넣고 끓는 물에 살짝 데친 뒤 찬물에
   헹궈 물기를 짠다.
5 무, 당근, 애호박은 길게 채 썬다.
6 예열한 팬에 들기름을 두르고 무→당근→애호박 순으로 소금을 약간씩
   뿌려 간을 맞추며 익힌다. 볶을 때 팬이 마르면 들기름을 추가한다
7 같은 팬에 식용유를 두르고 재워 둔 소고기를 중불에서 볶는다. 고기가
   익으면 양념한 고사리를 넣어 함께 볶다가 물 1/2컵(120ml)을 넣고
   부드럽게 익힌다.
8 오목한 그릇에 밥을 담고 무, 당근, 애호박, 콩나물, 시금치, 고사리,
   볶은 소고기를 색감에 맞게 방사형으로 놓는다.
9 중앙에 달걀 노른자를 올리고 비빔고추장 양념장을 곁들여 낸다.

Pairing with.

1 **약주** 경주법주
2 **막걸리** 하늘담9
3 **스파클링와인** 페데리코 파테니나 까바 브뤼

고추장 나물 비빔밥과 가장 잘 어울리는 술 ①

이름 **경주법주**	종류 **약주**	매칭 ● ● ● ◐ ○

페어링

쌀로 만든 술의 단맛과 비빔밥의 단맛이 잘 어우러진다. 술과 쌀의 단맛이 고추장의 텁텁함과 매운맛을 부드럽게 눌러 주어, 전체적으로 부드러운 맛을 더한다. 다양한 나물이 가진 쌉싸름하고 짭짤한 맛이 술의 감칠맛과 조화를 이루며 음식의 감칠맛을 더욱 돋보이게 한다.

술 정보

알코올	13%
시각	아주 연한 황금색, 연한 녹색, 연한 레몬색
향	쌀 풋내향, 누룩향, 단 향, 바닐라향, 사과향
단맛	● ● ○ ○ ○
짠맛	◐ ○ ○ ○ ○
신맛	● ● ○ ○ ○
쓴맛	● ○ ○ ○ ○
감칠맛	● ● ◐ ○ ○
목넘김	● ● ● ○ ○

종합적 평가

곡물의 진한 맛과 잘 발효된 풍미가 느껴진다. 약간의 산도가 있지만 비빔밥의 단맛과 잘 어우러진다. 살균술 특유의 향과 맛이 은은하게 느껴진다.

Made by

- **제조사** 금복주
- **생산 지역** 대구광역시 〉 달서구
- **원료** 쌀, 정제포도당, 누룩, 구연산, 젖산, 효모, 국
- **특징** 정미비율 70%로 도정한 후 자체 생산한 누룩과 입국을 사용하여 저온에서 장기 발효,숙성시킨(약 100일) 술이다.

평소에도 마시지만 명절에 특히 많이 소비된다. 경주에서 생산되는 경주 교동법주(무형문화재)와는 다른 술로 이름이 비슷해서 혼동하는 경우가 있다.

- **홈페이지** https://www.kumbokju.co.kr

고추장 나물 비빔밥과 두 번째로 잘 어울리는 술 ②

이름 **하늘담9**	종류 **막걸리**	원료 **정제수, 찹쌀, 멥쌀, 국, 물엿 등**

페어링

고추장의 단맛과 매운맛이 술의 단맛을 돋보이게 하고 신맛을 줄여 전체적인 맛에 영향을 미친다. 고추장에 비벼진 밥의 질감이 막걸리의 부드러운 질감과 어우러져 더욱 부드러운 식감을 선사한다.

술 정보

알코올	9%
시각	연한 아이보리색, 콩물색, 탄산 적음
향	단 향, 완숙 바나나향, 곡물향, 누룽지향, 구아바, 열대과일향, 고구마향
단맛	●●●○○
짠맛	●○○○○
신맛	●●○○○
쓴맛	◐○○○○
감칠맛	●●●○○
목넘김	●●●○○
탄산감	●●○○○

종합적 평가

걸죽한 외관에 비해 목넘김이 가볍고 여운이 남는 막걸리이다. 입천장 뒤쪽에서 후추와 알코올의 느낌이 느껴진다. 목과 입천장 중간에서 막걸리의 무게감이 느껴진다. 향에 비해 맛의 다양성이나 강도는 약한 편이며, 단맛이 강하고 잣 등의 견과류 맛이 있다.

고추장 나물 비빔밥과 세 번째로 잘 어울리는 술 ③

이름 **페데리코 파테니나 까바 브뤼** Federico Paternina Cava Brut	종류 **스파클링와인**	품종 **자렐로, 마카베오, 파레야다** Xarello, Macabeo, Parellada

페어링

술의 드라이함이 고추장의 매운맛을 더 잘 느끼게 해 준다. 밥의 단맛과 와인의 산도가 어우러지면서 맛의 균형감을 잡아 준다. 고추장의 매운맛이 사라진 후에 다양한 향미와 맛이 더 잘 느껴진다. 또한, 술의 산미가 고추장의 텁텁함을 깔끔하게 정리해 준다.

술 정보

알코올	11.5%
시각	아주 연한 레몬색, 섬세한 기포
향	풋사과향, 배향, 약한 시트러스와 레몬향, 약한 이스트와 버터향
단맛	●○○○○
짠맛	◐○○○○
신맛	●●●○○
쓴맛	●○○○○
감칠맛	●○○○○
목넘김	●●●○○
탄산감	●●●○○

종합적 평가

신선하고 향긋한 과일향이 코를 자극한다. 입안에서 탄산의 작은 기포들이 자극을 주면서 마지막에 부드러운 질감이 느껴진다. 드라이하고 중간 산도에 바디감이 있다.

떡볶이

Tteokbokki

주재료(2인분)

대파 1대 (흰 부분, 초록 부분 분리)
떡볶이 떡(밀떡) 500g
어묵 200g
물 600ml
설탕 1T
소금 1/3T
다진 마늘 0.5T
깨소금 약간

떡볶이 양념장

고운 고춧가루 4T
설탕 3T
고추장 2T
진간장 2T
굴소스 2T
녹인 버터 1T
후추 1t

멸치 다시마 육수

다시마 1조각
멸치 10마리
무 100g
물 600ml

조리 방법

1 냄비에 물을 붓고 다시마, 멸치, 나박썰기한 무를 넣어 중불에서 10~15분간 끓인다. 다시마는 먼저 건져 내고 멸치는 추가로 5분 더 끓인 뒤 모두 건져 육수를 완성한다.

2 양념장 재료를 잘 섞어 떡볶이 양념장을 준비한다.

3 대파 흰 부분을 1cm 크기로 썰고, 초록 부분은 얇게 채 썬다.

4 떡볶이 떡은 물에 헹궈 준비하고, 어묵은 떡과 비슷한 크기로 썬다.

5 육수에 대파 흰 부분, 설탕, 소금, 다진 마늘을 넣고 중불에서 끓인다.

6 육수가 끓어오르면 준비한 양념장, 떡, 어묵을 넣고 약 5분간 중불에서 양념이 걸쭉해질 때까지 잘 저어가며 졸인다.

7 떡볶이를 그릇에 담고 채 썬 대파 초록 부분을 얹은 뒤 깨소금을 뿌려 마무리한다.

Pairing with.

1 **약주** 니모메
2 **사케** 호오비덴 쯔루기 카라구치 준마이슈
3 **화이트와인** 진트 훔브레이트 투르크하임 2018

떡볶이와 가장 잘 어울리는 술 ①

이름 **니모메**	종류 **약주**	매칭 ●●●●○

페어링

떡의 부드러운 질감과 소스의 매콤한 맛, 단맛이 약주의 단맛과 잘 어우러진다. 떡볶이의 맛과 술의 특징이 각각 두드러지며, 고춧가루의 톡 쏘는 매콤함과 깔끔함이 시트러스한 약주의 달콤하고 가벼운 산뜻함과 잘 어울린다. 술과 페어링해 먹을 때 떡볶이가 더 맛있게 느껴지며, 떡볶이의 다양한 소스에 따라 술의 페어링이 다양하게 변할 수 있을 것으로 보인다.

술 정보

알코올	11%
시각	샛노란 볕짚색, 잔의 경계에 오렌지색, 연한 황금색이며 맑고 투명
향	살균향, 풀향, 약한 귤향, 흰 꽃향, 귤락(귤 속 하얀 부분)향, 캐러멜향
단맛	●●◐○○
짠맛	◐○○○○
신맛	●◐○○○
쓴맛	●○○○○
감칠맛	●●●◐○
목넘김	●●●●○

종합적 평가

산뜻하고 상큼하며 단맛이 있고 신맛이 적당히 느껴진다. 전체적으로 술의 밸런스가 좋으며, 향에서 느껴지는 다양한 향이 맛에서도 그대로 느껴진다.

Made by

- **제조사** 제주샘주
- **생산 지역** 제주도 〉 제주시
- **원료** 정제수, 백미, 입국, 귤피, 액상과당, 누룩, 조효소제, 구연산, 정제효소, 효모, 효소처리스테비아

- **특징** 니모메는 제조 방언으로 '너의 마음에'라는 의미. 제주에서 직접 수매한 감귤의 귤피를 발효할 때 넣어 귤 특유의 향과 맛을 느낄 수 있다.
- **홈페이지** https://www.jejusaemju.co.kr

떡볶이와 두 번째로 잘 어울리는 술 ②

| 이름 **호오비덴 쯔루기 카라구치 준마이슈**
鳳凰美田劔辛口純米 | 종류 **사케** | 분류 **준마이** | 쌀품종 **고햐쿠만고쿠**
五百万石 | 정미율 **55%** |

페어링

음식과 술 모두 맛이 강하지 않고 가벼워 서로의 맛에 적당한 영향을 미치며 균형감을 만든다. 술의 은은한 단맛이 고추장의 매운맛, 단맛 등 여러 맛에 작용해 맛을 상승시키고, 전체적인 맛을 더 섬세하게 느끼게 한다.

술 정보

알코올	16.5%
시각	맑고 투명한 가운데 연하디 연한 노란색
향	살짝 달짝지근한 향, 벚꽃향, 풋사과향, 배향
	향이 강하지 않고 은은하며 편안하면서 상쾌 발랄함
단맛	● ● ◐ ○ ○
짠맛	● ○ ○ ○ ○
신맛	● ◐ ○ ○ ○
쓴맛	● ○ ○ ○ ○
감칠맛	● ● ○ ○ ○
목넘김	● ● ◐ ○ ○

종합적 평가

단 향과 함께 다양하고 풍부한 향을 가지지만 맛은 달지 않고 깔끔하다. 마지막에는 쓴맛과는 다른 미네랄 느낌이 있으며 깔끔한 목넘김을 가진다.

떡볶이와 세 번째로 잘 어울리는 술 ③

| 이름 **진트 훔브레이트 투르크하임 2018**
Zind Humbrecht Gewurztriminer Turckheim 2018 | 종류 **화이트와인** | 품종 **게뷔르츠트라미너**
Gewurztriminer |

페어링

와인의 달콤하면서 가벼운 산뜻함이 매운 떡볶이 소스와 어우러져 맛의 균형을 잡아 준다. 입안에서는 술의 당도가 약간 더 느껴지며, 후미에서는 술의 미네랄 맛이 매운맛을 더욱 강조해 준다.

술 정보

알코올	13%
시각	진한 황금색에 옅은 초록색
향	전체적인 향은 달콤한 향, 아카시아 꿀향, 농익은 망고,
	황도향, 마지막에 약하게 느끼지는 미네랄(쇠향),
	약간의 향신료
단맛	● ◐ ○ ○ ○
짠맛	◐ ○ ○ ○ ○
신맛	● ● ○ ○ ○
쓴맛	● ◐ ○ ○ ○
감칠맛	◐ ○ ○ ○ ○
목넘김	● ● ◐ ○ ○

종합적 평가

향에서는 달콤함이 느껴지지만 맛은 다소 드라이하다. 전체적인 맛의 균형이 좋으며, 입안에서 묵직한 무게감이 느껴지고 부드러우면서도 풍부한 맛이 난다.

해물파전

Seafood and Green Onion Pancake

주재료(2인분)

부침가루 120g
쪽파 4대
부추 2줌
달걀 1개
오징어 100g
새우살 100g
다진 마늘 1t
맛술 1T
후추 약간
식용유 적당량

다시마 육수

물 240ml
다시마 1조각
가쓰오부시 10g

양념장

고춧가루 1t
다진 마늘 0.5t
다진 파 1T
간장 3T
식초 1T
물 1T
참기름 1t
통깨 약간

조리 방법

1 냄비에 물과 다시마를 넣고 중불에서 끓인다. 물이 끓어오르면 다시마를 건지고, 가쓰오부시를 넣어 5분간 우려낸 뒤 체에 걸러 육수를 준비한다.

2 쪽파와 부추는 깨끗이 씻어 3cm 길이로 썰고, 달걀은 풀어 둔다.

3 오징어와 새우살은 찬물에 헹궈 물기를 제거한 뒤, 오징어는 한입 크기로 썬다. 손질한 해물에 다진 마늘, 후추, 맛술을 넣어 골고루 버무린다.

4 큰 볼에 부침가루와 풀어 둔 달걀을 넣고 쪽파, 부추, 오징어, 새우살을 넣어 버무린다. 다시마 육수를 조금씩 부어가며 되직한 농도로 반죽을 만든다.

5 예열된 팬에 식용유를 두르고 중불에서 반죽을 얇고 고르게 편다.

6 바닥이 노릇노릇하게 익으면 뒤집어 반대쪽도 바삭하게 익힌다. 해물이 충분히 익을 때까지 조리한다.

7 완성된 해물 파전을 접시에 담고 볼에 양념장 재료를 섞어 곁들여 낸다.

Pairing with.

1 **스파클링와인** 샤또 드 라뚜르 프랑수아 라베 크레망 드 부르고뉴 NV
2 **막걸리** 장수 막걸리
3 **맥주** 켈리

해물파전과 가장 잘 어울리는 술 ①

이름 **샤또 드 라뚜르 프랑수아 라베 크레망 드 부르고뉴 NV** Chateau de La Tour Francois Labet Cremant de Bourgogne	종류 **스파클링와인**	매칭 ● ● ● ○ ○

페어링

해물파전의 기름을 와인의 산도와 톡 쏘는 탄산이 깔끔하게 정리해 입안에서 파전이 부드럽게 느껴진다. 동치미 국물을 먹은 것처럼 마무리가 개운하다.

술 정보

알코올	12%
시각	연하고 투명한 황금색, 약한 구리빛과 적색
향	버터향, 빵향, 레몬향, 풋사과향, 캐러멜향
단맛	◑ ○ ○ ○ ○
짠맛	● ○ ○ ○ ○
신맛	● ● ◑ ○ ○
쓴맛	● ○ ○ ○ ○
감칠맛	◑ ○ ○ ○ ○
목넘김	● ● ◑ ○ ○
탄산	● ● ◑ ○ ○

종합적 평가

기포의 크기가 다소 크며 자글자글한 탄산이 빠르게 사라진다. 향에 비해 신맛이 강하고 레몬의 맛과 향이 입안에 오래 남는다. 향으로 보면 사과향이 두드러지지만, 맛에서는 후미에서만 약하게 느껴진다.

Made by

- **제조사** 샤또 드 라뚜르 Chateau de La Tour
- **생산 지역** 프랑스 〉 부르고뉴
- **주요 품종** 피노누아 Pinot Noir
- **음용 온도** 10~12℃
- **특징** 스파클링와인은 단일 품종 혹은 품종을 블렌딩하여 만들며, 전통 방식과 탱크 방식이 대표적이다. 전통

방식은 자연적으로 기포가 생성되며 부드럽고 복합미가 있다. 대표적으로 프랑스 상파뉴의 샴페인, 스페인 까바가 있다. 탱크 방식은 신선하고 상큼하며 기포의 청량감이 좋다. 대표적으로 이탈리아의 프로세코가 있다.
- **홈페이지** www.chateaudelatour.com

해물파전과 두 번째로 잘 어울리는 술 ②

이름 **장수 막걸리**	종류 **막걸리**	원료 **정제수, 백미, 팽화미, 입국, 아스파탐 등**

페어링

쌀에서 유래된 막걸리의 단맛과 전분이 전의 부침가루 전분과 잘 어우러진다. 두 개의 어울림이 입안을 정리해 주는 깔끔한 맛이 좋다. 가벼운 장수 막걸리의 텍스처와 무게감이 전과 잘 맞는다.

술 정보

알코올	6%
시각	아이보리색, 진한 쌀 음료색, 약한 탄산 기포
향	곡물향, 증편향, 단 향, 구운향, 고소한 향, 크림향
단맛	●◐○○○○
짠맛	◐○○○○○
신맛	●○○○○○
쓴맛	◐○○○○○
감칠맛	●◐○○○○
목넘김	●●●○○○
탄산	●◐○○○○

종합적 평가

술을 잔에 따를 때 자글자글한 탄산 소리가 들린다. 맛에서는 고소한 쌀의 풍미가 느껴지며, 마지막에는 입안을 깔끔하게 정리해 준다. 단맛과 신맛의 균형이 잘 맞아떨어진다.

해물파전과 세 번째로 잘 어울리는 술 ③

이름 **켈리**	종류 **맥주**	원료 **정제수, 맥아, 호프 펠렛, 호프즙, 효소제 등**

페어링

맥주 탄산이 입안을 깔끔하게 정리해 개운함을 느끼게 한다. 전체적으로 맥주의 깔끔함 덕분에 해물파전의 맛이 단계적으로 천천히 입안에서 느껴진다. 음식과 술이 각자의 특성을 유지하며 서로의 맛에 크게 영향을 미치지 않는다.

술 정보

알코올	4.5%
시각	진한 황금색,
향	풀향, 젖은 종이향, 곡물향, 비린내, 오이향
단맛	◐○○○○○
짠맛	○○○○○○
신맛	○○○○○○
쓴맛	●○○○○○
감칠맛	●○○○○○
목넘김	●●●○○○
탄산	●◐○○○○

종합적 평가

술은 바디감과 맛이 강하지 않고 평범하다. 약간의 오이 비린내도 느껴지며 전형적인 라거의 깔끔한 맛을 지닌다.

김치전

Kimchi Pancake

주재료(2인분)

잘 익은 김치 120g
김치 국물 3T
부침가루 120g
다시마 육수 240ml
달걀 1개
양파 1/2개
파 2대
홍고추 1개
청양고추 1개
식용유 적당량

다시마 육수

물 240ml
다시마 1조각

양념장

간장 3T
식초 1T
고춧가루 1t
다진 마늘 0.5t
다진 파 1T
참기름 1t
물 1T
통깨 약간

조리 방법

1 냄비에 물과 다시마를 넣고 중불에서 끓인다가 물이 끓어오르면 다시마를 건져 낸다.

2 김치를 잘게 썰어 준비하고, 김치 국물은 따로 보관한다.

3 양파는 얇게 채 썰고, 파는 3cm 길이로 썬다.

4 큰 볼에 부침가루를 넣고 달걀을 풀어 넣은 다음 김치 국물, 다시마 육수를 넣고 섞는다.

5 썰어 둔 김치, 양파, 파를 넣고 골고루 섞어 되직한 농도의 반죽을 만든다. 기호에 따라 고춧가루를 약간 추가하면 더 매콤한 맛을 낼 수 있다.

6 예열한 팬에 식용유를 넉넉히 두르고 반죽을 국자로 떠서 얇고 고르게 편다.

7 중불에서 약 3~4분간 익혀 바닥이 노릇해지면 뒤집어 반대쪽도 바삭하게 익힌다.

8 완성된 김치전을 접시에 담고, 얇게 썬 고추와 파를 위에 올린다.

9 준비한 재료를 섞어 양념장을 만들고 김치전과 함께 낸다.

Pairing with.

1 **사케** 나베시마 도쿠베츠준마이 클래식 아카이와 오마치

2 **약주** 화랑

3 **스파클링와인** 샤또 드 라뚜르 프랑수아 라베 크레망 드 부르고뉴 NV

김치전과 가장 잘 어울리는 술 ①

이름 **나베시마 도쿠베츠준마이 클래식 아카이와 오마치** 鍋島 特別純米 赤磐雄町	종류 **사케**	매칭 ● ● ● ○ ○

페어링

김치전은 전분과 기름으로 인해 입안에서 무게감이 있고 맛과 향이 강하지만, 사케의 알코올 도수가 맛의 강도를 조절해준다. 발효와 숙성을 통해 만들어진 사케의 맛과 향이 발효된 김치와 잘 어울린다.

술 정보

알코올	15%
시각	아주 연한 노란색, 연한 레몬색, 미색
향	전체적으로 약한 바닐라향, 약한 덜 익은 바나나 단 향, 쌀향, 구운향, 파인애플향
단맛	◐ ○ ○ ○ ○
짠맛	● ○ ○ ○ ○
신맛	● ○ ○ ○ ○
쓴맛	● ● ● ○ ○
감칠맛	● ◐ ○ ○ ○
목넘김	● ● ○ ○ ○
바디감	● ◐ ○ ○ ○

종합적 평가

향이 약하고 가벼운 단 향이 있다. 전체적인 균형미에서 견과류 껍질의 텁텁함이 있으면서 고소한 맛이 있다. 전체적으로 깔끔하면서 바디감이 가볍고 단맛보다는 드라이함이 느껴진다.

Made by

- **제조사** 후쿠치요 주조 富久千代酒造
- **생산 지역** 일본 〉 사가현
- **주요 품종** 아카이와오마치 赤磐雄町
- **분류** 도쿠베츠준마이슈 特別純米酒
- **정미율** 50%
- **음용온도** 5℃∼10℃

- **특징** 후쿠치요주조(富久千代酒蔵)는 1923년에 설립되었으며, 현 양조장 대표가 양조장을 물려받으며 나베시마 브랜드를 1998년 런칭하였다. 브랜드 역사가 길지 않음에도 사케 어워드 및 인터내셔널 와인 챌린지(IWC)에서 다수의 상을 수상한 경력이 있다. 브랜드명은 공모를 통해 이루어졌으며 현재 사가현을 통치했던 나베시마 가문에서 유래된 이름이다.
- **홈페이지** https://nabeshima.biz/

김치전과 두 번째로 잘 어울리는 술 ②

이름 **화랑**	종류 **약주**	원료 **정제수, 찹쌀, 누룩, 구연산, 젖산**

페어링

술의 단맛이 강하게 느껴지지만 김치전의 신맛과 어울려 맛이 중화되면서 술과 전의 밸런스가 맞춰진다. 전의 기름기와 술의 감칠맛 그리고 알코올이 잘 어울린다.

술 정보

알코올	13%
시각	투명하면서 연한 노란빛
향	달콤한 곡물향, 누룽지향, 누룩향, 알코올향, 약한 바닐라향
단맛	● ● ○ ○ ○
짠맛	◐ ○ ○ ○ ○
신맛	● ○ ○ ○ ○
쓴맛	● ○ ○ ○ ○
감칠맛	● ◐ ○ ○ ○
목넘김	● ● ○ ○ ○

종합적 평가

고소한 향이 감칠맛으로 이어지고, 누룽지의 고소하면서 약간의 새콤한 맛이 느껴진다. 약한 단맛이 있지만 산미가 있어 입안을 깔끔하게 정리해 준다.

김치전과 세 번째로 잘 어울리는 술 ③

이름 **샤또 드 라뚜르 프랑수아 라베 크레망 드 부르고뉴 NV** Chateau de La Tour, Francois Labet Cremant de Bourgogne	종류 **스파클링와인**	품종 **피노누아** Pinot Noir

페어링

산미가 강하고 상큼한 맛이 김치전의 새콤하고 기름진 맛을 잡아 준다. 단맛이 적어 김치와 술의 산미가 함께 느껴지지만, 신맛의 종류가 달라서 그 강도는 크게 느껴지지 않는다.

술 정보

알코올	12%
시각	연하고 투명한 황금색, 약한 구리빛과 적색
향	버터향, 빵향, 레몬향, 풋사과향, 캐러멜향
단맛	◐ ○ ○ ○ ○
짠맛	● ○ ○ ○ ○
신맛	● ● ◐ ○ ○
쓴맛	● ○ ○ ○ ○
감칠맛	◐ ○ ○ ○ ○
목넘김	● ● ◐ ○ ○
탄산	● ● ◐ ○ ○

종합적 평가

기포 크기가 다소 크고 자글자글한 탄산이 빠르게 사라진다. 향에 비해 신맛이 강하고 레몬의 맛과 향이 입안에 남는다. 향에서는 사과향이 두드러지지만 맛에서는 후미에서 약하게 느껴진다.

들기름 막국수

Buckwheat Noodles with Perilla Oil

주재료(2인분)

쪽파 3대
참깨 4T (또는 들깨가루 4T)
백묵은지 50g
메밀 면 200g
쯔유 4T
들기름 6T
김 가루 적당량

Pairing with.

1 **사케** 아베 REGULUS
2 **증류주** 불소곡주 43
3 **스파클링와인** 간치아 프로세코

조리 방법

1 쪽파는 송송 썰고, 참깨는 빻는다(들깨가루로 대체 가능하다).

2 백묵은지는 물기를 제거한 후 얇게 채 썬다.

3 포장지의 조리법에 적혀 있는 시간만큼 끓는 물에 메밀 면을 삶은 뒤, 찬물에 헹궈 전분기를 제거하고 물기를 충분히 뺀다.

4 면을 볼에 담고 쯔유와 들기름을 넣어 골고루 섞는다.

5 면을 그릇에 가지런히 담고, 백묵은지와 빻은 참깨를 올린 다음 쪽파와 김가루를 뿌려 완성한다.

들기름 막국수와 가장 잘 어울리는 술 ①

이름 **아베 REGULUS** あべ レグルス	종류 **사케**	매칭 ● ● ● ● ◐

페어링

들기름 막국수(골동면 형태)의 다양한 식재료와 메밀의 텍스처가 술의 약간 무거운 바디감과 잘 어울린다. 들기름 막국수의 간장과 기름이 술의 새콤함으로 인해 깔끔해지고, 들깨의 고소함이 술과 적절하게 조화를 이룬다. 산미가 있으면서 달지 않은 술맛이 전체적으로 들기름 막국수의 맛을 더욱 돋보이게 해 준다.

술 정보

알코올	12%
시각	아주 연한 노란색, 맑고 투명함
향	약한 패션푸르츠향, 약한 멜론향, 망고향, 시트러스향
단맛	● ● ○ ○ ○
짠맛	● ◐ ○ ○ ○
신맛	● ○ ○ ○ ○
쓴맛	○ ○ ○ ○ ○
감칠맛	● ● ○ ○ ○
목넘김	● ● ● ○ ○

종합적 평가

사케와 화이트와인의 중간 느낌을 가진 술이다. 과실의 풍미가 있으며 목넘김이 부드럽고 알코올 도수는 낮다. 과일 풍미가 두드러지며 드라이하지만 단맛과 산미는 약하게 느껴진다. 맛 자체가 강하지 않아 마시기 편하다.

Made by

- **제조사** 아베주조 阿部酒造株式会社
- **생산 지역** 일본 〉 니가타현
- **주요 품종** 니가타현 쌀
- **분류** 비공개
- **정미율** 비공개

- **음용 온도** 5℃~10℃
- **특징** 아베주조는 1804년 개업한 200년 전통을 가진 양조장이다. 레굴루스는 아베주조의 도전적인 스타시리즈 중 하나이며, 가시와자키시산 쌀로 양조해 쌀이 수확되는 논을 라벨 이미지로 차용하고 있다.
- **홈페이지** https://www.abeshuzo.com

들기름 막국수와 두 번째로 잘 어울리는 술 ②

이름 **불소곡주 43**	종류 **증류주**	원료 **찹쌀, 누룩, 들국화, 메주콩, 생강, 홍고추 등**

페어링

불소곡주의 향과 들기름 막국수의 다양한 향이 조화롭게 어울린다. 들기름의 오일리함을 도수 높은 알코올이 깔끔하게 정리해 주며, 입안에서 음식의 마지막 단맛과 잘 어우러진다. 자극적이지 않은 들기름 막국수의 특징이 알코올의 느낌을 더욱 끌어올리면서 증류주의 향을 다양하게 만든다.

술 정보

알코올	43%
시각	투명하고 깨끗함
향	들국화향, 꽃향, 떫은 감향, 약한 탄 향, 나무향, 바닐라향, 갈대향, 생강향, 강황향
단맛	●●●○○
짠맛	●◐○○○
신맛	○○○○○
쓴맛	●◐○○○
감칠맛	●●●○○
목넘김	●●●○○
바디감	●●●○○

종합적 평가

증류주의 단맛은 처음에는 약하지만 시간이 지남에 따라 꿀처럼 느껴지며 바디감도 무겁게 변한다. 시간이 지날수록 입안에는 시원한 느낌과 긴 피니시의 허브향이 느껴지며 알코올의 증발로 인해 개운한 느낌이 난다.

들기름 막국수와 세 번째로 잘 어울리는 술 ③

이름 **간치아 프로세코** Gancia Prosecco	종류 **스파클링와인**	품종 **프로세코** Prosecco

페어링

들기름 막국수의 짠맛이 와인의 단맛과 잘 어우러지며, 와인의 산미가 부드러워진다. 막국수의 들기름향이 와인의 구운 빵향과 조화를 이루고, 입안의 오일리함을 와인의 산미가 깔끔하게 잡아 준다.

술 정보

알코올	11.5%
시각	밝은 레몬 및 노란색, 탄산 버블감은 큼
향	레몬향, 풋사과향, 빨간 사과향, 오렌지향, 약간의 구운 빵
단맛	●●○○○
짠맛	◐○○○○
신맛	●◐○○○
쓴맛	◐○○○○
감칠맛	●○○○○
목넘김	●●●○○
탄산	●●○○○

종합적 평가

스파클링와인은 새콤달콤하며 탄산의 상큼한 맛이 돋보인다. 약간의 단맛과 신맛이 균형을 이루어 가볍게 마시기 좋으며, 여름철에 특히 잘 어울린다.

보쌈

Kimchi wraps with pork

주재료(2인분)

통 삼겹살 600g
식용유 1T
깐 마늘 5톨
고추 1~2개
쌈장 적당량

고기 삶기용 재료

물 2ℓ
양파 1/2개
대파 1대
깐 마늘 10톨
통후추 15알
월계수 잎 5장
된장 2T
인스턴트커피 1T
소금 1.5T

무말랭이 무침

무말랭이 100g
고추가루 2T
설탕 1T
다진 마늘 1T
진간장 2T
맛술 1T
참기름 1T
통깨 1T

부추 무침

부추 100g
고추가루 1T
설탕 1t
다진 마늘 1t
진간장 1T
참기름 1T
통깨 1T

조리 방법

1 무말랭이는 물에 20분 정도 불린 뒤 물기를 짜고 무침 재료를 넣어 골고루 버무린다.
2 부추는 5cm 길이로 썰어 볼에 담은 뒤 양념을 넣고 고루 섞어 무친다.
3 삼겹살은 키친타월로 수분을 제거하고 격자 무늬로 칼집을 낸다.
4 예열한 팬에 식용유를 두르고 센 불에서 삼겹살을 뒤집어 가며 고르게 굽는다.
5 큰 냄비에 고기 삶기용 재료를 넣고 센 불에서 끓인다.
6 끓는 물에 삼겹살을 넣고 불을 줄인 후 고기가 부드러워질 때까지 익힌다.
7 삼겹살을 꺼내 잠시 식힌 뒤 먹기 좋은 크기로 썬다.
8 접시에 상추를 깔고 삼겹살을 올린다.
9 무말랭이 무침, 부추 무침, 고추, 깐 마늘, 쌈장을 곁들여 낸다.

Pairing with.

1 **증류주(리큐르)** 이강주
2 **증류주** 마한 24
3 **약주** 백세주

251

보쌈과 가장 잘 어울리는 술 ①

이름 **이강주**	종류 **증류주(리큐르)**	매칭 ● ● ● ◐ ○

페어링

보쌈의 돼지 비계에서 나오는 기름을 술의 알코올이 씻어 내어 부드럽고 먹기 편하게 만든다. 수육의 자극적이지 않은 맛과 향이 증류주의 맛과 향을 해치지 않으면서 수육의 느끼함을 증류주의 알코올이 잡아 주어 입안을 깔끔하게 정리한다.

술 정보

알코올	25%
시각	투명하며 맑고 깨끗함
향	계피, 보리 볶은 향, 쌀향, 울금, 바닐라, 생강
단맛	● ● ○ ○ ○
짠맛	◐ ○ ○ ○ ○
신맛	● ○ ○ ○ ○
쓴맛	● ○ ○ ○ ○
감칠맛	● ● ◐ ○ ○
목넘김	● ● ● ◐ ○
바디감	● ● ● ○ ○

종합적 평가

술의 원료인 계피의 톡 쏘는 향과 맛이 지배적이다. 연한 수정과 맛이 있으며 생강과 배의 약한 단맛이 느껴진다. 음식 없이 언더락으로 마시면 맛과 향을 충분히 느낄 수 있다.

Made by

- **제조사** 전주 이강주
- **생산 지역** 전라북도 〉 전주시
- **원료** 정제수, 쌀, 보리, 배, 생강, 계피, 울금, 꿀, 효모, 누룩, 조효소제
- **음용 온도** 10~15℃

- **특징** 최남선의 조선상식문답에 조선의 유명한 술 중 하나로 소개되어 있으며 증류식 소주에 배와 생강이 들어간다 해서 이강주라 불리게 되었다. 전라북도 무형문화제 제 6호로 지정되어 있으며 이강고(梨薑膏)라고 부르기도 한다.
- **홈페이지** http://www.leegangju.co.kr

보쌈과 두 번째로 잘 어울리는 술 ②

이름 **마한 24**	종류 **증류주**	원료 **쌀, 정제수**

페어링

보쌈의 돼지고기 기름을 알코올이 씻어 내며, 술의 향이 강하지 않아 보쌈의 은은한 향과 맛을 잘 느낄 수 있다. 술의 단맛이나 쓴맛이 약해 보쌈의 감칠맛을 더 잘 살린다.

술 정보

알코올	24%
시각	투명하며 맑고 깨끗함
향	약한 바닐라, 단 향, 황도 복숭아향, 망고향, 시원한 오이향
단맛	◑○○○○
짠맛	○○○○○
신맛	○○○○○
쓴맛	●○○○○
감칠맛	●○○○○
목넘김	●●●○○
바디감	●○○○○

종합적 평가

도수가 낮아 부드럽고 편하게 마실 수 있으며 가볍다. 향기는 다양하고 은은하며 마지막은 부드러운 술로, 무난하게 마실 수 있다.

보쌈과 세 번째로 잘 어울리는 술 ③

이름 **백세주**	종류 **약주**	원료 **정제수, 쌀, 인삼, 오미자, 복령, 구기자 등**

페어링

보쌈이 가진 약간의 한약재 향이 술의 한약재 향과 결합되어 자연스럽게 느껴진다. 돼지 비계의 기름기는 술의 알코올에 씻겨 나가며, 술의 단맛과 신맛이 마지막에 입안의 맛을 깔끔하게 정리해 준다.

술 정보

알코올	13%
시각	투명하면서 약간의 황금색, 연한 구리빛
향	한약재향, 오미자향, 인삼향, 새콤한 향, 나무껍질향
단맛	●●○○○
짠맛	◑○○○○
신맛	●●○○○
쓴맛	●○○○○
감칠맛	●◑○○○
목넘김	●●◑○○

종합적 평가

한약재의 향이 강하지 않고 당도와 산도의 균형감이 좋다. 마지막에 남는 술의 쓴맛과 한약재의 맛은 술의 특징이지만 젊은 층에게는 다소 어렵게 느껴질 수도 있다.

족발

Braised pig's Feet

주재료(2인분)
족발 1개

족발 삶기용 재료
물 4ℓ
대파 2대
양파 1개
깐 마늘 10톨
깐 생강 10톨
고추 5개
청주 240ml
진간장 240ml
흑설탕 200g
굵은 소금 100g
통후추 1T
굴소스 120ml
춘장 3T
식초 120ml
정향 4개
계피 1조각

새우젓 소스
새우젓 1T
고춧가루 1T
참기름 1T
식초 1T

곁들임 재료
깻잎
양파 1개
대파 2대
홍고추 1~2개
깐 마늘 적당량
쌈장 적당량

조리 방법

1 족발은 깨끗하게 손질한 뒤 찬물에 2시간 이상 담가 핏물을 제거한다.

2 손질한 깻잎과 양파는 각각 채 썰고, 홍고추는 슬라이스하고, 마늘은
   편 썬다.

3 끓는 물에 족발을 넣어 불순물을 제거한 후 건져 찬물에 헹군다.

4 큰 냄비에 물을 붓고 끓인다. 물이 끓으면 족발을 넣고 뚜껑을
   연 채로 중불에서 30분간 끓여 잡내를 제거한다. 이후 약불로 줄이고
   준비한 삶기용 재료를 넣은 다음 뚜껑을 덮고 1시간 정도 더 삶아 고기에
   양념이 깊게 배도록 한다.

5 족발이 부드럽게 익으면 꺼내어 식힌 뒤 부위별로 살코기를 발라낸다.
   껍질이 붙은 살코기는 얇게 썬다.

6 접시에 깻잎채와 양파채를 깔고 그 위에 족발을 담는다.

7 대파채와 홍고추를 얹고 마늘과 쌈장을 곁들인다.

8 작은 볼에 준비한 재료를 섞어 새우젓 소스를 만든 뒤 함께 낸다.

Pairing with.

1 **화이트와인** 맥매니스 캘리포니아 비오니에 2020
2 **약주** 백세주
3 **증류주** 송화백일주

족발과 가장 잘 어울리는 술 ①

이름 **맥매니스 비오니에 2020** McManis Viognier 2020	종류 **화이트와인**	매칭 ● ● ● ○ ○

페어링

와인이 가진 다양한 향이 한약재의 향과 결합되어 새로운 향을 만들어 낸다. 와인의 새콤한 맛이 족발의 기름기를 깔끔하게 정리하며, 술의 가벼운 바디감과 약간의 감칠맛이 족발의 무거운 맛을 보완하고 전체적인 맛을 상승시킨다.

술 정보

알코올	13.5%
시각	밝은 노란색과 볏짚색, 맑고 깨끗함
향	청포도향, 복숭아향, 사과향, 레몬향, 새콤한 향, 아카시아향
단맛	● ○ ○ ○ ○
짠맛	◐ ○ ○ ○ ○
신맛	● ● ◐ ○ ○
쓴맛	● ○ ○ ○ ○
감칠맛	● ◐ ○ ○ ○
목넘김	● ● ● ○ ○

종합적 평가

와인의 적당한 산미가 전체적인 맛의 균형을 잡아 준다. 입안에서 부드럽고 묵직한 질감이 느껴지며, 과실향이 길게 남아 여운을 남긴다.

Made by

• **제조사** 맥매니스 와이너리 McManis Winery
• **생산 지역** 미국 〉 캘리포니아
• **주요 품종** 비오니에 Viognier
• **음용 온도** 10~12℃
• **특징** 비오니에는 프랑스가 원산지인 품종이며, 재배하기가 어렵고 생산이 불규칙하여 1960년대에는 소량 생산으로 거의 멸종될 뻔했다. 이후 포도의 매력을 알아본 소비자와 생산자들에 의해 서서히 부활하기 시작, 현재는 남아공, 아르헨티나, 이탈리아, 칠레 등지에서 재배를 넓혀 가고 있다. 포도알은 작고 껍질은 두껍다. 또한 향이 좋고 산도가 낮으며 당 함량이 높다.
• **홈페이지** https://www.mcmanisfamilyvineyards.com

족발과 두 번째로 잘 어울리는 술 ②

이름 **백세주**	종류 **약주**	원료 **정제수, 쌀, 인삼, 건오미자, 생오미자, 구기자 등**

페어링

족발의 한약재 향이 술의 한약재 향과 결합되어 자연스럽게 어우러진다. 돼지 콜라겐의 기름기는 술의 알코올에 의해 씻겨 나가며, 술의 단맛과 신맛이 입안의 마지막 맛들을 정리해 다음 음식을 먹기 좋게 해 준다.

술 정보

알코올	13%
시각	투명하면서 약간의 황금색, 연한 구리빛
향	한약재향, 오미자향, 인삼향, 새콤한 향, 나무껍질향
단맛	● ● ○ ○ ○
짠맛	◐ ○ ○ ○ ○
신맛	● ● ○ ○ ○
쓴맛	● ○ ○ ○ ○
감칠맛	● ◐ ○ ○ ○
목넘김	● ● ◐ ○ ○

종합적 평가

한약재의 향이 강하지 않고 당도와 산도의 균형감이 좋다. 마지막에 남는 술의 쓴맛과 한약재의 맛은 술의 특징이지만 젊은 층에게는 다소 어렵게 느껴질 수도 있을 듯하다.

족발과 세 번째로 잘 어울리는 술 ③

이름 **송화백일주**	종류 **증류주**	원료 **정제수, 쌀, 찹쌀, 누룩, 산수유 등**

페어링

술의 한약재향이 족발의 한약재향과 잘 어울리며 크게 거부감을 주지 않는다. 족발의 기름기는 증류주의 높은 알코올로 씻겨 나가며 입안을 깔끔하게 정리해 준다. 술의 감칠맛이 족발의 감칠맛과 조화를 이루어 맛을 더욱 풍부하게 한다.

술 정보

알코올	38%
시각	투명함, 연한 갈색, 호박
향	솔향, 구기자향, 한약재 건조향, 목질향, 송진향 단 향, 꿀향
단맛	● ● ○ ○ ○
짠맛	● ○ ○ ○ ○
신맛	◐ ○ ○ ○ ○
쓴맛	● ◐ ○ ○ ○
감칠맛	● ● ● ○ ○
목넘김	● ● ● ◐ ○
바디감	● ● ● ○ ○

종합적 평가

증류주지만 단 향이 있으며 진한 꿀 느낌이 있다. 입안에 퍼지는 향은 나무를 입에 머금고 있는 듯하며, 향기로운 소나무의 향이 퍼지고 마지막에 꿀물의 잔향이 남는다. 알코올의 향이나 단맛이 부드럽게 느껴진다.

제육볶음

Stir-fried Pork

주재료(2인분)

돼지고기(앞다리살) 500g
마늘 7쪽
대파 1대
양파 1개
식용유 약간
참기름 1T
통깨 약간

양념장

고운 고춧가루 2T
설탕 1.5T
된장 0.5T
고추장 2T
진간장 2T
맛술 1.5T
다진 마늘 1T
간 양파 3T
후춧가루 약간
물 50ml
참기름 1T

조리 방법

1 볼에 준비한 재료를 순서대로 넣어 양념장을 만든다.

2 돼지고기는 얇게 썰어 키친타월로 핏물을 제거한 뒤 양념장에 20~30분간 재운다.

3 마늘은 편으로 썰고 대파와 양파는 채 썬다.

4 예열한 팬에 식용유를 두르고 마늘을 볶다가 돼지고기를 넣고 양념이 타지 않도록 뒤적여 볶는다.

5 고기가 반쯤 익으면 양파를 넣고 함께 볶는다.

6 재료가 다 익으면 불을 끄고 참기름을 넣는다.

7 접시에 담아 파채를 올리고 통깨를 뿌려 완성한다.

Pairing with.

1 **막걸리** 해창 9도

2 **레드와인** 샤또 푸이게로 2017

3 **사케** 시메하리츠루 츠키

제육볶음과 가장 잘 어울리는 술 ①

이름 **해창 9도**	종류 **막걸리**	매칭 ● ● ● ○ ○

페어링

제육볶음의 고추장 매운맛과 짭짤함이 술의 단맛과 어우러져 음식과 술의 균형을 잡아 준다. 술의 고소함과 산미가 느껴지며 묵직함이 제육볶음의 기름기와 자극적인 맛과 향을 잘 눌러 준다. 술의 단맛과 제육볶음의 짠맛, 즉 단짠의 조화가 훌륭하다.

술 정보

알코올	9%
시각	살구빛이 도는 아이보리색, 요구르트색, 콩국수처럼 점도가 강함
향	고소한 땅콩향, 새콤한 향, 크림향, 덜 익은 살구향, 잡곡향, 약한 파인애플향 등
단맛	● ● ● ○ ○
짠맛	● ○ ○ ○ ○
신맛	● ● ○ ○ ○
쓴맛	◐ ○ ○ ○ ○
감칠맛	● ● ◐ ○ ○
목넘김	● ● ● ◐ ○

종합적 평가

향은 강한 견과류향이 나지만, 맛을 본 후 입안에 남는 것은 파인애플향이다. 맛은 묵직해서 입안에 오일리함이 느껴지고, 요구르트 맛이 난다. 농축된 단맛과 진한 농도로 묵직한 목넘김이 있다.

Made by

- **제조사** 해창 주조장
- **생산 지역** 전라남도 〉 해남군
- **원료** 정제수, 찹쌀, 멥쌀, 입국, 곡자
- **음용 온도** 5~10℃
- **특징** 해창주조장의 살림집과 정원은 일본 군마현에서 태어나 강진을 거쳐 해남에 정착해서 살던 '시바다 히코헤이'에 의해서 1927년에 지어지고 조성되었다. 2014년에는 40여종의 수목이 빼곡한 정원이 아름답고 주변에 근대문화유산이 남아 있어 농림축산 식품부 지정 '찾아가는 양조장'으로 선정되었다.
- **홈페이지** https://haechangmakgeolli.co.kr

제육볶음과 두 번째로 잘 어울리는 술 ②

이름 **샤또 푸이게로 2017** Chateau Puygueraud 2017	종류 **레드와인**	품종 **메를로, 카베르네 프랑, 말벡** Merlot, Cabernet Franc, Malbec

페어링

제육볶음 고추장 속 고춧가루의 매운 맛과 와인의 매운 맛이 잘 어울린다. 단맛이 강하지 않은 와인이 고추장 양념의 맛을 잘 느끼게 해 주며 부족한 부분을 채워 준다. 약간의 신맛과 쓴맛, 탄닌이 제육볶음의 기름과 잘 어우러지면서 맛을 조화롭게 만들어 준다.

술 정보

알코올	14.5%
시각	진한 루비색, 자주색
향	약한 가죽향, 파프리카향, 매운(고추) 스모키향, 베리향, 푸석푸석 배(서양배)향, 후추향, 바닐라향
단맛	◐○○○○
짠맛	●●○○○
신맛	●●○○○
쓴맛	●◐○○○
감칠맛	●○○○○
목넘김	●●●○○
탄닌	●◐○○○

종합적 평가

향이 복합적이고 뚜렷하게 느껴지며 입안의 감촉이 부드럽다. 맛에서는 베리 맛이 강하고 목넘김이 부드러워 마시기 좋다. 크게 튀는 부분 없이 밸런스가 좋다.

제육볶음과 세 번째로 잘 어울리는 술 ③

이름 **시메하리츠루 츠키** 〆張鶴 月	종류 **사케**	분류 **혼조조**	쌀품종 **고햐쿠만고쿠** 五百万石	정미율 **55%**

페어링

제육볶음에 있는 파를 함께 먹으면 술의 감칠맛이 증가하여 맛이 더 좋아진다. 사케의 단맛과 고추장의 단맛이 어우러져 제육볶음의 매운맛을 눌러 주면서 부드럽게 해 준다. 마지막에는 술이 입안을 깔끔하게 정리해 준다.

술 정보

알코올	15%
시각	노란색이 적은 미색
향	꿀향, 약한 포도풍선껌, 아카시아향, 푸석푸석 사과향, 알코올향. 시간이 지나면 청포도향이 약간 강해짐
단맛	●○○○○
짠맛	○○○○○
신맛	●○○○○
쓴맛	●○○○○
감칠맛	●◐○○○
목넘김	●●○○○

종합적 평가

향이 강하지 않고 복잡하지 않다. 맛도 향과 비슷하게 단순하고 순하며 깔끔하다. 마지막에는 은은한 바나나 맛이 느껴지며 자극적인 알코올 맛이 남는다.

삼계탕

Ginseng Chicken Soup

주재료(2인분)

닭(삼계탕용) 2마리
소금 약간
후추 약간
대추 약간

닭 속 재료

찹쌀 70g
인삼 2뿌리
깐 마늘 8톨

닭 육수 재료

대파 1대
양파 1개
생강 10g
통후추 0.5t
물 2ℓ

조리 방법

1 찹쌀은 물에 1시간 정도 불린 뒤 체에 받쳐 물기를 뺀다.

2 인삼은 꼭지와 잔뿌리를 제거하고, 대추는 물에 불려 준비한다.

3 대추를 돌려 깎아 씨를 제거한 뒤 돌돌 말아 칼로 얇게 잘라 대추꽃
   모양을 만든다.

4 삼계탕용 닭을 깨끗이 손질해 씻은 뒤 물기를 뺀다.

5 닭 속 재료를 채워 넣고 한쪽 다리에 구멍을 내어 다른 다리를 교차시켜
   속재료가 빠지지 않도록 고정한다.

6 냄비에 물을 담고 닭과 육수 재료를 넣어 끓인다.

7 센 불에서 10분 정도 끓이면서 떠오르는 거품과 불순물을 걷어 낸다.

8 중약불에서 30~40분 동안 푹 끓인 뒤 불을 끄고 뚜껑을 덮어 10분간
   뜸을 들인다.

9 소금과 후추로 간을 맞추고, 대추 꽃을 얹어 완성한다.

Pairing with.

1 **화이트와인** 트라피체 메달라 샤르도네 2019
2 **레드와인** 알베르 비쇼 지브리 샹베르탱 라 저스티스 2019
3 **약주** 오메기술

삼계탕과 가장 잘 어울리는 술 ①

| 이름 | **트라피체 메달라 샤르도네 2019**
Trapiche Medalla Chardonnay 2019 | 종류 | **화이트와인** | 매칭 ● ● ● ◑ ○ |

페어링

와인을 단독으로 마셨을 때보다 삼계탕과 함께 먹었을 때 오크의 특징이 잘 드러나며, 삼계탕의 담백함과 잘 어울린다. 술과 삼계탕 모두 강하지 않은 맛이라 서로를 해치지 않으며, 각자의 맛을 잘 느끼게 해 준다.

술 정보

알코올	14%
시각	연한 레몬색, 약간의 초록빛
향	약한 시트러스와 노란 망고 과실향, 미네랄향, 약한 오크향
단맛	○ ○ ○ ○ ○
짠맛	● ◑ ○ ○ ○
신맛	● ● ● ◑ ○
쓴맛	● ● ○ ○ ○
감칠맛	● ○ ○ ○ ○
목넘김	● ◑ ○ ○ ○

종합적 평가

과일의 맛으로 시작하여 쓴맛으로 변화한다. 자몽과 레몬 등 감귤류 계통의 껍질(제스트)의 쓴맛과 신맛이 결합된 술이다. 술만으로는 호불호가 갈릴 수 있으며 음식과의 페어링이 중요한 술이다.

Made by

- **제조사** 트라피체 Trapiche
- **생산 지역** 아르헨티나 〉 멘도사
- **주요 품종** 샤르도네 Chardonnay
- **음용 온도** 10~12℃

- **특징** 샤르도네 – 다양한 토양, 기후에 잘 적응하여 세계 곳곳에서 재배하고 있다. 양조 방식도 다양하여 와인의 스타일도 폭넓다. 오크 숙성 시 바디감과 복합미가 느껴지며, 스테인레스스틸 숙성 시엔 청사과나 레몬의 신선함이 있다. 앙금 숙성을 거치면 고소한 향과 맛, 유산 발효로 좋은 산미를 맛볼 수 있다.
- **홈페이지** https://www.trapiche.com.ar

삼계탕과 두 번째로 잘 어울리는 술 ②

이름	알베르 비쇼 지브리 샹베르탱 라 저스티스 2019 Albert Bichot Gevrey Chambertin La Justice 2019	종류	레드와인	품종	피노누아 Pinot Noir

페어링

삼계탕과 술을 먹을 때 탄닌의 감촉이 강하지 않고 오미자처럼 산미와 쌉싸름함이 느껴져서 닭의 기름기를 정리해 준다. 술의 향이 삼계탕의 비릿한 향을 잡아 주어 맛과 향을 모두 상승시킨다.

술 정보

알코올	13.5%
시각	퍼플에서 루비 사이의 색상. 색의 심도가 얕다
향	블랙베리, 뿌리(연근, 비트 등), 젖은 흙향, 약한 감초향, 새콤한 향
단맛	◐○○○○
짠맛	●◐○○○
신맛	●●○○○
쓴맛	●○○○○
감칠맛	◐○○○○
목넘김	●●○○○
탄닌	●●◐○○

종합적 평가

새콤한 산미가 느껴지며 덜 익은 과일맛(크랜베리, 오미자)이 난다. 과일향이 강하지 않으며 처음에는 약간 밋밋한 맛이지만, 중간부터 뿌리의 쌉쌀한 맛이 두드러지게 느껴진다.

삼계탕과 세 번째로 잘 어울리는 술 ③

이름	오메기술	종류	약주	원료	백미, 입국, 차조, 누룩, 감초, 조릿대 등

페어링

술의 단맛이 조금 강하지만 삼계탕의 기름진 맛을 해치거나 거슬릴 정도는 아니다. 마지막 알코올과 술의 단맛이 닭의 감칠맛과 잘 어울리며, 술이 가진 약간의 간장향이 삼계탕의 맛을 한층 상승시킨다.

술 정보

알코올	13%
시각	중간 레몬색 또는 연한 황금색
향	곡물향, 단 향, 풀향, 약한 청장(맑은간장)향
단맛	●●●○○
짠맛	●○○○○
신맛	●◐○○○
쓴맛	●○○○○
감칠맛	●○○○○
목넘김	●●●○○

종합적 평가

향에 비해 맛에서 단맛이 강하게 느껴지지만 산도가 있어 거부감이 없다. 마지막에는 짠맛과 쓴맛(사포닌, 도라지)도 느껴지는데 자연스럽고, 전체적인 균형감은 향보다 맛에서 더 좋다.

닭볶음탕

Spicy Braised Chicken

주재료(2인분)

닭(볶음탕용) 1마리
대파 2대
감자 2개
양파 1개
당근 1/4개
깻잎 5장
식용유 2T
참기름 1T

양념

고춧가루 3T
설탕 2T
된장 1/2T
진간장 4T
고추장 1T
맛술 3T
다진 마늘 2T
참기름 1T
물 2컵

조리 방법

1 닭은 깨끗이 손질해 씻은 뒤 물기를 뺀다.
2 대파는 5cm 길이로 썰고, 감자와 양파는 큼직하게 썬다. 당근은 도톰하게 썰고, 깻잎은 채 썰어 준비한다.
3 볼에 준비한 재료들을 섞어 양념장을 만든다.
4 냄비를 예열한 뒤 식용유를 두르고 대파를 볶아 향을 낸다.
5 닭을 넣고 겉면이 익을 때까지 볶다가 감자, 양파, 당근을 넣고 준비한 양념장을 붓는다.
6 센 불에서 한소끔 끓인 뒤, 중약불로 줄여 뚜껑을 덮고 약 25~30분간 끓인다. 중간에 국물을 끼얹어 가며 재료에 양념이 고루 배도록 한다.
7 재료가 모두 익고 국물이 걸쭉하게 졸아들면 참기름 1T를 넣고 한 번 더 섞는다.
8 완성된 닭볶음탕을 그릇에 담고 채 썬 깻잎을 올려 마무리한다.

Pairing with.

1 **레드와인** 알베르 비쇼 쥬브레 샹베르땡 라 저스티스 2019
2 **화이트와인** 트라피체 메달라 샤르도네 2019
3 **사케** 샤라쿠 준마이슈

닭볶음탕과 가장 잘 어울리는 술 ①

이름 **알베르 비쇼 쥬브레 샹베르땡 라 저스티스 2019** Albert Bichot Gevrey Chambertin La Justice 2019	종류 **레드와인**	매칭 ● ● ● ◑ ○

페어링

닭볶음탕의 매콤한 단맛이 술의 탄닌, 알코올과 조화를 이루어 양념의 매운맛을 중화시켜 준다. 술의 신선하고 산뜻한 맛이 닭 양념의 고추장 감칠맛과 잘 어우러져 음식의 풍미가 한층 더 깊게 느껴진다.

술 정보

알코올	13.5%
시각	퍼플에서 루비 사이의 색상, 색의 심도가 얕다
향	블랙베리, 뿌리(연근, 비트 등), 젖은 흙향, 약한 감초향, 새콤한 향,
단맛	◑ ○ ○ ○ ○
짠맛	● ◑ ○ ○ ○
신맛	● ● ○ ○ ○
쓴맛	● ○ ○ ○ ○
감칠맛	◑ ○ ○ ○ ○
목넘김	● ● ○ ○ ○
탄닌	● ● ◑ ○ ○

종합적 평가

새콤한 산미가 느껴지고 덜 익은 과일(크랜베리, 오미자) 맛이 난다. 과실향은 강하지 않으며 처음에는 약간 가볍고 밋밋하게 시작되지만 중반부터는 뿌리 특유의 씁쓸한 맛이 강하게 느껴진다.

Made by

- **제조사** 알베르 비쇼 Albert Bichot
- **생산 지역** 프랑스 〉 부르고뉴
- **주요 품종** 피노누아 Pinot Noir

- **음용 온도** 14~16℃
- **홈페이지** www.albert-bichot.com

닭볶음탕과 두 번째로 잘 어울리는 술 ②

이름 **트라피체 메달라 샤르도네 2019** Trapiche Medalla Chardonnay 2019	종류 **화이트와인**	품종 **샤르도네** Chardonnay

페어링

술의 새콤한 맛이 닭의 매콤한 맛과 어우러져 매운맛을 부드럽게 해 주고 양념의 풍미를 더욱 맛있게 만들어 준다. 술이 가진 쓴맛이 닭볶음탕의 단맛을 줄여 주어 전체적으로 부드럽고 균형 잡힌 맛을 느낄 수 있다.

술 정보

알코올	14%
시각	연한 레몬색, 약간의 초록빛
향	약한 시트러스와 노란 망고향, 미네랄향, 약한 오크향
단맛	○○○○○
짠맛	●◐○○○
신맛	●●●◐○
쓴맛	●●○○○
감칠맛	●○○○○
목넘김	●◐○○○

종합적 평가

과일의 상큼한 맛으로 시작해 점차 쓴맛으로 변화하는 술이다. 자몽과 레몬 같은 감귤류 껍질(제스트)의 쌉싸름한 맛에 신맛이 더해져 독특한 풍미를 자아낸다. 단독으로 마시기에는 호불호가 갈릴 수 있어 음식과의 페어링이 중요한 술이다.

닭볶음탕과 세 번째로 잘 어울리는 술 ③

이름 **샤라쿠 준마이슈** 寫楽 純米酒	분류 **준마이**	쌀품종 **유메노카오리** 夢の香	정미율 **60%**

페어링

닭볶음탕의 매운맛이 술의 알코올감을 줄여 주어, 술이 더욱 부드럽게 느껴지고 마시기 편해진다. 끝으로 갈수록 사케의 감칠맛과 닭고기의 감칠맛이 국물의 감칠맛과 어우러지면서 전체적인 맛을 한층 끌어올린다. 마무리 단계에서는 높은 알코올 도수가 강렬하게 인상을 남긴다.

술 정보

알코올	16%
시각	약간의 노란빛이 남는 투명한 백색
향	바나나향, 멜론향, 알코올향, 약한 복숭아 향, 쌀향
단맛	●◐○○○
짠맛	◐○○○○
신맛	●○○○○
쓴맛	●○○○○
감칠맛	●●○○○
목넘김	●●○○○

종합적 평가

단맛이 은은하게 나면서 쌀의 감칠맛이 느껴진다. 향에 비해 맛은 단순하지만 전체적으로 튀는 맛 없이 균형미를 갖춘 술이다. 마무리에서는 약한 알코올감이 남는다.

간장찜닭

Soy Sauce Braised chicken

주재료(2인분)

닭(볶음탕용) 1마리
납작 당면 50g
무 100g
당근 1개
대파 1대
양파 1/2개
베트남 건고추 5개
깐 마늘 10톨
팔각(스타 아니스) 5개
물 4컵
소금 약간
후추 약간
통깨 약간

양념

짜장 가루 2T
생강 분말 10g
고춧가루 3T
설탕 3T
진간장 4T
굴소스 2T
맛술 2T
다진 마늘 1T
후추 약간

조리 방법

1 납작당면은 미지근한 물에 1시간 이상 불린다.

2 닭을 깨끗이 손질해 씻은 후 양념이 잘 스며들도록 칼집을 넣는다.

3 준비한 재료를 순서대로 넣고 섞어 양념을 만든다.

4 대파와 양파는 슬라이스하고, 무는 납작하게 썬다. 당근은 둥글게 썰어 모서리를 다듬는다.

5 예열한 냄비에 닭을 껍질 쪽부터 노릇하게 굽는다. 닭이 갈색빛을 띠면 소금 약간과 베트남 건고추를 넣어 함께 볶는다.

6 손질한 무, 당근, 대파, 양파, 깐 마늘, 팔각을 넣고 볶다가 양념장을 추가한다.

7 물 4컵을 넣고 뚜껑을 덮어 재료가 충분히 익을 때까지 뭉근하게 끓인다.

8 불려 둔 당면을 넣고 강불에서 국물이 자작해질 때까지 졸인다.

9 완성된 찜닭에 후추와 통깨를 뿌려 마무리하고 접시에 담아 낸다.

Pairing with.

1 **레드와인** 알베르 비쇼 쥬브레 샹베르땡 라 저스티스 2019

2 **화이트와인** 트라피체 메달라 샤르도네 2019

3 **막걸리** 범표 생 막걸리

간장찜닭과 가장 잘 어울리는 술 ①

이름	알베르 비쇼 쥬브레 샹베르땡 라 저스티스 2019 Albert Bichot Gevrey Chambertin La Justice 2019	종류 **레드와인**	매칭 ● ● ● ◐ ○

페어링

레드와인을 마시고 간장 찜닭을 먹으면 프랑스 요리인 꼬꼬뱅을 먹는 느낌이 든다. 레드와인이 요리의 양념처럼 잘 어우러지며 와인의 알코올이 입안에 부드러움을 만들어 준다. 탄닌감이 찜닭의 부족한 부분을 채워 주어 전체적인 맛을 더욱 풍부하게 한다.

술 정보

알코올	13.5%
시각	퍼플에서 루비사이의 색상. 색의 심도가 얇다
향	블랙베리, 뿌리(연근, 비트 등), 젖은 흙향, 약한 감초향, 새콤한 향
단맛	◐ ○ ○ ○ ○
짠맛	● ◐ ○ ○ ○
신맛	● ● ○ ○ ○
쓴맛	● ○ ○ ○ ○
감칠맛	◐ ○ ○ ○ ○
목넘김	● ● ○ ○ ○
탄닌	● ● ◐ ○ ○

종합적 평가

새콤한 산미가 느껴지며 덜 익은 과일맛(크랜베리, 오미자)을 지닌다. 과일향이 강하지 않으며 처음에는 약간 밋밋한 맛이지만 중간부터 뿌리 특유의 씁쓸한 맛이 두드러지게 느껴진다.

Made by

- **제조사** 알베르 비쇼 Albert Bichot
- **생산 지역** 프랑스 〉 부르고뉴
- **주요 품종** 피노누아 Pinot Noir

- **음용 온도** 14~16℃
- **홈페이지** www.albert-bichot.com

간장찜닭과 두 번째로 잘 어울리는 술 ②

이름 **트라피체 메달라 샤르도네 2019** Trapiche Medalla Chardonnay 2019	종류 **화이트와인**	품종 **샤르도네** Chardonnay

페어링

연한 오크의 바닐라와 단맛이 찜닭의 감칠맛과 잘 어우러진다. 시간이 지나 술의 온도가 조금씩 높아질수록 바닐라향이 올라오면서 간장향과 잘 어울린다. 술의 산미는 찜닭의 단맛으로 인해 다소 강하게 느껴진다.

술 정보

알코올	14%
시각	연한 레몬색, 약간 초록색
향	약한 시트러스와 노란망고 과실향, 미네랄향,
	약한 오크향
단맛	○○○○○
짠맛	●◐○○○
신맛	●●●◐○
쓴맛	●●○○○
감칠맛	●○○○○
목넘김	●◐○○○

종합적 평가

과일맛으로 시작하여 쓴맛으로 변화한다. 자몽과 레몬 등 감귤류 계통의 껍질(제스트)의 쓴맛과 신맛이 결합된 술이다. 술만으로는 호불호가 갈릴 수 있으며 음식과의 페어링이 중요한 술이다.

간장찜닭과 세 번째로 잘 어울리는 술 ③

이름 **범표 생 막걸리**	종류 **막걸리**	원료 **지하수, 쌀, 국, 효모**

페어링

막걸리의 단맛과 간장 찜닭의 단맛이 잘 어울린다. 찜닭의 다양한 맛으로 인해 술의 맛이 조금 약하게 느껴질 수 있다. 술 지게미가 우유와 비슷한 밀키함을 지니고 있어, 간장 찜닭의 짭조름한 단맛과 조화롭게 어울리며 새로운 맛을 선사한다.

술 정보

알코올	7%
시각	연노랑이 도는 아이보리색, 연유색, 점도가 높음
향	약한 단 향, 바나나향, 참외나 멜론향, 곡물향.
단맛	●●○○○
짠맛	○○○○○
신맛	●○○○○
쓴맛	○○○○○
감칠맛	●●●○○
목넘김	●●●●○

종합적 평가

향에서 수분기가 많은 달달한 참외 혹은 멜론향이 난다. 색상의 느낌과 달리 점도와 맛은 가볍고 경쾌하며 목넘김이 좋다. 산뜻한 향과 깔끔한 마무리가 편하게 마실 수 있는 술이다.

연어·튜나 포케

Salmon & Tuna Poke

생선 및 마리네이드

연어(사시미 등급) 150g
참치(사시미 등급) 150g
쯔유 1T
참기름 1T
다진 쪽파 1T
참깨 약간

밥 및 기본 재료

밥 2공기
당근 1/2개
적양파 1/2개
아보카도 1개
새싹채소 한 줌
애플민트 한 줌
와사비 약간
후추 약간

포케 드레싱

간장 3T
식초 2T
설탕 1T
다진 마늘 1t
생강즙 1t
레몬즙 1T
참기름 1T
참깨 약간
후추 약간

조리 방법

1 볼에 준비한 재료를 넣고 섞어 포케 드레싱을 만든다.

2 연어와 참치는 사시미 크기보다 조금 작게 깍둑썰기한다.

3 다른 볼에 쯔유, 참기름, 다진 쪽파, 참깨를 섞은 뒤 깍둑썰기한 연어와 참치를 넣고 냉장고에서 15~20분간 재운다.

4 당근과 적양파는 얇게 슬라이스하고, 아보카도도 껍질을 벗긴 뒤 얇게 슬라이스한다.

5 새싹채소와 애플민트는 깨끗이 씻어 둔다.

6 그릇 두 개에 각각 밥을 담고, 마리네이드한 연어와 참치를 고루 나누어 올린다.

7 준비한 채소와 아보카도를 밥 위에 보기 좋게 올린다.

8 포케 드레싱을 골고루 뿌리고, 새싹채소와 애플민트를 얹는다.

9 와사비를 곁들이고, 후추를 살짝 뿌려 완성한다.

Pairing with.

1 **화이트와인** 안단티노 그레카니코 피노 그리지오 2019
2 **화이트와인** 그란바잔 에티케타 암바르 2021
3 **약주** 능이주

연어 · 튜나 포케와 가장 잘 어울리는 술 ①

이름	**안단티노 그레카니코 피노 그리지오 2019** Andantino Grecanico Pinot Grigio 2019	종류 **화이트와인**	매칭 ● ● ● ◐ ○

페어링

화이트와인이 가진 다양한 향이 연어의 비린내를 줄여 주고 새콤한 산미가 입안의 기름기를 효과적으로 씻어 준다. 술의 새콤함이 느껴진 후 연어나 튜나의 고소함이 입안에 남아 깔끔하게 마무리된다. 약한 간장 소스는 술의 감칠맛을 살리고 샐러드의 짠맛을 더해 전체적으로 균형 잡힌 맛을 만들어 준다.

술 정보

알코올	12%
시각	연한 황금색, 투명함, 연한 초록색
향	피톤치드향, 연기향, 레몬향, 사과향. 미네랄, 청포도 껍질, 상큼한 과실
단맛	○ ○ ○ ○ ○
짠맛	◐ ○ ○ ○ ○
신맛	● ● ● ○ ○
쓴맛	◐ ○ ○ ○ ○
감칠맛	◐ ○ ○ ○ ○
목넘김	● ● ◐ ○ ○
바디감	● ● ○ ○ ○

종합적 평가

술에서 다른 맛보다 산미가 조금 더 두드러지며 신선한 과일 맛이 느껴지고 신맛 덕분에 상큼함이 돋보인다. 바디감이 강하지 않아 가벼운 음식들과 잘 어울린다.

Made by

- **제조사** 까비로 Caviro sca-Forli
- **생산 지역** 이탈리아 〉 시칠리아
- **주요 품종** 피노 그리지오 Pinot Grigio
  피노 그리(Pinot Gris) 품종을 이탈리아에서 부르는 이름이다. 피노 그리지오는 분홍빛을 띠는 껍질을 가지고 있으며,

피노누아와 같은 계열 포도이다. 와인은 대부분 배, 사과, 복숭아, 스윗 스파이스, 약간의 스모크와 젖은 양털의 풍미를 내기도 한다.
- **음용 온도** 8~10℃
- **홈페이지** www.caviro.it

연어 · 튜나 포케와 두 번째로 잘 어울리는 술 ②

이름 **그란바잔 에티케타 암바르 2021**
Granbazan Etiqueta Ambar 2021 | 종류 **화이트와인** | 품종 **알바리뇨**
Albarino

페어링

와인이 가진 다양한 향이 간장의 짠 향, 고소한 향과 잘 어우러져 포케의 부족한 향을 채워 준다. 연어나 튜나의 고소하면서 느끼한 부분은 술의 새콤한 산미가 씻어 주어 깔끔하게 마무리된다. 약한 간장 소스의 짠맛과 술의 짭짤함이 잘 어울려 생선의 맛을 더욱 향상시킨다.

술 정보

알코올	12.5%
시각	연한 황금색, 연한 초록색. 반투명하고 밝은 노란색
향	풀향, 하얀 꽃향, 풋과실향, 토마토향, 짭짤한 바닷가향, 잘 익은 살구향, 복숭아향
단맛	○○○○○
짠맛	●◑○○○
신맛	●●◑○○
쓴맛	◐○○○○
감칠맛	●●○○○
목넘김	●●●○○
바디감	●◐○○○

종합적 평가

감칠맛이 강하고 새콤함과 함께 짭짤한 맛이 있다. 바닷가의 비릿내 없이, 깨끗한 해초맛과 쓴맛이 느껴지며 입안에서 가벼우면서도 감칠맛이 돋보인다. 중간 정도의 지속력을 지니며, 마지막에는 부드럽게 마무리되면서 약간의 짠맛이 남는다.

연어 · 튜나 포케와 세 번째로 잘 어울리는 술 ③

이름 **능이주** | 종류 **약주** | 원료 **쌀, 능이농축액, 누룩, 정제수**

페어링

능이주가 가진 버섯향에 간장 소스향이 더해지면서 샐러드의 신선함과 어우러져 자연적인 느낌을 준다. 술의 산도가 연어나 튜나의 기름진 부분을 잘 씻어 주어 입안을 깔끔하게 정리하고, 마지막에는 샐러드의 신선함이 더욱 강조된다.

술 정보

알코올	13%
시각	연한 금색, 연한 노란색. 투명하고 숙성 화이트와인색
향	버섯향, 단 향, 사포닌향, 알코올향, 곡물향, 탄 향, 살균향
단맛	●○○○○
짠맛	◐○○○○
신맛	●●●○○
쓴맛	●●○○○
감칠맛	●○○○○
목넘김	●●○○○
바디감	●●○○○

종합적 평가

술에서 느껴지는 향은 곡물향과 함께 버섯이나 도라지 향이 있으며, 신맛이 있어 단맛이 덜 느껴진다. 묵직하지 않고 가벼운 느낌이어서 새콤한 음식과 잘 어울릴 것 같다.

우삼겹 메밀면 샐러드

Beef Belly Buckwheat Noodle Salad

주재료(2인분)

오이 1개
적양파 1/2개
사과 100g
당근 1/2개
오이고추 2개
방울 양배추 4~5개
우삼겹 200g
(맛술 1T, 쯔유 0.5T로 밑간)
메밀면 150g
물 적당량
소금 약간
다진 견과류 약간
쏘렐 한 줌

오리엔탈 드레싱

진간장 3T
사과 식초 2T
다진 마늘 1T
참기름 2T
통깨 1T
엑스트라버진 올리브오일 2T
설탕 1T
소금 0.5t
후추 약간
–
기호에 따라 땅콩버터 1T
또는 고추장 1t 추가 가능

조리 방법

1 볼에 드레싱 재료를 순서대로 넣고 엑스트라버진 올리브오일을 부어 가며 드레싱을 만든다. 기호에 따라 땅콩버터나 고추장을 넣어도 좋다.

2 오이는 동그랗게 슬라이스하고, 적양파, 사과, 당근은 채 썬다. 오이고추는 송송 썰어 준비한다.

3 방울 양배추는 반으로 자른 뒤 끓는 물에 소금을 약간 넣고 1분간 데친 다음 찬물에 헹궈 물기를 뺀다.

4 채 썬 적양파와 사과는 식초를 섞은 찬물에 5분간 담가 매운맛을 줄이고 갈변을 방지한 뒤 물기를 제거한다.

5 우삼겹은 키친타월로 핏물을 제거하고 맛술과 쯔유를 뿌려 밑간한다.

6 포장지의 조리법에 적혀 있는 시간만큼 끓는 물에 메밀면을 삶은 뒤, 찬물에 헹궈 전분기를 제거하고 물기를 충분히 뺀다. 중간에 물이 끓어오르면 찬물 한 컵을 붓고 삶는다.

7 예열한 팬에 우삼겹과 데친 방울 양배추를 넣고 센 불에서 바싹 굽는다. 구운 우삼겹은 키친타월에 올려 기름기를 뺀다.

8 접시에 메밀면을 담고 준비한 채소와 구운 우삼겹, 방울 양배추를 얹는다. 다진 견과류와 쏘렐을 올리고 드레싱을 뿌려 완성한다.

Pairing with.

1 **약주** 능이주
2 **막걸리** 꽃잠
3 **화이트와인** 안단티노 그레카니코 피노 그리지오 2019

우삼겹 메밀면 샐러드와 가장 잘 어울리는 술 ①

이름 **능이주**	종류 **약주**	매칭 ● ● ● ◑ ○

페어링

술에 첨가된 능이버섯이 버섯향을 더하면서 샐러드와 잘 어울린다. 술의 감칠맛이 우삼겹 메밀면 샐러드의 오리엔탈 드레싱과 조화를 이루어 맛이 더욱 풍부해진다. 버섯향이 우삼겹과 어우러져 고기와 버섯을 함께 즐기는 느낌을 주며, 술의 쓴맛이 줄어들어 전체적으로 맛이 더욱 풍부해진다.

술 정보

알코올	13%
시각	연한 금색, 연한 노란색,
	투명하고 숙성된 화이트와인색
향	버섯향, 단 향, 사포닌향, 알코올향, 곡물향, 탄 향,
	살균향
단맛	● ○ ○ ○ ○
짠맛	◑ ○ ○ ○ ○
신맛	● ● ● ○ ○
쓴맛	● ● ○ ○ ○
감칠맛	● ○ ○ ○ ○
목넘김	● ● ○ ○ ○
바디감	● ● ○ ○ ○

종합적 평가

술에서는 곡물향과 함께 버섯 또는 도라지 향이 느껴진다. 신맛이 있어 단맛이 덜하고, 묵직하지 않고 가볍게 느껴진다. 이러한 맛들 덕분에 새콤한 음식과 잘 어울릴 것으로 보인다.

Made by

- **제조사** 내국양조
- **생산 지역** 충청남도 〉 논산시
- **원료** 쌀, 능이농축액, 누룩, 정제수
- **음용 온도** 8~12℃
- **특징** 평창동계올림픽 개막식 VIP 리셉션 만찬에 사용되었다.

능이버섯에 쌀을 혼합해 빚어 풀향기, 꽃향기, 흙내음을 품은 능이버섯의 향이 매력적이다. 능이버섯은 3년에 한 번 정도만 채취가 가능한 귀한 버섯으로 독특한 향기를 가지고 있어 향버섯이라 불리며 건조시키면 그 향이 더욱 강해진다.

- **홈페이지** https://instagram.com/naekook

우삼겹 메밀면 샐러드와 두 번째로 잘 어울리는 술 ②

이름 꽃잠	종류 **막걸리**	원료 **정제수, 쌀, 누룩**

페어링

오리엔탈 드레싱의 새콤한 단맛이 술의 약한 신맛을 잘 중화시켜 조화를 이룬다. 쌀에서 오는 탄수화물의 묵직하고 부드러운 맛이 샐러드에 부족한 맛을 채워 주며, 전체적인 맛의 균형을 잡아 주어 먹기 편하다.

술 정보

알코올	6%
시각	진한 노란빛의 아이보리색, 약간의 회색빛, 진한 무게감
향	레몬향, 사과향, 멜론향, 미네랄, 청포도 껍질,
	상큼한 과실향, 피톤치트향, 풋사과향, 새콤한 향,
	매실향, 요구르트향, 곡물향, 누룩향, 바닐라향
단맛	● ◐ ○ ○ ○
짠맛	◐ ○ ○ ○ ○
신맛	● ● ○ ○ ○
쓴맛	◐ ○ ○ ○ ○
감칠맛	● ● ○ ○ ○
목넘김	● ● ● ○ ○
바디감	● ● ● ○ ○
탄산	◐ ○ ○ ○ ○

종합적 평가

눈에 보이는 탄산감은 적지만 약한 단맛과 새콤한 맛이 어우러져 균형감이 있다. 약한 탄산감이 느껴지며 다양한 향이 풍부해 향을 통해 여러 가지 맛을 기대할 수 있다.

우삼겹 메밀면 샐러드와 세 번째로 잘 어울리는 술 ③

이름 **안단티노 그레카니코 피노 그리지오 2019** Andantino Grecanico Pinot Grigio 2019	종류 **화이트와인**	품종 **피노 그리지오** Pinot Grigio

페어링

우삼겹 메밀면 샐러드의 상큼한 채소 맛과 술의 산미, 그리고 오리엔탈 드레싱의 새콤함이 어우러지면서 산미가 부드럽게 변한다. 와인의 과실향이 샐러드의 맛을 한층 풍부하게 만들어 준다.

술 정보

알코올	12%
시각	연한 황금색, 투명함, 초록색이 있음.
향	레몬향, 사과향, 멜론향, 미네랄, 청포도 껍질,
	상큼한 과실향, 피톤치트향
단맛	○ ○ ○ ○ ○
짠맛	◐ ○ ○ ○ ○
신맛	● ● ● ○ ○
쓴맛	◐ ○ ○ ○ ○
감칠맛	◐ ○ ○ ○ ○
목넘김	● ● ◐ ○ ○
바디감	● ○ ○ ○ ○

종합적 평가

다른 맛보다 산미가 조금 더 두드러지며 신선한 과일맛이 느껴지고 신맛 덕분에 상큼함이 돋보인다. 바디감이 강하지 않아 가벼운 음식들과 잘 어울린다.

고이꾸온 (월남쌈)

Vietnamese Summer Rolls

주재료(2인분)

큰 칵테일 새우 8마리
적양파 1/4개
양배추 50g
깻잎 5장
애플민트 10줄기
빨강 파프리카 1/2개
오이 1/2개
돼지고기 목살 100g
식용유 1T
라이스페이퍼 8~10장

돼지고기 밑간

굴소스 0.5T
소금 약간
후추 약간

느억맘 소스

피시 소스 2T
황설탕 1T
라임즙 1T
다진 마늘 1t
홍고추 1개
물 2T

땅콩 소스

땅콩버터 2T
피시소스 1T
설탕 1T
라임즙 1T
다진 마늘 1t
물 2T

조리 방법

1 각각의 재료를 섞어 느억맘 소스와 땅콩 소스를 준비한 뒤 냉장 보관한다.

2 칵테일 새우는 꼬리를 제거하고 통으로 끓는 물에 1분간 데친 다음 찬물에 헹궈 물기를 제거한다.

3 적양파와 양배추는 얇게 채 썰고, 파프리카는 먹기 좋은 크기로 길게 자른다. 애플민트는 적당히 잘라 손질한다.

4 빨강 파프리카는 심지를 제거해 얇게 채 썰고, 오이는 돌려 깎아 얇게 채 썬다.

5 돼지고기 목살은 얇게 채 썰어 굴소스, 소금, 후추로 밑간한다.

6 예열된 팬에 식용유를 두르고 밑간한 돼지고기를 센 불에서 볶아 익힌 뒤 식힌다.

7 큰 접시에 미지근한 물을 담고 라이스페이퍼를 적셔 준비한다.

8 부드러워진 라이스페이퍼 중앙에 깻잎을 깔고 새우, 볶은 돼지고기, 양배추, 적양파, 파프리카, 오이를 차례로 올린다.

9 라이스페이퍼의 양쪽 끝을 안으로 접은 뒤 아래쪽 끝을 위로 말아 단단히 감싼다.

10 완성된 월남쌈을 접시에 담고 준비한 느억맘 소스와 땅콩 소스, 애플민트를 곁들여 낸다.

Pairing with.

1 **화이트와인** 도멘 슐룸베르거 케슬러 그랑 크뤼 2019
2 **약주** 한산 소곡주
3 **막걸리** 너디 호프

고이꾸온과 가장 잘 어울리는 술 ①

| 이름 **도멘 슐룸베르거 케슬러 그랑 크뤼 2019** Domaines Schlumberger Kessler Grand Cru | 종류 **화이트와인** | 매칭 ● ● ● ○ ○ |

페어링

라이스페이퍼 안의 양념 고기와 다양한 채소 맛이 술의 달콤새콤한 맛과 잘 어울린다. 음식의 깔끔하고 담백한 맛에 다양한 소스가 더해지면서 맛의 다양성이 증가한다. 술의 단맛 강도가 소스의 강도와 비슷해 술과 음식이 입안에서 잘 어우러지며, 마지막에 술의 새콤한 맛이 입안을 깔끔하게 정리해 준다.

술 정보

알코올	12.5%
시각	진한 노랑, 꿀물색, 밝은 금빛
향	흰색 꽃향, 단 향, 파인애플향, 자몽향, 리치향, 새콤한 향
단맛	● ● ● ◐ ○
짠맛	◐ ○ ○ ○ ○
신맛	● ● ◐ ○ ○
쓴맛	● ◐ ○ ○ ○
감칠맛	● ○ ○ ○ ○
목넘김	● ● ◐ ○ ○
바디감	● ● ◐ ○ ○

종합적 평가

입안에서 느껴지는 단맛은 포도의 향과 함께 잘 익은 열대과일의 맛을 품고 있다. 단맛으로 시작하여 뒷맛에서는 신맛과 쓴맛이 느껴진다. 쓴맛의 끝부분에서는 약한 미네랄 느낌도 함께 느껴진다.

Made by

- **제조사** 도멘 슐룸베르거 Domaines Schlumberger
- **생산 지역** 프랑스 〉알자스
- **주요 품종** 게뷔르츠트라미너 Gewürztraminer
  프랑스 화이트 품종이다. 게뷔르츠트라미너는 향신료를 뜻하는 독일어 '게뷔르츠'와 포도 품종을 뜻하는 '트라미너(Traminer)'에서 유래되었다. 게뷔르츠트라미너 포도는 분

홍빛을 띠는 껍질을 지녔다. 강렬한 꽃향기가 인상적인 품종으로 독일 전역에서 번성한 품종이다. 중간 정도의 당도와 바디감이 있으며 산미와 탄닌이 낮다.
- **음용 온도** 10~12℃
- **홈페이지** https://www.domaines-schlumberger.com

고이꾸온과 두 번째로 잘 어울리는 술 ②

이름 **한산 소곡주**	종류 **약주**	원료 **찹쌀, 백미, 야국, 메주콩, 생강 등**

페어링

약주가 가진 견과류의 향과 맛이 월남쌈의 땅콩 소스와 어우러져 더욱 고소하게 느껴지며 맛을 상승시킨다. 또한, 느억맘 소스의 단 향 풍미가 술의 단 향과 잘 어울리며, 술의 단맛이 소스의 매운맛과 짠맛을 감소시켜 채소의 다양한 맛이 더욱 잘 느껴지게 해 준다.

술 정보

알코올	18%
시각	단호박색과 진한 노란색 사이의 연한 갈색
향	진한 단 향, 견과류향, 옅은 국간장향, 오래된 누룩향
단맛	● ● ● ● ○
짠맛	● ○ ○ ○ ○
신맛	● ○ ○ ○ ○
쓴맛	◐ ○ ○ ○ ○
감칠맛	● ● ● ○ ○
목넘김	● ● ● ○ ○
바디감	● ● ◐ ○ ○

종합적 평가

술의 진한 찹쌀 단 향과 누룩향에 비해 맛은 강하지 않고 부드럽다. 아몬드향의 너티함과 커피맛이 느껴지며, 주정강화 와인과 유사한 특성을 가지고 있다.

고이꾸온과 세 번째로 잘 어울리는 술 ③

이름 **너디 호프**	종류 **막걸리**	원료 **정제수, 찹쌀, 누룩, 효모, 정제효소, 바질**

페어링

고이꾸온에 들어 있는 채소의 다양한 맛과 향이 술의 바질향과 잘 어울린다. 술이 가진 쌀지게미의 탄수화물 맛이 라이스페이퍼의 맛과 유사하게 느껴지며, 소스에 따라 변화하는 맛의 조화가 더해져 잘 어우러지는 느낌을 준다.

술 정보

알코올	5%
시각	녹색이 있는 아이보리색, 쑥색과 유사한 초록빛 쑥색, 회색
향	바질향, 고소한 향(잣), 새콤한 향, 단 향, 사과향
단맛	● ● ◐ ○ ○
짠맛	◐ ○ ○ ○ ○
신맛	● ● ◐ ○ ○
쓴맛	● ○ ○ ○ ○
감칠맛	● ○ ○ ○ ○
목넘김	● ● ● ◐ ○
바디감	● ● ◐ ○ ○

종합적 평가

향과 비교했을 때 바질의 맛은 강하지 않으나 허브향은 강하게 난다. 달콤하고 새콤한 맛으로 시작하여 쌉싸름한 맛으로 넘어간다. 전체적인 균형이 좋으며 단맛과 새콤한 맛의 조화가 잘 이루어져 있다. 후미에서는 기분 좋은 크림 치즈의 풍미가 느껴진다.

짜조

Vietnamese Fried Spring Rolls

주재료(2인분)

라이스 페이퍼 10장
돼지고기 목살 150g
양배추 50g
당근 30g
실파 2줄기
익힌 새우 10마리(중간 크기)
달걀 1개
소금 약간
후추 약간
식용유 적당량
라임 1개
애플민트 잎 약간

느억짬 소스

설탕 3T
식초 1.5T
피시 소스 3T
라임즙 1T
물 10T
베트남 고추 4개
깐 마늘 4톨
양파 10g

땅콩 소스

땅콩버터 2T
피시 소스 1T
설탕 1T
물 2T
다진 마늘 1t
라임즙 1T
다진 고추 약간

조리 방법

1 각각의 재료를 섞어 느억짬 소스와 땅콩 소스를 준비한다. 필요에 따라 물을 추가해 농도를 조절한다.

2 돼지고기 목살은 다지고 양배추와 당근은 곱게 채 썬다. 실파는 송송 썰고 라임은 슬라이스한다.

3 예열한 팬에 식용유를 두르고 돼지고기를 볶아 익히며 소금과 후추로 간한다.

4 새우살은 곱게 다져 키친타월로 물기를 제거한 뒤 볶은 돼지고기와 함께 볼에 담는다.

5 준비한 채소, 새우, 돼지고기를 섞어 소금, 후추로 간을 맞춘 뒤, 달걀을 넣고 찰기가 생길 때까지 잘 치댄다.

6 큰 볼에 미지근한 물을 담아 라이스 페이퍼를 5초 정도 부드럽게 적신다.

7 부드러워진 라이스 페이퍼를 도마 위에 펼치고, 중앙에 속재료를 한 스푼 올린다. 라이스 페이퍼의 양쪽 끝을 안으로 접고 아래쪽 끝을 위로 말아 단단히 감싼다. 같은 방법으로 짜조를 여러 개를 만든다.

8 깊은 팬에 식용유를 넣고 중불에서 160~170℃로 예열한 뒤, 짜조를 넣고 5~7분간 튀겨 노릇하고 황금빛이 나도록 익힌다. 튀긴 짜조는 키친타월 위에 올려 기름기를 제거한다.

9 접시에 튀긴 짜조를 담고 라임과 애플민트 잎을 곁들인다. 느억짬 소스와 땅콩 소스도 함께 낸다.

Pairing with.

1 **막걸리** 너디 호프
2 **화이트와인** 도멘 슐룸베르거 케슬러 그랑 크뤼 2019
3 **약주** 한산 소곡주

짜조와 가장 잘 어울리는 술 ①

이름 **너디 호프**	종류 **막걸리**	매칭 ●●●◐○

페어링

막걸리의 알코올이 짜조의 기름진 맛을 제거해 주고 술지게미가 음식 전체에 무게감을 주어 균형감을 잡아 준다. 술의 바질향과 사과향이 짜조에 들어 있는 다양한 채소와 잘 어우러지며 과일과 채소의 조화를 이룬다. 막걸리의 곡물 느낌이 짜조의 라이스페이퍼와 잘 어울려 맛을 한층 향상시킨다.

술 정보

알코올	5%
시각	연녹색이 있는 아이보리색,
	쑥색과 유사한 초록빛 쑥색, 회색
향	바질향, 고소한 향(잣), 새콤한 향, 단 향, 사과향
단맛	●●◐○○
짠맛	◐○○○○
신맛	●●◐○○
쓴맛	●○○○○
감칠맛	●○○○○
목넘김	●●●◐○
바디감	●●◐○○

종합적 평가

향과 비교했을 때 바질의 맛은 강하지 않으나 허브향은 강하게 난다. 달콤하고 새콤한 맛으로 시작하여 쌉싸름한 맛으로 넘어간다. 전체적인 균형이 좋으며 단맛과 새콤한 맛의 조화가 잘 이루어져 있다. 후미에서는 기분 좋은 크림 치즈의 풍미가 느껴진다.

Made by

- **제조사** 상주주조
- **생산 지역** 경상북도 〉 상주시
- **원료** 정제수, 찹쌀, 누룩, 효모, 정제효소, 바질
- **음용 온도** 4~6℃
- **특징** 너드(nerd)는 영어로 범생이(모범생을 낮춰 부르는 말)

를 가리키는 말로, 너디 호프는 여기에 바질의 꽃말인 '희망(hope)'를 합친 말이다. 찬물에서 재료를 우려내는 '콜드브루 침출' 방식으로 생바질의 향미를 막걸리에 담았다.
- **홈페이지** https://www.instagram.com/nerd_brew

짜조와 두 번째로 잘 어울리는 술 ②

이름 **도멘 슐룸베르거 케슬러 그랑 크뤼 2019** Domaines Schlumberger Kessler Grand Cru 2019	종류 **화이트와인**	품종 **게뷔르츠트라미너** Gewurztraminer

페어링

짜조의 기름기를 술이 가진 산도가 깔끔하게 씻어 주고, 술의 단맛이 기름으로 인해 줄어들면서 고기맛이 더 선명해지고 감칠맛이 살아난다. 마지막에 달콤함이 음식의 맛을 받쳐 주며, 짜조 소스의 맛이 술의 단맛, 신맛과 어우러져 전체적인 맛을 상승시킨다.

술 정보

알코올	12.5%
시각	진한 노랑, 꿀물색, 밝은 금빛
향	흰색꽃, 단 향, 파인애플 향, 자몽향, 리치향, 새콤한 향
단맛	●●●○○
짠맛	○○○○○
신맛	●●○○○
쓴맛	●○○○○
감칠맛	●○○○○
목넘김	●●○○○
바디감	●●○○○

종합적 평가

입안에서 느껴지는 당도는 포도의 향과 함께 다양한 익은 열대과일의 단맛을 지니고 있다. 처음에는 단맛으로 시작하여 뒷맛에서는 신맛과 함께 쓴맛이 느껴진다. 쓴맛의 마지막에는 약한 미네랄 느낌이 더해진다.

짜조와 세 번째로 잘 어울리는 술 ③

이름 **한산 소곡주**	종류 **약주**	원료 **찹쌀, 백미, 야국, 메주콩, 생강 등**

페어링

술이 가진 견과류의 풍미가 짜조의 기름향과 어우러져 고소한 향이 더욱 살아난다. 알코올과 진한 곡물의 질감이 입안에서 짜조의 기름기를 깔끔하게 정리해 주며, 라이스페이퍼의 곡물 느낌과 술의 곡물 느낌이 잘 어울려 술과 음식의 무게감이 비슷하게 느껴진다.

술 정보

알코올	18%
시각	단호박색과 진한 노란색 사이의 연한 갈색
향	진한 단 향, 견과류향, 옅은 국간장향, 오래된 누룩향
단맛	●●●●○
짠맛	●○○○○
신맛	●○○○○
쓴맛	◐○○○○
감칠맛	●●●○○
목넘김	●●●○○
바디감	●●●○○

종합적 평가

술의 진한 찹쌀 단 향과 누룩향에 비해 맛은 강하지 않고 부드럽다. 아몬드향의 너티함과 커피 맛이 느껴지며 주정강화 와인과 유사한 특성을 가지고 있다.

얌운센

Seafood Glass Noodle Salad

주재료(2인분)

녹두 당면 150g
샐러리 1줄기
민트 잎 약간
바질 잎 약간
당근 1/2개
방울토마토 10개
홍고추 1개
칵테일 새우 15마리
오징어 1마리

얌운센 소스

피시 소스 2T
설탕 1T
다진 마늘 1t
라임즙 3T
페퍼론치노 시즈닝 1t

Pairing with.

1 **사케** 마노츠루 미도리야마나마
　준마이다이긴조 나카도리
　무로카나마겐슈
2 **막걸리** 씨 막걸리 시그니처 큐베
3 **약주** 한산 소곡주

조리 방법

1 볼에 준비한 재료들을 넣고 섞어 얌운센 소스를 만든다.

2 녹두 당면은 찬물에 30분 정도 불린다.

3 샐러리는 어슷 썰고, 민트 잎과 바질 잎은 씻어 물기를 제거한다.

4 당근은 길게 채 썰고, 방울토마토는 반으로 자르고, 홍고추는 씨를 제거한
　뒤 잘게 썬다

5 새우와 오징어는 손질 후 소금과 후추를 뿌려 밑간한다.

6 끓는 물에 녹두 당면을 넣고 투명해질 때까지 약 2~3분간 삶은 뒤 찬물에
　헹구고 물기를 제거한다.

7 당면을 삶은 물을 사용해 새우와 오징어를 각각 데친다. 오징어의 몸통은
　둥글게 한입 크기로 썰고 다리는 2~3개씩 묶어 자른다.

8 볼에 삶은 녹두 당면을 담고 새우, 오징어, 샐러리, 당근, 방울토마토를
　올린다.

9 준비한 얌운센 소스를 넣고 재료들을 고루 버무린다.

10 접시에 버무린 샐러드를 담고 민트 잎, 바질 잎, 홍고추를 얹고 후추를
　뿌려 완성한다.

얌운센과 가장 잘 어울리는 술 ①

이름 **마노츠루 미도리야마나마 준마이다이긴조 나카도리 무로카나마겐슈**	종류 **사케**	매칭 ● ● ● ● ○
真野鶴 緑山生 純米大吟醸 中取り無ろ過生原酒		

페어링

술의 발효된 맛과 향이 숙성된 피시 소스와 잘 어울린다. 두 가지 향이 조화롭게 섞여 입안에서 맛이 상승된다. 얌운센에 들어가는 피시 소스의 짠맛이 술의 약한 짠맛과 어우러져 맛의 균형을 이룬다. 얌운센의 감칠맛에 술의 감칠맛이 더해져 전체적인 감칠맛이 더욱 풍부하게 느껴진다.

술 정보

알코올	17.5%
시각	연미색, 아주 연한 노란색
향	단 향, 바닐라향, 견과류향, 곡물향, 메케한 파프리카향
단맛	● ● ● ○ ○
짠맛	● ○ ○ ○ ○
신맛	● ○ ○ ○ ○
쓴맛	● ◐ ○ ○ ○
감칠맛	● ● ● ○ ○
목넘김	● ● ● ○ ○
바디감	● ● ● ◐ ○

종합적 평가

향에 단 향이 있고 맛에서도 느껴진다. 또한 약간의 스파이스한 향도 같이 있다. 바닐라향이 전체적으로 있고 식혜를 입안에 머물고 있는 느낌도 있다. 알코올 도수가 높지만 목넘김이 좋고 편하게 마실수 있다. 향신료를 넣은 단짠의 허브 음식과 어울릴 듯하다.

Made by

- **제조사** 오바타 주조 尾畑酒造
- **생산 지역** 일본 〉 니가타현
- **주요 품종** 야마디니시키 山田錦
- **분류** 준마이다이긴조
- **정미율** 50%
- **음용 온도** 5–10℃

- **특징** 마노츠루를 만든 오바타주조(尾畑酒造)는 1892년 니가타현 사도섬에서 설립된 양조장이다. 사케 양조 3대 요소인 쌀, 물, 사람에 사도섬을 더한 '사보화향(四宝和醸)'의 철학을 가지고 있다. 이는 지역, 자연, 사람에 대한 존중을 담아 네 가지 보물의 조화로 술을 빚는다는 의미이다.
- **홈페이지** https://www.obata–shuzo.com/home/

얌운센과 두 번째로 잘 어울리는 술 ②

이름 **씨 막걸리 시그니처 큐베**	종류 **막걸리**	원료 **쌀, 누룩, 노간주나무 열매, 건포도, 배즙**

페어링

얌운센의 피시 소스의 짠맛과 감칠맛이 씨막걸리의 묵직한 쌀의 무게감, 감칠맛과 어울린다. 술의 바디감이 음식의 바디감을 덮고 난 후 새콤한 뒷맛이 따라오면서 입맛을 북돋운다. 음식과 술 모두 새콤한 맛이 서로 잘 어우러진다.

술 정보

알코올	12%
시각	어두운 아이보리색에 연한 갈색, 약간의 연한 회색
향	과숙한 바나나향, 주니퍼향, 건포도향, 곡물향, 유제품향
단맛	●○○○○
짠맛	●○○○○
신맛	●●○○○
쓴맛	●◐○○○
감칠맛	●●◐○○
목넘김	●●●◐○
바디감	●●●○○

종합적 평가

술의 부재료에서 느껴지는 다양한 향이 있고 향 대비 맛이 강렬하게 느껴진다. 은은한 배맛이 느껴지면서 부재료들이 각자의 역할을 하면서도 맛과 향에서 조화롭게 이어진다.

얌운센과 세 번째로 잘 어울리는 술 ③

이름 **한산 소곡주**	종류 **약주**	원료 **찹쌀, 백미, 야국, 메주콩, 생강 등**

페어링

술의 단맛이 얌운센 피시 소스의 짠맛과 새콤한 맛을 감싸 주며, 매운맛을 감소시켜 음식의 맛을 부드럽게 만들어 준다. 피시 소스의 발효된 맛과 향이 술의 견과류향 및 발효향과 어우러져 맛의 상승을 가져다 준다. 당면의 탄수화물과 술의 찹쌀에서 나오는 당분이 잘 어울려 맛의 균형을 더욱 좋게 한다.

술 정보

알코올	18%
시각	단호박색과 진한 노란색 사이의 연한 갈색
향	진한 단 향, 견과류향, 옅은 국간장향, 오래된 누룩향
단맛	●●●●○
짠맛	●○○○○
신맛	●○○○○
쓴맛	◐○○○○
감칠맛	●●●○○
목넘김	●●●○○
바디감	●●●○○

종합적 평가

술의 진한 찹쌀 단 향과 누룩향에 비해 맛은 강하지 않고 부드럽다. 아몬드향의 너티함과 커피 맛이 느껴지며, 주정강화 와인과 유사한 특성을 가지고 있다.

단호박 두부 샐러드

Kabocha Squash Tofu Salad

주재료(2인분)

단호박 1/2개
연근 50g (슬라이스)
적양파 1/4개
오렌지 1개
부침용 두부 200g
녹말가루 3T
루꼴라 한 줌
크레송 한 줌
올리브오일 적당량
소금 약간
후추 약간
식용유 1컵

발사믹 드레싱

설탕 1T
소금 0.5t
후추 약간
발사믹 식초 3T
디종 머스터드 0.5T
다진 양파 1T
엑스트라버진 올리브오일 2T

Pairing with.

1 화이트와인 그란바잔 에티케타
   암바르 2021
2 화이트와인 안단티노 그레카니코
   피노 그리지오 2019
3 약주 능이주

조리 방법

1 볼에 설탕, 소금, 후추, 발사믹 식초, 디종 머스터드, 다진 양파를 넣고
   섞는다. 엑스트라버진 올리브오일은 마지막에 조금씩 부어가며 섞어
   발사믹 드레싱을 만든다.

2 단호박은 껍질을 깨끗이 닦고 지저분한 부분을 제거한 뒤 반으로 잘라
   씨를 파내고 0.5cm 두께로 얇게 슬라이스한다.

3 연근은 얇게 슬라이스한 뒤 찬물에 담가 전분기를 제거하고 물기를
   닦아 낸다.

4 단호박과 연근을 접시에 펼친 다음 올리브오일, 소금, 후추를 뿌리고
   전자레인지에서 약 4분간 익힌다.

5 적양파는 얇게 채 썰어 찬물에 담가 매운맛을 제거한 뒤 물기를 뺀다.
   오렌지는 껍질을 벗겨 슬라이스한다.

6 두부는 2×4cm 크기로 썰어 소금을 약간 뿌린 뒤 물기가 생기면
   키친타월로 닦아 낸 후 녹말가루를 묻힌다.

7 예열한 팬에 올리브오일을 두르고 두부를 노릇하게 튀기듯이 구운 뒤
   기름기를 제거한다.

8 접시에 루꼴라를 깔고 적양파, 단호박, 연근, 오렌지, 구운 두부를 차례로
   올린다.

9 크레송을 샐러드 위에 얹고 발사믹 드레싱을 뿌려 완성한다.

단호박 두부 샐러드와 가장 잘 어울리는 술 ①

이름	**그란바잔 에티케타 암바르 2021** Granbasan Etiqueta Ambar 2021	종류	**화이트와인**	매칭 ● ● ● ● ○

페어링

샐러드에 뿌린 발사믹의 산미와 화이트와인의 산미가 맛의 특징을 잘 살려 낸다. 채소의 아삭한 식감에서 나오는 수분에 발사믹의 당도와 술의 짠맛이 더해지면서 만들어진 균형 잡힌 맛이 식욕을 돋운다. 마지막에 술의 가벼운 바디감으로 샐러드의 맛이 더 잘 느껴지며 발사믹의 부드러움이 더해져 샐러드, 발사믹, 와인이 잘 어우러진다.

술 정보

알코올	12.5%
시각	연한 황금색, 연한 초록색. 반투명하고 밝은 노란색
향	풀향, 하얀 꽃향, 풋과실향, 토마토향,
	짭짤한 바닷가향, 잘 익은 살구향, 복숭아향
단맛	○ ○ ○ ○ ○
짠맛	● ◐ ○ ○ ○
신맛	● ● ◐ ○ ○
쓴맛	◐ ○ ○ ○ ○
감칠맛	● ● ○ ○ ○
목넘김	● ● ● ○ ○
바디감	● ◐ ○ ○ ○

종합적 평가

감칠맛이 강하고 새콤함과 함께 짭짤한 맛이 있다. 바닷가의 비릿내 없는 깨끗한 해초맛과 쓴맛이 느껴지며, 입안에서는 가벼운 감칠맛이 돋보인다. 중간 정도의 지속력을 지니며, 마지막에는 약간의 짠맛이 남는다.

Made by

- **제조사** 아르고 드 바잔 Agro de Bazán S.A.
- **생산 지역** 스페인 〉 리아스 바이사스
- **주요 품종** 알바리뇨 Albarino
  스페인의 대표 청포도 품종으로 두꺼운 껍질 때문에 곰팡

이와 같은 재해에 강하고, 일찍 싹이 트고 일찍 익는 특성이 있다. 높은 산도와 시트러스 계열의 아로마가 있다.
- **음용 온도** 10~12℃
- **홈페이지** https://www.bodegasgranbazan.com/en

단호박 두부 샐러드와 두 번째로 잘 어울리는 술 ②

이름	안단티노 그레카니코 피노 그리지오 2019 Andantino Grecanico Pinot Grigio 2019	종류	화이트와인	품종	피노 그리지오 Pinot Grigio

페어링

샐러드에 뿌린 발사믹의 산미에 술의 산미가 더해져 강하지만 부드럽고 새콤한 맛이 만들어진다. 술의 향미가 발사믹의 향미와 어우러져 과실향이 더욱 강조된다. 술의 가벼운 바디감이 샐러드에 초점을 맞추어 맛을 더 잘 느끼게 해 준다.

술 정보

알코올	12%
시각	연한 황금색, 투명함, 연한 초록색
향	레몬향, 사과향, 멜론향, 미네랄, 청포도 껍질, 상큼한 과실향, 피톤치트향
단맛	○○○○○
짠맛	◐○○○○
신맛	●●●○○
쓴맛	◐○○○○
감칠맛	◐○○○○
목넘김	●●◐○○
바디감	●○○○○

종합적 평가

술에서 다른 맛보다 산미가 조금 더 두드러지며 신선한 과일맛이 느껴지고 신맛 덕분에 상큼함이 돋보인다. 바디감이 강하지 않아 가벼운 음식들과 잘 어울린다.

단호박 두부 샐러드와 세 번째로 잘 어울리는 술 ③

이름	능이주	종류	약주	원료	쌀, 능이농축액, 누룩, 정제수

페어링

능이주가 가진 버섯 향이 두부의 향, 맛과 잘 어우러져 샐러드의 자연스러운 맛을 더욱 살려 준다. 발사믹의 새콤한 맛과 술의 신맛이 자연스럽게 어우러지며, 마지막에는 약간의 단맛과 쓴맛이 맛을 깊게 해 준다. 술의 향 덕분에 버섯이 들어간 샐러드의 느낌이 강조된다.

술 정보

알코올	13%
시각	연한 금색, 연한 노란색, 투명한 숙성 화이트와인색
향	버섯향, 단 향, 사포닌향, 알코올향, 곡물향, 탄 향, 살균향
단맛	●○○○○
짠맛	◐○○○○
신맛	●●●○○
쓴맛	●●○○○
감칠맛	●○○○○
목넘김	●●○○○
바디감	●●○○○

종합적 평가

술에서는 곡물향과 함께 버섯 또는 도라지 향이 느껴진다. 신맛이 있어 단맛이 덜하고, 묵직하지 않고 가볍게 느껴진다. 이러한 맛 덕분에 새콤한 음식과 잘 어울리는 듯하다.

안초비 알리오 올리오 파스타

Anchovy Aglio e Olio Pasta

주재료(2인분)

스파게티 200g
물 2ℓ
천일염 20g
깐 마늘 10톨
페페론치노 5개
안초비 필렛 4개
(또는 안초비 페이스트 2t)
엑스트라버진 올리브오일 적당량
후추 약간
파르미지아노 레지아노 치즈 적당량

Pairing with.

1 **화이트와인** 알렉스 감발 부르고뉴
　알리고테 2018
2 **사케** 하네야 준마이다이긴조
　츠바사 50
3 **약주** 잣진주

조리 방법

1　큰 냄비에 물 2ℓ와 천일염 20g을 넣고 끓인다.
2　물이 끓으면 스파게티를 넣고 적정 시간보다 2분 적게 알덴테로 삶는다.
　면수를 약 200ml 남기고 스파게티는 건져 펼쳐 둔다.
3　깐 마늘은 반으로 자르고 페페론치노는 손으로 부순다.
4　예열한 팬에 엑스트라버진 올리브오일을 두르고 마늘을 넣는다. 마늘이
　황금빛으로 변할 때까지 타지 않도록 약한 불에서 볶는다.
5　페페론치노를 넣고 볶아 매운 향을 낸다.
6　안초비를 넣고 중약불에서 오일에 녹이듯이 천천히 섞는다.
7　삶은 스파게티를 팬에 넣고 오일이 면에 고루 코팅되도록 팬을 흔들며
　볶는다.
8　남겨 둔 면수를 조금씩 넣어가며 중불에서 전분이 오일과 결합해 소스가
　크리미해지도록 만든다.
9　소스가 면에 완전히 배어들 때까지 1~2분간 볶다가 면수를 넣어 가며
　농도를 조절한다.
10　불을 끈 뒤 올리브오일 1T를 두르고 후추를 뿌려 풍미를 더한다.
11　접시에 스파게티를 담고 파르미지아노 레지아노 치즈를 그레이터로 갈아
　완성한다.

안초비 알리오 올리오 파스타와 가장 잘 어울리는 술 ①

이름 **알렉스 감발 부르고뉴 알리고테 2018** Alex Gambal Bourgogne Aligote 2018	종류 **화이트와인**	매칭 ● ● ● ◐ ○

페어링

화이트와인의 산미가 안초비 알리오 올리오 파스타의 기름을 잘 씻어 내어 맛을 산뜻하게 잡아 준다. 안초비의 강한 향과 맛을 술의 신맛과 감칠맛이 감싸 덜 느껴지게 하며 파스타와 잘 어울리는 맛을 만들어 준다.

술 정보

알코올	12%
시각	연한 노란색, 연한 황금색
향	유제품향, 풀향, 배향, 청사과 껍질향, 마른 짚향, 안 익은 청포도향, 레몬향
단맛	○ ○ ○ ○ ○
짠맛	● ○ ○ ○ ○
신맛	● ● ● ◐ ○
쓴맛	● ● ○ ○ ○
감칠맛	● ◐ ○ ○ ○
목넘김	● ● ◐ ○ ○
바디감	● ● ○ ○ ○

종합적 평가

새콤한 향에 어울리는 새콤한 맛이 특징이다. 마지막 여운에는 고소한 맛이 느껴지며 청량한 산미와 함께 쓴맛이 뒤를 받쳐 균형감을 이룬다.

Made by

- **제조사** 알렉스 감발 Alex Gambal
- **생산 지역** 프랑스 〉 부르고뉴
- **주요 품종** 알리고테 Aligote
  알리고테 : 프랑스 화이트 품종이다. 이 품종은 구아 블랑 품종과 피노누아의 교배종으로 알려져 있다. 알리고테는 산미가 좋으며 신선하고 버터밀크향을 느낄 수 있다. 오크 숙성에 적합하지 않다. 특징은 높은 산도, 사과와 레몬의 아로마, 가볍고 신선하며 약간의 허브맛을 가진다.
- **음용 온도** 8~10℃
- **홈페이지** www.alexgambal.com

안초비 알리오 올리오 파스타와 두 번째로 잘 어울리는 술 ②

이름	하네야 준마이다이긴조 츠바사 50 羽根屋 純米大吟醸 翼 50	종류	사케	분류	준마이다이긴조	쌀품종	고햐쿠만고쿠 五百万石	정미율	50%

페어링

안초비가 주는 비릿함을 술의 단맛과 신맛이 잡아주며, 이후 알코올이 입안에서 느껴져 알리오 올리오 파스타의 기름진 느끼함을 씻어준다. 술의 감칠맛이 파스타 면과 안초비의 감칠맛에 더해져 맛을 향상시킨다.

술 정보

알코올	15%
시각	아주 연한 노란색, 깨끗한 연한 황금색
향	쌀 식혜향, 익기 시작한 홍로 사과향, 약한 단 향, 너트향
단맛	●●○○○○
짠맛	●●○○○○
신맛	●●●○○○
쓴맛	●●●○○○
감칠맛	●●●○○
목넘김	●●●○○
바디감	●●●○○

종합적 평가

술에서 나는 사과향이 맛에서도 느껴진다. 약간의 산미가 술의 고소함을 올려 준다. 전체적으로 튀지 않는 부드러움과 전체적인 맛의 균형이 느껴진다. 알코올이 높지만 안주 없이 먹을수 있을 만큼 편안한 술이다. 마무리에서는 약한 알코올감이 남는다.

안초비 알리오 올리오 파스타와 세 번째로 잘 어울리는 술 ③

이름	잣진주	종류	약주	원료	정제수, 찹쌀, 멥쌀, 누룩, 잣

페어링

약주의 잣이 가진 오일리함이 파스타 면의 부드러운 텍스처, 그리고 올리브 기름과 잘 어울려 감칠맛을 더욱 부각시킨다. 마지막에는 술의 알코올이 입안의 올리브 기름 등을 깔끔하게 정리해 준다.

술 정보

알코올	16%
시각	기름이 보임. 연한 노란색
향	잣기름향, 구수한 향, 곡물향, 누룩향
단맛	●●○○○○
짠맛	●○○○○○
신맛	●●○○○○
쓴맛	●●○○○○
감칠맛	●●○○○○
목넘김	●●●○○

종합적 평가

잣을 넣어 고소한 맛이 특징이며, 산미가 느껴진다. 마신 후에는 잣 기름의 풍미가 입안에 남아 있다. 곡물에서 유래된 단맛이 있으며, 신맛이 약하게 느껴지면서 전체적으로 균형감이 좋다.

버섯 크림 파스타

Mushroom Cream Pasta

주재료(2인분)

스파게티 200g
물 2ℓ
천일염 20g
버터 1T
올리브오일 적당량
혼합 후추 약간
크러쉬드 레드페퍼 약간
미니 루꼴라 약간

채소

표고버섯 5개
양송이버섯 5개

크림 소스

생크림 200ml
우유 100ml
간 파르미지아노 레지아노 치즈 50g

Pairing with.

1 **막걸리** 택이
2 **사케** 하네야 준마이다이긴조
　초바사 50
3 **맥주** 크로넨버그 1664 로제

조리 방법

1　큰 냄비에 물 2ℓ와 천일염 20g을 넣고 끓인다.
2　물이 끓으면 스파게티를 넣고 알덴테로 삶는다(적정 시간보다 2분 적게).
　면수를 약 200ml 남기고 스파게티는 건져 펼쳐 둔다.
3　버섯은 키친타월로 닦은 뒤 표고버섯은 4등분하고, 양송이버섯은 반으로
　자른다.
4　예열한 팬에 버터와 올리브오일을 두르고 버섯을 넣어 부드러워지고
　갈색빛이 돌 때까지 볶는다.
5　생크림, 우유, 간 파르미지아노 레지아노 치즈를 팬에 넣고 졸이듯이
　끓인다.
6　남겨 둔 면수를 조금씩 넣어 전분이 소스에 녹아 소스가 부드럽고 끈적한
　농도가 되도록 만든다.
7　스파게티를 팬에 넣고 소스가 면에 고루 코팅되도록 팬을 흔들며 볶는다.
8　접시에 스파게티를 담고 크러쉬드 레드페퍼를 뿌린다.
9　미니 루꼴라와 혼합 후추를 올려 완성한다.

버섯 크림 파스타와 가장 잘 어울리는 술 ①

이름 **택이**	종류 **막걸리**	매칭 ● ● ● ◑ ○

페어링

파스타의 크림 소스 질감이 술의 술지게미 질감과 잘 어우러져 크리미한 부드러움을 느끼게 해 준다. 술의 단맛이 크림 소스의 짠맛을 중화시키며 소스의 감칠맛이 술의 감칠맛과 조화되어 맛의 상승을 가져다 준다.

술 정보

알코올	8%
시각	약간 어두운 아이보리색, 중간 정도 탁도
향	캐러멜향, 약한 새콤한 향, 곡물향, 누룩향, 바닐라향
단맛	● ○ ○ ○ ○
짠맛	◑ ○ ○ ○ ○
신맛	● ◑ ○ ○ ○
쓴맛	◑ ○ ○ ○ ○
감칠맛	● ● ○ ○ ○
목넘김	● ● ● ○ ○
바디감	● ● ○ ○ ○

종합적 평가

향에서는 새콤한 향이 느껴지지만, 맛에서는 단맛과 새콤한 맛이 잘 어우러져 목넘김이 부드럽다. 술의 농도가 무겁지 않으며 신맛과 단맛의 균형이 잘 맞아 편안한 맛을 느낄 수 있다.

Made by

- **제조사** 좋은술
- **생산 지역** 경기도 〉 평택시
- **원료** 쌀, 누룩, 정제수
- **음용 온도** 8~12℃
- **특징** 택이는 세 번 원료를 넣어 만든 삼양주 무감미료 막걸

리이다. '택이'라는 이름은 양조장의 소재지인 평택에서 따온 이름이며 라벨 디자인 역시 평택 평야를 위에서 내려다본 모습을 나타내고 있다. 양조장은 '찾아가는 양조장'으로 선정되어 있다.

- **홈페이지** http://cheonbihyang.com

버섯 크림 파스타와 두 번째로 잘 어울리는 술 ②

| 이름 | 하네야 준마이다이긴조 츠바사 50
羽根屋 純米大吟醸 翼 50 | 종류 | 사케 | 분류 | 준마이다이긴조 | 쌀품종 | 고햐쿠만고쿠
五百万石 | 정미율 | 50% |

페어링

술의 알코올이 파스타 크림 소스의 부드러운 질감을 씻어 내어 입안에서 맛을 더 잘 느끼게 해 준다. 술의 단맛이 크림 소스의 짠맛을 중화시켜 맛을 부드럽게 만들며, 술의 감칠맛이 파스타 면과 소스의 감칠맛과 어우러져 전체적인 감칠맛을 증가시킨다.

술 정보

알코올	15%
시각	아주 연한 노란색, 깨끗한 연한 황금색
향	쌀 식혜향, 익기 시작한 홍로 사과향, 약한 단 향, 너트향
단맛	●◐○○○○
짠맛	●◐○○○○
신맛	●●○○○○
쓴맛	●●○○○○
감칠맛	●●●○○
목넘김	●●●○○
바디감	●●●○○

종합적 평가

술에서 나는 사과향이 맛에서도 느껴진다. 약간의 산미가 술의 고소함을 올려 준다. 전체적으로 튀지 않는 부드러움과 전체적인 맛의 균형이 느껴진다. 알코올이 높지만 안주 없이 먹을수 있을 만큼 편안한 술이다. 마무리에서는 약한 알코올 감이 남는다.

버섯 크림 파스타와 세 번째로 잘 어울리는 술 ③

| 이름 | 크로넨버그 1664 로제
Kronenbourg 1664 Rose | 종류 | 맥주 | 원료 | 정제수, 맥아, 밀, 합성향료(라즈베리향, 시트러스향), 오렌지껍질 등 |

페어링

파스타 크림 소스가 맥주의 쓴맛을 줄여 주고 술의 라즈베리향이 크림의 향과 어우러져 더욱 좋아진다. 맛에서는 라즈베리 크림 소스의 느낌이 나며 술의 탄산이 크림 소스를 씻어 내고 약간의 신맛이 마지막에 남아 입안을 깔끔하게 정리해 준다.

술 정보

알코올	4.5%
시각	탁한 그레이 살구색, 연핑크색, 연한 피치색
향	라즈베리향, 새콤한 향
단맛	●○○○○
짠맛	◐○○○○
신맛	●○○○○
쓴맛	◐○○○○
감칠맛	◐○○○○
목넘김	●●○○○
탄산	●●○○○

종합적 평가

향이 매우 강한 라즈베리향을 지니고 있으며, 맛에서는 약간의 새콤함이 있어 마시기 좋다. 향과 맛에 비해 목넘김은 약하고 탄산의 버블감은 강하게 느껴진다.

해산물 바질 페스토 파스타

Seafood Basil Pesto Pasta

주재료(2인분)

스파게티 200g
물 2ℓ
천일염 20g
관자 100g
새우 5마리
모시조개 100g
깐 마늘 2톨(얇게 슬라이스)
페페론치노 3개
화이트 와인 100ml
올리브오일 적당량
파르미지아노 레지아노 치즈 30g
바질 잎 약간
소금 약간
후추 약간

바질 페스토

바질 잎 100g
이탈리안 파슬리 잎 50g
잣 30g
파르미지아노 레지아노 치즈 70g
페코리노 로마노 치즈 30g
깐 마늘 2톨
소금 약간
후추 약간
엑스트라버진 올리브오일 100ml

Pairing with.

1 사케 하네야 준마이다이긴조 츠바사 50
2 막걸리 택이
3 약주 잣진주

조리 방법

1   바질 잎과 이탈리안 파슬리를 씻어 물기를 제거한다.

2   마른 팬에 잣을 볶는다.

3   블렌더에 바질 페스토 재료를 모두 넣고 엑스트라버진 올리브오일을
    조금씩 추가하며 크리미한 페스토를 만든다.

4   관자와 새우는 소금, 후추로 밑간하고, 모시조개는 해감 후 깨끗이 헹군다.

5   냄비에 물과 천일염을 넣고 끓인다. 물이 끓으면 스파게티를 넣고
    알덴테로 삶는다(적정 시간보다 2분 적게). 면수를 약 200ml 남기고
    스파게티는 건져 둔다.

6   마늘을 얇게 슬라이스한 뒤 예열한 팬에 올리브오일을 두르고 마늘과
    페페론치노를 넣어 볶는다.

7   팬에 관자를 넣고 양면이 노릇하도록 구워 따로 덜어 둔다. 같은 팬에
    모시조개와 새우를 넣고 화이트 와인을 부어 뚜껑을 덮은 뒤 조개가 입을
    벌릴 때까지 익힌다.

8   팬에 스파게티를 넣고 바질 페스토 6T, 간 파르미지아노 레지아노 치즈
    30g을 넣고 섞는다. 농도가 부족하면 남겨 둔 면수를 조금씩 추가하며
    원하는 농도로 맞춘다.

9   접시에 스파게티를 담고 구운 관자를 얹는다. 바질 잎과 치즈를 뿌린 뒤
    갓 간 후추를 살짝 뿌려 완성한다.

해산물 바질 페스토 파스타와 가장 잘 어울리는 술 ①

이름	하네야 준마이다이긴조 츠바사 50	종류	사케	매칭 ● ● ● ○ ○
	羽根屋 純米大吟醸 翼 50			

페어링

파스타의 바질 페스토 소스의 매콤함이 술의 알코올과 잘 어우러져 매운 맛을 중화시키며 바질의 향을 더 잘 느끼게 한다. 바질 페스토의 감칠맛이 술의 감칠맛과 잘 어울리고, 술의 상큼함이 소스의 풍미와 조화를 이룬다.

술 정보

알코올	15%
시각	아주 연한 노란색, 깨끗한 연한 황금색
향	쌀 식혜향, 익기 시작한 홍로 사과향, 약한 단 향, 너트향
단맛	● ● ○ ○ ○ ○
짠맛	● ● ○ ○ ○ ○
신맛	● ● ○ ○ ○
쓴맛	● ● ○ ○ ○
감칠맛	● ● ● ○ ○
목넘김	● ● ● ○ ○
바디감	● ● ● ○ ○

종합적 평가

술에서 나는 사과향이 맛에서도 느껴진다. 약간의 산미가 술의 고소함을 올려 준다. 전체적으로 튀지 않는 부드러움과 전체적인 맛의 균형이 느껴진다. 알코올이 높지만 안주 없이 먹을수 있을 만큼 편안한 술이다. 마무리에서는 약한 알코올감이 남는다.

Made by

- **제조사** 후미기쿠 주조 富美菊酒造
- **생산 지역** 일본 〉 도야마현
- **주요 품종** 고햐쿠만고쿠 五百万石
- **분류** 준마이
- **정미율** 50%
- **음용 온도** 5~10℃

- **특징** 하네야는 1916년 개업한 양조장이며 현재 하네야(羽根屋)와 후미기쿠(富美菊)라는 두 가지 브랜드로 운영 중이다. 하네야는 '날아오르는 날개처럼 마시는 이의 마음을 설레게 만드는 사케로 존재하고 싶다'라는 의미를 담고 있다. 츠바사의 경우 와인 글라스로 마셨을 때 맛있는 사케 어워드 2015년 금상, IWC2016년 금상을 수상하였다.
- **홈페이지** https://fumigiku.co.jp

해산물 바질 페스토 파스타와 두 번째로 잘 어울리는 술 ②

이름 택이	종류 막걸리	원료 쌀, 누룩, 정제수

페어링

바질 페스토 파스타 소스의 매콤함과 막걸리의 곡물 유래 단맛이 잘 어우러진다. 술이 가진 신맛, 쓴맛, 단맛 등 다양한 맛이 바질 페스토의 복합적인 맛과 조화를 이루어 맛을 상승시킨다. 향에서도 술의 향과 바질 페스토의 다양한 향이 어우러져 풍미를 한층 더 향상시킨다.

술 정보

알코올	8%
시각	약간 어두운 아이보리색, 중간 정도 술지게미
향	캐러멜향, 약한 새콤한 향, 곡물향, 누룩향, 바닐라향
단맛	● ○ ○ ○ ○
짠맛	◐ ○ ○ ○ ○
신맛	● ◐ ○ ○ ○
쓴맛	◐ ○ ○ ○ ○
감칠맛	● ● ○ ○ ○
목넘김	● ● ● ○ ○
바디감	● ● ○ ○ ○

종합적 평가

향에서는 새콤한 향이 느껴지지만, 맛에서는 단맛과 새콤한 맛이 잘 어우러져 부드러운 목넘김을 만들어 낸다. 술의 농도가 무겁지 않으며, 신맛과 약간의 당도의 균형이 잘 맞아 편안한 맛을 느낄 수 있다.

해산물 바질 페스토 파스타와 세 번째로 잘 어울리는 술 ③

이름 잣진주	종류 약주	원료 정제수, 찹쌀, 멥쌀, 누룩, 잣

페어링

술에 첨가된 잣의 고소함이 파스타의 감칠맛과 어우러져 맛을 향상시킨다. 술이 가진 기름이 바질 페스토의 부드러움과 잘 어울리면서 부드러운 식감을 더해 준다. 마지막에는 술의 신맛이 입안을 깔끔하게 정리해 다음 음식을 먹기 좋게 만든다.

술 정보

알코올	16%
시각	기름이 보임. 연한 노란색
향	잣기름향, 구수한 향, 곡물향, 누룩향
단맛	● ◐ ○ ○ ○
짠맛	● ○ ○ ○ ○
신맛	● ◐ ○ ○ ○
쓴맛	● ◐ ○ ○ ○
감칠맛	● ◐ ○ ○ ○
목넘김	● ● ◐ ○ ○

종합적 평가

잣을 넣어 고소한 맛이 특징이며, 산미가 느껴진다. 마신 후에는 잣 기름의 풍미가 입안에 남아 있다. 곡물에서 유래된 단맛이 있으며, 신맛이 약하게 느껴지면서 전체적으로 균형감이 좋다.

소고기 라구 토마토 파스타

Beef Ragu Tomato Pasta

주재료(2인분)

리가토니 200g
물 2ℓ
천일염 20g
올리브오일 적당량
딜 약간

라구 소스

다진 소고기 100g
다진 돼지고기 100g
올리브오일 100ml
다진 양파 1/2개
다진 마늘 2톨
레드와인 100ml
토마토 소스 400g
토마토 페이스트 1T
방울토마토 5개
건 오레가노 1t
건 바질 1t
소금 약간
후추 약간
설탕 1t
우유 20ml
버터 3T
파르미지아노 레지아노 치즈 30g

조리 방법

1 다진 소고기와 돼지고기는 키친타월로 핏물을 제거한 뒤 소금과 후추로 밑간한다.

2 예열한 냄비에 올리브오일을 두르고 다진 양파와 마늘을 넣어 볶는다.

3 소고기와 돼지고기를 넣고 익을 때까지 볶다가 레드와인을 붓고 2~3분간 알코올이 날아갈 때까지 끓인다.

4 토마토 소스, 토마토 페이스트, 방울토마토, 오레가노, 바질, 설탕, 우유, 버터, 파르미지아노 레지아노 치즈를 넣고 소금과 후추로 간한 뒤 약한 불에서 졸인다.

5 큰 냄비에 물 2리터와 천일염 20g을 넣고 끓인다.

6 물이 끓으면 리가토니를 넣고 적정 시간보다 2분 적게 알덴테로 삶는다. 면수를 약 200ml 남기고 리가토니는 건져 둔다.

7 팬에 라구 소스를 데운 뒤 삶은 리가토니를 넣고 중불에서 3분간 볶는다. 필요하면 남겨둔 면수를 조금씩 넣어가며 소스가 면에 잘 배도록 섞는다.

8 완성된 파스타를 접시에 담고 딜을 올린 뒤 후추를 뿌려 마무리한다.

Pairing with.

1 **막걸리** 택이
2 **레드와인** 폰토디 끼안티 클라시코 디오씨지 2020
3 **사케** 하네야 준마이다이긴조 츠바사 50

소고기 라구 토마토 파스타와 가장 잘 어울리는 술 ①

이름 **택이**	종류 **막걸리**	매칭 ● ● ● ◐ ○

페어링

파스타의 면 식감과 막걸리의 술지게미 식감이 입안에서 잘 어울린다. 토마토와 라구의 감칠맛이 술의 감칠맛, 단맛과 조화를 이루어 맛의 상승을 이끈다. 술과 고기를 함께 먹는 듯한 느낌을 준다.

술 정보

알코올	8%
시각	약간 어두운 아이보리색, 중간 정도 술지게미
향	캐러멜향, 약간 새콤한 향, 곡물향, 누룩향, 바닐라향
단맛	● ○ ○ ○ ○
짠맛	◐ ○ ○ ○ ○
신맛	● ◐ ○ ○ ○
쓴맛	◐ ○ ○ ○ ○
감칠맛	● ● ○ ○ ○
목넘김	● ● ● ○ ○
바디감	● ● ○ ○ ○

종합적 평가

향에서는 새콤한 향이 느껴지지만, 맛에서는 단맛과 새콤한 맛이 잘 어우러져 부드러운 목넘김을 만들어 낸다. 술의 농도가 무겁지 않으며, 신맛과 단맛의 균형이 잘 맞아 편안한 맛을 느낄 수 있다.

Made by

- **제조사** 좋은술
- **생산 지역** 경기도 〉 평택시
- **원료** 쌀, 누룩, 정제수
- **음용 온도** 8~12℃
- **특징** 택이는 세 번 원료를 넣어 만든 삼양주 무감미료 막걸

리이다. '택이'라는 이름은 양조장의 소재지인 평택에서 따온 이름이며 라벨 디자인 역시 평택 평야를 위에서 내려다본 모습을 나타내고 있다. 양조장은 '찾아가는 양조장'으로 선정되어 있다.
- **홈페이지** http://cheonbihyang.com

소고기 라구 토마토 파스타와 두 번째로 잘 어울리는 술 ②

이름	폰토디 끼안티 클라시코 디오씨지 2020 Fontodi Chianti Classico DOCG 2020	종류	레드와인	품종	산지오베제 Sangiovese

페어링

소고기 라구와 토마토 소스가 레드와인의 부드러운 탄닌과 어우러져 입안에서 풍부한 감칠맛을 만들어 준다. 소스의 고소한 향과 발효된 다양한 향이 풍미를 살려 주며, 라구 소스의 산도와 술의 산도가 조화를 이룬다.

술 정보

알코올	14%
시각	붉은 루비색, 자주색, 검붉은 색
향	흙향, 퇴비향, 체리향, 버섯향, 가죽향, 약한 아니스향
단맛	○○○○○
짠맛	◑○○○○
신맛	●○○○○
쓴맛	●◑○○○
감칠맛	●○○○○
목넘김	●●○○○
탄닌	●●●○○

종합적 평가

향에 비해 맛이 부드럽고 산뜻하다. 시간이 지날수록 탄닌이 부드러워지면서 맛이 더욱 좋아진다. 상쾌한 산미와 탄닌이 입안에서 고루 느껴지며 여운이 길게 남는다.

소고기 라구 토마토 파스타와 세 번째로 잘 어울리는 술 ③

이름	하네야 준마이다이긴조 츠바사 50 羽根屋 純米大吟醸 翼 50	종류	사케	분류	준마이다이긴조	쌀품종	고햐쿠만고쿠 五百万石	정미율	50%

페어링

토마토의 산미와 감칠맛이 사케의 산미와 감칠맛과 잘 어울리며, 술의 단맛이 마지막에 입안에 남아 음식의 맛을 살려 준다. 파스타 면의 곡물 맛에 술에서 느껴지는 발효된 곡물의 단맛이 더해져 탄수화물의 맛을 한층 향상시킨다.

술 정보

알코올	15%
시각	아주 연한 노란색, 깨끗한 연한 황금색
향	쌀 식혜향, 익기 시작한 홍로 사과향, 약한 단 향, 너트향
단맛	●◑○○○
짠맛	●◑○○○
신맛	●●○○○
쓴맛	●●○○○
감칠맛	●●●○○
목넘김	●●●○○
바디감	●●●○○

종합적 평가

술에서 나는 사과향이 맛에서도 느껴진다. 약간의 산미가 술의 고소함을 올려 준다. 전체적으로 튀지 않는 부드러움과 전체적인 맛의 균형이 느껴진다. 알코올이 높지만 안주 없이 먹을수 있을 만큼 편안한 술이다. 마무리에서는 약한 알코올감이 남는다.

치킨 시저 샐러드

Chicken Caesar Salad

주재료(2인분)

로메인 1개
래디치오 1/3개
베이컨 4장
닭가슴살 1개
올리브오일 1T
소금 약간
후추 약간
크루통
간 파르미지아노 레지아노 치즈 50g

크루통

식빵 3조각(1cm 큐브)
우유 2T
설탕 1T
무염버터 1T
간 파르미지아노 레지아노 치즈 20g
파슬리 가루 약간
소금 약간
후추 약간

시저 드레싱

설탕 0.5T
소금 약간
후추 약간
안초비 필렛 2개
(또는 안초비 페이스트 1t)
우스터 소스 1t
다진 마늘 2t
마요네즈 5T
레몬즙 1T
엑스트라버진 올리브오일 2T
간 파르미지아노 레지아노 치즈 30g

조리 방법

1 볼에 설탕, 소금, 후추, 안초비, 우스터 소스, 다진 마늘, 마요네즈, 레몬즙을 넣고 섞는다. 엑스트라버진 올리브오일을 천천히 부어가며 섞은 뒤 간 파르미지아노 레지아노 치즈를 넣어 시저 드레싱을 만든다.

2 로메인과 래디치오는 깨끗이 씻어 물기를 제거한 뒤 먹기 좋은 크기로 뜯어 준비한다.

3 팬에 베이컨을 바삭하게 구운 뒤 키친타월로 기름을 제거해 잘게 자른다.

4 예열한 팬에 올리브오일을 두르고 닭가슴살을 노릇하게 굽는다. 소금과 후추로 간한 다음 식혀 결 방향으로 찢는다.

5 접시에 로메인과 래디치오를 깔고 닭가슴살과 베이컨을 올린다.

6 시저 드레싱을 골고루 뿌린 뒤 재료를 가볍게 섞는다.

7 크루통과 간 파르미지아노 레지아노 치즈를 뿌려 완성한다.

Pairing with.

1 **맥주** 에딩거 둔켈
2 **막걸리** 꽃잠
3 **화이트와인** 안단티노 그레카니코 피노 그리지오 2019

치킨 시저 샐러드와 가장 잘 어울리는 술 ①

이름	**에딩거 둔켈** Erdinger Dunkel	종류	**맥주**	매칭	● ● ● ● ○

페어링

샐러드의 시저 드레싱 소스에서 느껴지는 다양한 오일리함이 묵직한 맥주의 맛을 부드럽게 만들어 준다. 시저 소스의 고소한 맛이 술의 고소함을 더해 주며, 치킨의 맛도 한층 고소하게 만들어 준다. 샐러드에 넣은 치킨의 기름짐을 맥주의 구운 맥아향이 잘 감싸 안아 느끼함을 줄여 주면서 감칠맛을 증가시킨다.

술 정보

알코올	5.3%
시각	브라운, 진한 커피색, 흑당 음료색
향	흑설탕향, 다크 캐러멜, 다크 초콜릿, 단 향, 구운 빵향, 바나나향
단맛	● ○ ○ ○ ○
짠맛	◐ ○ ○ ○ ○
신맛	◐ ○ ○ ○ ○
쓴맛	● ◐ ○ ○ ○
감칠맛	● ◐ ○ ○ ○
목넘김	● ● ● ○ ○
바디감	● ◐ ○ ○ ○
탄산	● ◐ ○ ○ ○

종합적 평가

술이 주는 묵직한 색이 향과 맛을 지배하며, 다양한 초콜릿과 구운 빵의 향이 느껴진다. 마지막에는 캐러멜향과 맛, 그리고 로스팅 커피향이 남는다. 향은 무겁지만 맛은 그에 비해 조금 가벼운 편이라 균형이 좋다.

Made by

- **제조사** 에딩거 바이스브로이 Erdinger Weissbrau
- **생산 지역** 독일 〉 에르딩
- **원료** 정제수, 밀맥아, 보리맥아, 볶은맥아, 홉스, 효모
- **음용 온도** 4~6℃
- **특징** 에딩거 맥주는 1886년부터 생산되었으며 둔켈 스타일

은 1990년 시장에 출시되었다. 탁한 다크 브라운색을 띠며 거품이 부드럽고 풍부하다. 볶은 몰트, 밀, 농익은 바나나, 초콜릿, 감귤, 약간의 이스트향과 맛이 난다. 전체적으로 몰트의 향과 맛이 강하다.
- **홈페이지** https://us.erdinger.de

치킨 시저 샐러드와 두 번째로 잘 어울리는 술 ②

이름 **꽃잠**	종류 **막걸리**	원료 **정제수, 쌀, 누룩**

페어링

치킨 시저 샐러드의 시저 드레싱 소스가 술의 부드러운 맛으로 잘 감싸지는 느낌이다. 전체적으로 소스의 단맛과 신맛이 술의 단맛, 신맛과 잘 어우러진다. 치킨의 기름진 맛이 술의 신맛에 의해 깔끔하게 씻겨지고 샐러드의 신선한 맛이 한층 더 강조된다.

술 정보

알코올	6%
시각	진한 노란빛의 아이보리색, 약간의 회색빛, 진한 무게감
향	레몬향, 사과향, 멜론향, 미네랄, 청포도 껍질, 상큼한 과실향, 피톤치트향, 풋사과향, 새콤한 향, 매실향, 요구르트향, 곡물향, 누룩향, 바닐라향
단맛	● ◐ ○ ○ ○
짠맛	◐ ○ ○ ○ ○
신맛	● ● ○ ○ ○
쓴맛	◐ ○ ○ ○ ○
감칠맛	● ● ○ ○ ○
목넘김	● ● ● ○ ○
바디감	● ● ● ○ ○
탄산	◐ ○ ○ ○ ○

종합적 평가

눈에 보이는 탄산감은 적지만, 약한 단맛과 새콤한 맛이 어우러져 균형감이 있다. 약한 탄산감이 느껴지며, 다양한 향이 풍부하게 느껴져 향을 통해 여러 가지 맛을 기대할 수 있다.

치킨 시저 샐러드와 세 번째로 잘 어울리는 술 ③

이름 **안단티노 그레카니코 피노 그리지오 2019** Andantino Grecanico Pinot Grigio 2019	종류 **화이트와인**	품종 **피노 그리지오** Pinot Grigio

페어링

소스의 오일리함을 와인의 산미가 잘 잡아 준다. 와인의 산미가 소스에 추가되어 새콤함이 강조되며, 소스의 맛이 더욱 풍부해진다. 술의 다양한 향이 샐러드의 신선함을 더욱 돋보이게 하고, 소스의 맛을 더욱 풍부하게 만들어 준다.

술 정보

알코올	12%
시각	연한 황금색, 투명함, 초록색이 있음.
향	레몬향, 사과향, 멜론향, 미네랄, 청포도 껍질, 상큼한 과실향, 피톤치트향
단맛	○ ○ ○ ○ ○
짠맛	◐ ○ ○ ○ ○
신맛	● ● ● ○ ○
쓴맛	◐ ○ ○ ○ ○
감칠맛	◐ ○ ○ ○ ○
목넘김	● ● ◐ ○ ○
바디감	● ○ ○ ○ ○

종합적 평가

술에서 다른 맛보다 산미가 조금 더 두드러지며 신선한 과일맛이 느껴지고 신맛 덕분에 상큼함이 돋보인다. 바디감이 강하지 않아 가벼운 음식들과 잘 어울린다.

홈메이드 페페로니 피자

Homemade Pepperoni Pizza

도(Dough)

강력분 300g
드라이 이스트 5g
설탕 5g
소금 5g
미지근한 물 150ml
올리브오일 2T

토마토 소스

다진 마늘 1T
설탕 1t
소금 0.5t
후추 약간
다진 이탈리안 파슬리 1T
바질 약간
홀토마토(통조림) 200g
올리브오일 1T

토핑

방울토마토 6개
큰 토마토 1개
모짜렐라 치즈 150g
간 파르미지아노 레지아노 치즈 50g
바질 잎 6장
소시지(살라미)

Pairing with.

1 레드와인 톨라이니 키안티
  클라시코 발레누오바 2020
2 맥주 필스너 우르켈
3 막걸리 대대포

조리 방법

1 볼에 강력분, 드라이 이스트, 설탕, 소금을 넣어 섞고 미지근한 물을 조금씩
  부어 가며 반죽한다. 한 덩어리가 되면 올리브오일 2T를 넣고 매끈해질
  때까지 치댄다. 반죽을 둥글게 모아 랩을 씌운 뒤 따뜻한 곳에서 1시간
  발효시켜 2배로 부풀린다.

2 냄비에 올리브오일 1T를 두르고 약불에서 다진 마늘을 볶아 향을 낸다.
  홀토마토를 체에 걸러 넣고 설탕, 소금, 후추, 다진 이탈리안 파슬리,
  바질을 추가해 중불에서 걸쭉하게 졸여 토마토 소스를 만든다.

3 방울토마토와 큰 토마토는 통으로 준비한다. 큰 토마토는 200℃로 예열된
  오븐에서 12~15분간 속이 부드러워질 때까지 익힌다. 방울토마토는 약
  7분간 구워 껍질이 살짝 터지고 단맛이 농축되도록 준비한다.

4 발효된 반죽을 꺼내 밀가루를 뿌린 작업대에서 두 덩이로 나누고, 기포가
  생기지 않도록 손바닥으로 눌러 원형으로 성형한다. 250℃로 예열된
  오븐에서 반죽을 6분간 1차로 굽는다.

5 1차로 구운 도에 토마토 소스를 넉넉히 바르고, 모짜렐라 치즈와 구운
  토마토, 슬라이스한 살라미를 고르게 올린다.

6 토핑을 올린 피자를 250℃로 예열된 오븐에 넣고, 치즈가 녹고 가장자리가
  바삭해질 때까지 약 7분간 굽는다.

7 오븐에서 꺼낸 피자 위에 바질 잎을 얹고 파르미지아노 레지아노를
  그레이터로 갈아 뿌린다. 엑스트라버진 올리브오일을 살짝 둘러 완성한다.

홈메이드 페퍼로니 피자와 가장 잘 어울리는 술 ①

이름 **톨라이니 키안티 클라시코 발레누오바 2020** Tolaini Chianti Classico Vallenuova 2020	종류 **레드와인**	매칭 ● ● ● ◐ ○

페어링

피자의 약간 매운 페퍼로니 양념이 술의 산미를 잘 살려 준다. 술에 있는 약간의 탄닌이 페퍼로니의 짠맛, 훈연향과 잘 어울리며 피자의 토마토 소스, 치즈, 밀가루에서 나오는 감칠맛이 와인의 감칠맛과 더해져 맛이 상승된다. 와인의 다양한 향이 페퍼로니의 양념향과 어울리면서 전체적인 향의 균형을 이룬다.

술 정보

알코올	14%				
시각	투명한 루비색, 약한 보랏빛. 심도가 깊지 않음				
향	빨간 베리류향, 스파이스향, 떫은 향, 덜 익은 자두 및 딸기향				
단맛	○	○	○	○	○
짠맛	◐	○	○	○	○
신맛	●	●	◐	○	○
쓴맛	●	◐	○	○	○
감칠맛	●	○	○	○	○
목넘김	●	●	○	○	○
바디감	●	●	○	○	○
탄닌	●	◐	○	○	○

종합적 평가

술에 약간의 탄닌감이 있으며 단맛은 약하고 흙맛이 있다. 과일의 풍미가 풍부하고 탄닌과 균형을 이룬다. 새콤한 산미와 함께 감칠맛이 마지막 입안에 여운을 준다.

Made by

- **제조사** 톨라이니 Tolaini
- **생산 지역** 이탈리아 〉 토스카나
- **주요 품종** 산지오베제 Sangiovese, 카나이올로 Canaiolo
  - 산지오베제는 이탈리아 레드 품종이다. 산지오베제라는 이름은 라틴어로 '제우스의 피(Sanguis Jovis)'에서 유래했다.

- 카나이올로는 이탈리아의 중부 지역인 토스카나(Tuscany), 사르데냐(Sardinia), 움브리아(Umbria), 라치오(Lazio), 리구리아(Liguria) 등지에서 재배되는 레드 품종이다. 카나이올로 네로(Canaiolo nero)라 부르기도 한다.
- **음용 온도** 16~18℃
- **홈페이지** www.tolaini.it

홈메이드 페퍼로니 피자와 두 번째로 잘 어울리는 술 ②

이름 **필스너 우르켈** Pilsner Urquell	종류 **맥주**	원료 **정제수, 맥아, 호프**

페어링

페퍼로니에 약간의 바베큐 훈제향이 있어 술의 씁쓸함과 잘 어울리며 향의 무게감이 균형적으로 느껴진다. 술의 쓴맛이 느껴지지만 피자의 탄수화물이 입안에서 쓴맛을 감싸 맛을 정리해 주며 피자의 다양한 재료 맛을 잘 느낄 수 있게 해 준다.

술 정보

알코올	4.4%
시각	갈색의 황금색, 구리색
향	홉향, 시트러스향, 연하게 말린 허브향, 고수 씨앗향, 약한 꿀향
단맛	◑ ○ ○ ○ ○
짠맛	● ◑ ○ ○ ○
신맛	● ○ ○ ○ ○
쓴맛	● ● ○ ○ ○
감칠맛	● ◑ ○ ○ ○
목넘김	● ● ◑ ○ ○
탄산	● ● ● ◑ ○

종합적 평가

일반적인 라거보다는 스파이스와 시트러스한 맛이 두드러지며, 약간 강한 맛이 있다. 이런 특징 때문에 음식과의 매칭이 중요하다.

홈메이드 페퍼로니 피자와 세 번째로 잘 어울리는 술 ③

이름 **대대포**	종류 **막걸리**	원료 **정제수, 쌀, 벌꿀, 정제효소, 효모 등**

페어링

막걸리의 곡물에서 나오는 단맛과 꿀의 단맛이 피자의 다양한 재료에서 나오는 짠맛과 잘 어울린다. 피자의 짠맛이 막걸리의 신맛을 더 잘 느끼게 해 주고, 이 신맛이 피자의 느끼함을 잡아 준다. 막걸리의 단맛이 피자의 짠맛과 균형을 이루며 잘 어울린다.

술 정보

알코올	6%
시각	아이보리색, 연한 노란색, 고운 쌀 입자, 술지게미 양은 중간
향	단 향, 구운 향, 바나나향, 뿌리 도라지향, 곡물향, 약한 노란 사과향, 약한 청포도향
단맛	● ● ◑ ○ ○
짠맛	○ ○ ○ ○ ○
신맛	◑ ○ ○ ○ ○
쓴맛	◑ ○ ○ ○ ○
감칠맛	● ● ◑ ○ ○
목넘김	● ● ● ● ○
바디감	● ● ○ ○ ○

종합적 평가

단맛과 쓴맛이 적고 신맛이 약하게 느껴지며 균형미가 좋다. 바나나향 외에도 다양한 향이 있어 향을 느끼기 좋고, 약간의 점성과 경쾌한 바디감으로 좋은 목넘김을 제공한다.

홈메이드 치즈 버거

Homemade Cheeseburger

주재료(2인분)

햄버거 번 2개
체더 치즈 4장
로메인 상추 4장
토마토 1개(슬라이스)
적양파 1개(슬라이스)
베이컨 4줄(바삭하게 구운 것)
오이 피클 약간
감자튀김 약간
핫소스 약간
올리브오일 1T

발사믹 글레이즈드 양파

양파 1개(슬라이스)
올리브오일 1T
발사믹 비네거 50ml
설탕 1.5T
소금 약간
후추 약간

패티

다진 소고기 300g
(지방 함량 20% 이상)
달걀 노른자 1개
소금 1/2t
후추 약간
올리브오일 1T

소스

마요네즈 2T
디종 머스타드 1T
케첩 1T

조리 방법

1 팬에 올리브오일 1T를 두르고 슬라이스한 양파를 중약 불에서 볶는다. 양파가 황금빛으로 변하면 설탕과 발사믹 비네거를 넣고 10분 더 졸여 걸쭉하게 만든다. 소금과 후추로 간을 맞춘다.

2 다진 소고기에 달걀 노른자, 소금, 후추를 넣고 손에 올리브오일을 묻힌 뒤 가볍게 치대어 섞는다. 고기를 2등분해 햄버거 번보다 약간 넓게, 1.5cm 두께로 납작하게 빚어 패티를 만든다.

3 예열한 팬에 올리브오일 1T를 두르고 패티를 앞뒤로 각각 3분씩 굽는다. 패티가 거의 익으면 체더 치즈 두 장씩을 올리고 치즈가 녹을 때까지 더 익힌다.

4 햄버거 번의 위쪽 단면에 버터를 발라 팬에 올려 약 불에서 노릇하게 굽는다.

5 로메인 상추는 깨끗이 씻어 물기를 제거하고, 토마토와 적양파는 번과 비슷한 크기로 둥글게 슬라이스 한다. 오이 피클도 슬라이스한 뒤 물기를 뺀다.

6 베이컨은 팬에 바삭하게 구운 뒤 키친타월 위에 올려 기름기를 제거한다.

7 번의 아래쪽 단면에 마요네즈, 디종 머스터드, 케첩을 순서대로 바른다. 그 위에 로메인 상추, 패티, 체더 치즈, 발사믹 글레이즈드 양파, 토마토, 적양파, 베이컨, 오이 피클을 차례로 올린다.

8 번의 윗부분을 덮고 살짝 눌러 모양을 잡는다. 햄버거를 접시에 담고 감자튀김과 핫소스를 곁들여 완성한다.

Pairing with.

1 **맥주** 코젤 다크
2 **화이트와인** 트라피체 브로켈 샤르도네 2021
3 **과실주(사이다)** 써머스비

홈메이드 치즈 버거와 가장 잘 어울리는 술 ①

이름 **코젤 다크** Kozel Dark	종류 **맥주**	매칭 ● ● ● ◐ ○

페어링

맥주의 탄산감과 다크한 향, 묵직한 맛이 버거의 기름진 맛을 잘 잡아 주고, 고기 패티의 감칠맛을 살려 준다. 버거 빵의 불향과 고기의 스모키한 불향이 술의 볶은 보리나 커피향과 어우러져 마치 하나의 음식을 먹는 듯한 느낌을 준다. 술과 치즈 버거의 무게감이 비슷하여 균형이 잘 맞는다.

술 정보

알코올	3.8%
시각	옅은 검은색, 연한 커피색, 아이스아메리카노 색
향	볶은 보리향, 단 향, 흑설탕향, 약하게 태운 커피향, 초콜릿향
단맛	◐ ○ ○ ○ ○
짠맛	◐ ○ ○ ○ ○
신맛	○ ○ ○ ○ ○
쓴맛	● ○ ○ ○ ○
감칠맛	● ○ ○ ○ ○
목넘김	● ● ● ● ○
바디감	● ◐ ○ ○ ○
탄산	● ○ ○ ○ ○

종합적 평가

다크 맥주치고는 향과 맛이 조금 약해 전체적으로 부담 없이 마실 수 있다. 라거 스타일의 밸런스와 맛을 지니면서 에일의 느낌도 있다. 쓴맛이 있지만 거부감이 없어 마시기 좋다.

Made by

- **제조사** 필젠스키 프레즈드로이 Plzensky Prazdroj
- **생산 지역** 체코 〉 보헤미아
- **원료** 정제수, 맥아, 설탕, 호프
- **음용 온도** 4~6℃
- **특징** 일반 맥주보다는 쓴맛이 강하지만 다른 흑맥주에 비해 서는 그리 강하지 않아 목넘김이 좋다. 달큼한 캐러멜, 스모키한 커피향 같은 맛이 강하게 느껴진다. '코젤'은 체코어로 '숫염소'를 말하며 제품에 숫염소가 그려져 있다. 2017년~현재, 코젤(Kozel)은 일본의 아사히그룹이 소유하고 있다.
- **홈페이지** https://www.kozelbeer.com

홈메이드 치즈 버거와 두 번째로 잘 어울리는 술 ②

이름	**트라피체 브로켈 샤르도네 2021** Trapiche Broquel Chardonnay 2021	종류	**화이트와인**	품종	**사르도네** Chardonnay

페어링

치즈 버거의 소스와 향 덕분에 술의 포도 맛이 처음보다 더 잘 느껴진다. 버거에 부족한 산미를 와인의 산미가 보충하며 균형감을 만들어 주어 더욱 맛있게 느껴진다. 와인의 산미가 치즈 버거의 기름진 느낌을 잡아 주며 맛을 부드럽게 만들고, 마지막에는 입안을 깔끔하게 정리해 준다.

술 정보

알코올	13.5%
시각	밝은 황금색, 연한 레몬색, 볏짚 색깔의 연한 노란색
향	꿀향, 사과향, 연한 레몬향, 지푸라기향, 미네랄향, 부싯돌향, 젖은 풀향, 약한 시나몬향
단맛	○○○○○
짠맛	●○○○○
신맛	●●◐○○
쓴맛	●○○○○
감칠맛	◐○○○○
목넘김	●●●○○
바디감	●◐○○○
탄닌	◐○○○○

종합적 평가

오크통을 통해 만들어진 스파이시함이 있지만 알코올의 강한 타격감은 없고 민트 계열의 상쾌한 맛이 뒤에 느껴진다. 오일리함이 있지만 강하지 않으며 전체적으로 상큼한 느낌이 있다. 레몬과 라임의 맛이 느껴지며 약간의 쓸쓸함도 함께 존재한다.

홈메이드 치즈 버거와 세 번째로 잘 어울리는 술 ③

이름	**써머스비** Somersby	종류	**과실주(사이다)**	원료	**정제수, 사과주, 사과 주스 농축액, 천연향료, 설탕 등**

페어링

술의 단맛과 탄산, 산미가 치즈 버거의 기름진 맛을 줄여 먹기 편하게 해 준다. 술의 당도가 강하지 않으면서 치즈 버거의 소스와 잘 어울리며, 약한 당도로 인해 산미가 더욱 강조된다. 탄산과 감칠맛이 입안을 마지막으로 깔끔하게 정리해 준다.

술 정보

알코올	4.5%
시각	진한 볏짚색, 애플주스색, 골드메달색
향	사과향(부사향), 단 향, 음료향
단맛	●●●◐○
짠맛	◐○○○○
신맛	●●○○○
쓴맛	○○○○○
감칠맛	●○○○○
목넘김	●●●●○
바디감	◐○○○○
탄산	●●●◐○

종합적 평가

이 술은 사과향과 사과맛이 풍부하게 느껴져 마치 사과 음료처럼 상큼하고 균형 잡힌 맛을 제공한다. 스위트 사이더의 특성을 지니고 있어 편안하게 마시기 좋은 술이다.

홈메이드 연어 스테이크

Homemade Salmon Steak

주재료(2인분)

연어 스테이크 2조각
(각 200g 두께 약 2.5~3cm)
소금 약간
후추 약간
화이트 와인 3T
식용유 2T
딜 약간
케이퍼 약간
핑크 페퍼 약간
홀그레인 머스타드 0.5T
레몬 슬라이스 2개

타르타르 소스

마요네즈 100g(1/2컵)
다진 피클 30g(2T)
다진 양파 15g(1T)
꿀 1t
홀그레인 머스타드 0.5T
다진 파슬리 15g(1T)
레몬즙 1T
소금 약간
후추 약간

조리 방법

1. 소금·후추를 제외한 나머지 소스 재료를 볼에 넣고 섞어 타르타르 소스를 만든다. 소금과 후추로 간을 맞춘 뒤 냉장고에 넣어 차갑게 보관한다.

2. 연어는 키친타월로 물기를 닦아낸 뒤 소금과 후추를 뿌려 밑간한다.

3. 예열한 팬에 식용유를 두르고 연어를 올린다. 약 3~4분간 굽다가 연어가 팬에서 쉽게 떨어지고 가장자리가 노릇해지면 뒤집는다.

4. 뒤집어 중불에서 약 2~3분 정도 더 굽다. 연어의 두께에 따라 시간을 조절하며, 겉면은 노릇하고 속은 살짝 분홍색을 띠도록 조리한다.

5. 화이트 와인을 약간 넣고 뚜껑을 덮어 1분간 스팀 처리해 촉촉함과 풍미를 더한다.

6. 익힌 연어를 접시에 담고 딜과 케이퍼를 올린 뒤 핑크 페퍼를 살짝 뿌려 장식한다

7. 타르타르 소스와 홀그레인 머스타드를 곁들이고, 레몬 슬라이스를 함께 낸다.

Pairing with.

1 **레드와인** 뒤플로 페르 피스 뉘 생 조르쥬 2018
2 **약주** 지란지교
3 **증류주** 마한17

홈메이드 연어 스테이크와 가장 잘 어울리는 술 ①

이름 **뒤플뢰 페르 피스 뉘 생 조르쥬 2018** Dufouleur Père & Fils Nuits Saint Georges 2018	종류 **레드와인**	매칭 ● ● ● ● ○

페어링

연어의 기름기가 피노누아의 부족한 부분을 채워 주면서 전체적으로 맛을 풍부하게 한다. 술의 맛이 다소 두드러지지만 술의 산미가 연어와 만나 질감을 부드럽게 하고 술과 음식 모두 맛이 향상된다. 술만 마실 때보다 연어 스테이크와 함께 먹을 때 맛이 더욱 풍부해진다.

술 정보

알코올	13.5%
시각	투과되는 밝고 맑은 선명한 루비색
향	연한 가죽향, 흙향, 약한 후추향,
	달지 않은 검은 체리향, 버섯향
단맛	○ ○ ○ ○ ○
짠맛	◑ ○ ○ ○ ○
신맛	● ○ ○ ○ ○
쓴맛	◑ ○ ○ ○ ○
감칠맛	● ○ ○ ○ ○
목넘김	● ● ● ○ ○
바디감	● ◑ ○ ○ ○
탄닌	● ○ ○ ○ ○

종합적 평가

연한 붉은색으로, 약간의 산도와 함께 부드럽고 가벼운 탄닌의 터치가 느껴지며 자연스러운 목넘김이 있다. 바디감도 강하지 않다. 한 시간 전에 오픈해서 마시는 것이 좋으며, 시간을 두고 천천히 변화하는 향을 즐기는 것이 바람직하다.

Made by

- **제조사** 뒤작 피스 에 페르 Dufouleur Père & Fils
- **생산 지역** 프랑스 〉 부르고뉴
- **주요 품종** 피노누아 Pinot Noir
  프랑스 부르고뉴의 대표적인 레드 품종이다. 피노누아는 소나무(Pine tree)와 검정(Noir)을 의미하는 프랑스어에서 유래했다. 이는 피노누아의 포도 송이 모양이 솔방울과 닮았기 때문이다. 피노누아 송이는 포도알이 매우 작고 껍질이 얇으며 빽빽하게 자리잡는다.
- **음용 온도** 15~17℃
- **홈페이지** http://www.dufouleur.com

홈메이드 연어 스테이크와 두 번째로 잘 어울리는 술 ②

이름 **지란지교**	종류 **약주**	원료 **찹쌀, 멥쌀, 전통누룩, 정제수**

페어링

연어 스테이크의 부드러운 텍스처에 쌀에서 오는 부드러운 단맛과 감칠맛이 더해져 맛이 상승된다. 술의 신맛이 타르타르 소스와 어우러지면서 연어의 기름진 맛을 감싸 주고 부족한 맛을 채워 준다.

술 정보

알코올	15%
시각	약한 탁도, 진한 노란색, 약한 갈색빛
향	배향, 생강향, 꿀향, 단 향, 연한 계피향, 무화과향
단맛	●●●◐○
짠맛	●○○○○
신맛	●●◐○○
쓴맛	◐○○○○
감칠맛	●●●○○
목넘김	●●●○○
바디감	●●○○○

종합적 평가

술에 다양한 향미가 있다. 곡물에서 나오는 단맛이 두드러지며 산미가 있지만 전체적으로 균형이 잘 잡혀 있다. 마지막에는 새콤한 맛이 입안을 정리해 준다. 단맛이 있어 짠맛이 있는 음식과 함께 먹으면 좋을 듯하다.

홈메이드 연어 스테이크와 세 번째로 잘 어울리는 술 ③

이름 **마한17**	종류 **증류주**	원료 **쌀, 입국, 정제수, 진원액**

페어링

소주에서 느껴지는 약한 주니퍼베리(노간주열매)의 허브 풍미가 연어 스테이크에 허브를 추가한 것처럼 잘 어울린다. 연어 스테이크의 기름기를 알코올이 씻어 주어 맛이 깔끔하게 느껴지고, 낮은 알코올 도수로 부담 없이 마실 수 있어 연어 스테이크의 강하지 않은 맛과 조화를 이룬다.

술 정보

알코올	17%
시각	맑고 투명함
향	약한 허브향, 진(GIN)과 비슷한 향, 주니퍼베리, 바닐라향, 쌀향
단맛	○○○○○
짠맛	○○○○○
신맛	○○○○○
쓴맛	●○○○○
감칠맛	◐○○○○
목넘김	●●●○○
바디감	●○○○○

종합적 평가

알코올 느낌이 거의 없으며 낮은 도수로, 약한 주니퍼베리(노간주 열매) 향과 맛이 술의 부족한 맛을 보완해 준다. 마지막에 약간의 바닐라향이 느껴지며 부담 없는 목넘김과 도수 대비 깔끔한 맛이 좋다.

홈메이드 폭찹 스테이크

Homemade Pork Chop Steak

주재료(2인분)

돼지고기 폭찹 4장(각 250g)
소금 약간
후추 약간
올리브오일 2T
다진 마늘 2T
타임 6줄기
버터 2T
미니 파프리카 2개
그린 빈스 3줄기
크러쉬드 레드페퍼 약간
홀그레인 머스타드 약간

Pairing with.

1 레드와인 뒤플뢰 페르 피스
  뉘 생 조르쥬 2018
2 사케 타카치요 준마이슈 히이레 퍼플
3 막걸리 복순도가 손 막걸리

조리 방법

1 돼지고기 폭찹의 표면을 키친타월로 눌러 핏물을 제거한 뒤 양면에 소금과 후추를 뿌려 밑간한다. 약 30분간 실온에 둔다.

2 그린 빈스는 씻어 끝부분을 정리하고 물기를 제거한다. 미니 파프리카는 반으로 자르거나 통째로 준비한다.

3 예열한 팬에 올리브오일을 약간 두르고 폭찹을 올린 뒤 겉면이 노릇해지도록 시어링(Searing)한다. 이때 한 번만 뒤집어 고기 표면이 균일하게 익도록 한다.

4 폭찹을 팬 한쪽으로 밀어 두고, 남은 공간에 다진 마늘과 타임을 넣고 볶아 향을 낸다. 마늘 향이 올라오면 버터를 넣고 녹인다. 녹은 버터와 육즙을 스푼으로 떠서 폭찹 위에 반복적으로 뿌려 풍미를 더한다.

5 팬에 그린 빈스와 파프리카를 넣고 녹은 버터와 함께 굽는다. 그린 빈스가 부드러워질 때까지 익히고 소금과 후추로 간을 맞춘다.

6 폭찹이 적당히 익으면 팬에서 꺼내 포일로 덮어 약 5분간 레스팅해 육즙이 고기 전체에 고르게 퍼지도록 한다.

7 접시에 폭찹을 올리고 크러쉬드 레드페퍼와 후추를 뿌려 마무리한다.

8 그린 빈스와 파프리카를 곁들인 뒤 홀그레인 머스타드를 함께 낸다.

홈메이드 폭찹 스테이크와 가장 잘 어울리는 술 ⓘ

이름 **뒤플뢰 페르 피스 뉘 생 조르쥬 2018** Dufouleur Père & Fils Nuits Saint Georges 2018	종류 **레드와인**	매칭 ●●●●○

페어링

술의 가벼운 탄닌이 폭찹 스테이크에서 나온 오일리함을 깔끔하게 정리하고, 알코올이 마지막 기름기를 씻어 내어 다음 음식을 잘 느끼게 해 준다. 폭찹 스테이크와 함께 나오는 치폴레 소스의 무게감이 술의 무게감과 비슷해 소스와 술, 폭찹 스테이크 모두 균형 있는 무게감으로 각자의 맛을 잘 살린다.

술 정보

알코올	13.5%
시각	투과되는 밝고 맑은 선명한 루비색
향	연한 가죽향, 흙향, 약한 후추향,
	달지 않은 검은 체리향, 버섯향
단맛	○○○○○
짠맛	◐○○○○
신맛	●○○○○
쓴맛	◐○○○○
감칠맛	●○○○○
목넘김	●●●○○
바디감	●◐○○○
탄닌	●○○○○

종합적 평가

깊이감 없는 붉은색으로, 약간의 산도와 함께 부드럽고 가벼운 탄닌의 터치가 느껴지며 자연스러운 목넘김이 있다. 바디감도 강하지 않다. 한 시간 전에 오픈해 마시는 것이 좋으며, 시간을 두고 천천히 변화하는 향을 즐기는 것이 바람직하다.

Made by

- **제조사** 뒤작 피스 에 페르 Dufouleur Père & Fils
- **생산 지역** 프랑스〉 부르고뉴
- **주요 품종** 피노누아 Pinot Noir
  프랑스 부르고뉴의 대표 레드 품종이다. 피노누아는 소나무 (Pine tree)와 검정(Noir)을 의미하는 프랑스어에서 유래

했다. 이는 피노누아의 포도 송이 모양이 솔방울과 닮았기 때문이다. 피노누아 송이는 포도알이 매우 작고 껍질이 얇으며 빽빽하게 자리잡는다.

- **음용 온도** 15~17℃
- **홈페이지** http://www.dufouleur.com

홈메이드 폭찹 스테이크와 두 번째로 잘 어울리는 술 ②

이름 **타카치요 준마이슈 히이레 퍼플** 高千代 純米酒 火入れ 紫	종류 **사케**	분류 **준마이슈**	쌀품종 **미야마니시키** 美山錦	정미율 **65%**

페어링

술의 알코올이 폭찹 스테이크의 기름기를 깔끔하게 정리해 주며 치폴레 소스와 만나 기름을 가볍고 부드럽게 만들어 준다. 술의 단맛과 약간의 감칠맛이 고기의 감칠맛과 어우러져 전체적인 맛을 향상시킨다.

술 정보

알코올	15%
시각	연한 미색, 투명
향	쌀향, 참외향, 멜론향, 바나나향, 바닐라향, 단 향,
단맛	● ◑ ○ ○ ○ ○
짠맛	◑ ○ ○ ○ ○
신맛	● ○ ○ ○ ○
쓴맛	◑ ○ ○ ○ ○
감칠맛	● ● ○ ○ ○
목넘김	● ● ● ○ ○
바디감	● ○ ○ ○ ○

종합적 평가

향에 비해 달지 않고 감칠맛과 산도가 적절히 섞여 있어 맛의 밸런스가 좋다. 마지막에 약간의 쓴맛이 있어 입안을 정리해 주며, 부담 없이 먹기 좋다.

홈메이드 폭찹 스테이크와 세 번째로 잘 어울리는 술 ③

이름 **복순도가 손 막걸리**	종류 **막걸리**	원료 **정제수, 쌀, 곡자, 물엿, 설탕 등**

페어링

술이 가진 탄수화물이 폭찹 스테이크의 단백질과 어울려 밥과 고기를 먹는 느낌을 준다. 치폴레 소스와 술의 탄수화물이 만나 알싸한 개운함과 고소함이 살아난다. 술의 달콤하고 새콤한 맛, 그리고 탄산이 소스의 기름기를 정리하며 고기의 맛을 잘 살려 준다.

술 정보

알코올	6.5%
시각	진한 아이보리, 진한 노란색, 탄산이 많음
향	단 향, 요구르트향, 새콤한 향, 식초향, 사과향
단맛	● ● ○ ○ ○
짠맛	○ ○ ○ ○ ○
신맛	● ● ● ◑ ○
쓴맛	◑ ○ ○ ○ ○
감칠맛	● ● ● ○ ○
목넘김	● ● ● ○ ○
바디감	● ◑ ○ ○ ○
탄산	◑ ○ ○ ○ ○

종합적 평가

향보다는 맛에서 단맛이 조금 더 두드러지며 새콤한 맛이 강하게 느껴진다. 쌀의 풍미에서 유산균 음료 같은 느낌이 있으며, 잔에 따르고 나면 탄산이 빨리 빠져 맛을 보기 편하다. 전체적으로 술이 가벼워서 부담 없이 편하게 마실 수 있다.

홈메이드 한우 스테이크

Homemade Hanwoo Steak

주재료(2인분)
한우 티본 스테이크 600g
소금 적당량
굵은 후추 적당량
올리브오일 적당량
타임 2줄기
버터 3T

곁들임 재료
프리세(Frisée) 샐러드 약간
아스파라거스 8줄기
홀그레인 머스터드 1T
레몬즙 약간
소금 약간
후추 약간

Pairing with.

1 **레드와인** 뒤플뢰 페르 피스 뉘 생
조르쥬 2018
2 **사케** 타카치요 준마이슈 히이레 퍼플
3 **증류주** 마한 오크 46

조리 방법

1 티본 스테이크 고기는 조리 30분 전에 냉장고에서 꺼내 둔다.

2 고기에 소금과 굵은 후추를 뿌려 간을 한다.

3 아스파라거스는 끝부분의 질긴 부분을 잘라 내고 깨끗이 씻는다. 프리세는
찬물에 헹궈 물기를 제거하고 적당한 크기로 뜯는다.

4 예열한 팬에 올리브오일을 두르고 스테이크용 고기를 올린다. 각 면을
약 3~4분씩 시어링(Searing)하며 갈색이 나도록 굽고, 뼈 주변과 옆면도
세워 가며 골고루 익힌다.

5 스테이크를 팬의 한쪽으로 옮기고, 남은 공간에 타임을 넣어 볶는다.

6 팬에 버터를 넣고 녹이면서 나오는 소스를 스푼으로 떠서 스테이크 위에
반복적으로 뿌린다.

7 불을 줄이고 뚜껑을 덮은 상태로 약 7~9분 동안 익힌다. 중간에 한
번 뒤집어 원하는 굽기 정도로 조리한다. 스테이크의 내부 온도가
50~55°C이면 미디엄 레어, 60°C이면 미디엄으로 완성된다.

8 스테이크를 팬에서 꺼내 포일로 덮고 약 5분 동안 레스팅 하여 육즙이
고르게 퍼지도록 한다.

9 같은 팬에 아스파라거스를 넣고 소금과 후추로 간한 뒤 약 3~4분 동안
굽는다.

10 프리세에 약간의 레몬즙, 소금, 후추를 뿌려 가볍게 버무린다.

11 큰 접시에 레스팅한 티본 스테이크를 올리고 구운 아스파라거스를 놓는다.

12 프리세 샐러드를 스테이크 한쪽에 담고, 스테이크 위에 팬에서 나온
육즙을 뿌린다.

13 스테이크 위에 버터와 홀그레인 머스터드를 얹어 완성한다.

홈메이드 한우 스테이크와 가장 잘 어울리는 술 ①

이름 **뒤플뢰 페르 피스 뉘 생 조르쥬 2018** Dufouleur Père & Fils Nuits Saint Georges 2018	종류 **레드와인**	매칭 ● ● ● ● ○

페어링

한우 스테이크의 고소한 육즙이 와인의 탄닌을 부드럽게 감싸 주어 목넘김이 부드럽다. 스테이크를 구울 때 사용한 허브의 풍미가 와인의 다양한 향과 어우러져 기분 좋은 허브향과 꽃향을 느낄 수 있다. 스테이크의 느끼함이 술의 알코올, 신맛, 감칠맛과 잘 어우러져 자연스럽고 편안하게 맛을 즐길 수 있다.

술 정보

알코올	13.5%
시각	투과되는 밝고 맑은 선명한 루비색
향	연한 가죽향, 흙향, 약한 후추향,
	달지 않은 검은 체리향, 버섯향
단맛	○ ○ ○ ○ ○
짠맛	◐ ○ ○ ○ ○
신맛	● ○ ○ ○ ○
쓴맛	◐ ○ ○ ○ ○
감칠맛	● ○ ○ ○ ○
목넘김	● ● ● ○ ○
바디감	● ◐ ○ ○ ○
탄닌	● ○ ○ ○ ○

종합적 평가

연한 붉은색으로, 약간의 산도와 함께 부드럽고 가벼운 탄닌의 터치가 느껴지며 자연스러운 목넘김이 있다. 바디감도 강하지 않다. 한 시간 전에 오픈해서 마시는 것이 좋으며, 시간을 두고 천천히 변화하는 향을 즐기는 것이 바람직하다.

Made by

- **제조사** 뒤작 피스 에 페르 Dufouleur Père & Fils
- **생산 지역** 프랑스 〉 부르고뉴
- **주요 품종** 피노누아 Pinot Noir
  프랑스 부르고뉴 대표 레드 품종이다. 피노누아는 소나무(Pine tree)와 검정(Noir)을 의미하는 프랑스어에서 유래

했다. 이는 피노누아의 포도 송이 모양이 솔방울과 닮았기 때문이다. 피노누아 송이는 포도알이 매우 작고 껍질이 얇으며 빽빽하게 자리잡는다.
- **음용 온도** 15~17℃
- **홈페이지** http://www.dufouleur.com

홈메이드 한우 스테이크와 두 번째로 잘 어울리는 술 ②

| 이름 **타카치요 준마이슈 히이레 퍼플**
高千代 純米酒 火入れ 紫 | 종류 **사케** | 분류 **준마이슈** | 쌀품종 **미야마니시키**
美山錦 | 정미율 **65%** |

페어링

술이 가진 감칠맛이 스테이크의 육즙과 만나 감칠맛을 더욱 향상시킨다. 술의 알코올과 신맛은 스테이크의 기름기를 제거하며 고소한 맛을 더한다. 술의 과실향이 스테이크에 사용된 허브와 잘 어울리며, 강하지 않은 곡물의 단맛을 가진 술이 한우 스테이크와 잘 어우러져 한 상 차림 밥상을 받은 것처럼 느껴진다.

술 정보

알코올	15%
시각	연한 미색, 투명
향	쌀향, 참외향, 멜론향, 바나나향, 바닐라향, 단 향,
단맛	●●○○○○
짠맛	◐○○○○○
신맛	●○○○○○
쓴맛	◐○○○○○
감칠맛	●●○○○○
목넘김	●●●○○○
바디감	●○○○○○

종합적 평가

향에 비해 단맛이 적고, 감칠맛과 산도가 적절히 섞여 있어 맛의 밸런스가 좋다. 마지막에 약간의 쓴맛이 있어 입안을 깔끔하게 정리해 주며 부담 없이 마시기 좋다.

홈메이드 한우 스테이크와 세 번째로 잘 어울리는 술 ③

| 이름 **마한 오크 46** | 종류 **증류주** |

페어링

한우 스테이크의 캐러멜화가 술의 오크향과 캐러멜, 초콜릿향과 어우러져 향이 더욱 풍부해진다. 고기와 잘 어울려 씹을수록 단맛과 고소함이 부각되며 마지막에 알코올로 정리된다. 강한 알코올이 한우 스테이크의 훈연향과 결합되어 술과 스테이크의 맛을 더욱 잘 느낄 수 있게 해 준다.

술 정보

알코올	46%
시각	연하면서 맑은 갈색, 연한 붉은 위스키색
향	오크향, 캐러멜향, 조린 설탕향, 초콜릿향, 바닐라향, 알코올향
단맛	◐○○○○○
짠맛	◐○○○○○
신맛	○○○○○○
쓴맛	●◐○○○○
감칠맛	●◐○○○○
목넘김	●●●○○○
바디감	●●◐○○○

종합적 평가

부드러운 단맛으로 시작해 마지막에는 오크의 진한 초콜릿, 혹은 캐러멜맛이 알코올과 함께 어우러져 마무리된다. 쌀 소주(마한)를 부드럽게 증류하여 목넘김이 부드럽고 알코올감이 적다. 올리브오일이나 버터가 들어간 요리와 잘 어울린다.

홈메이드 양고기 스테이크

Homemade Lamb Steak

주재료(2인분)

프렌치렉 양고기 5대 600g
소금 적당량
굵은 후추 적당량
타임 7줄기
올리브오일 적당량
버터 3T

곁들임 채소

로메인 1/2통
마늘 8톨
베트남 고추 2개
파르미지아노 레지아노 치즈 적당량
레몬즙 약간

Pairing with.

1 레드와인 샤또 에르베 라로크 2016
2 증류주 마한17
3 사케 타카치요 준마이슈 히이레 퍼플

조리 방법

1 프렌치렉 양고기는 조리 30분 전에 냉장고에서 꺼내 둔다.

2 고기의 표면을 키친타월로 닦아 핏물을 제거한 뒤, 소금과 굵은 후추로 간한다.

3 로메인은 물에 헹궈 물기를 제거한다.

4 예열한 팬에 올리브오일을 두르고 양고기를 올려 각 면을 2~3분씩 시어링(Searing)하여 겉면이 고르게 갈색이 나도록 굽는다.

5 같은 팬에 마늘을 넣어 노릇해질 때까지 굽고, 로메인은 불향이 나도록 약 2~3분간 구운 뒤 꺼내 둔다.

6 양고기를 팬의 한쪽으로 옮기고 타임을 넣어 볶아 향을 입힌다.

7 팬에 버터를 넣고 녹이며 스푼으로 녹은 버터를 양고기 위에 반복적으로 끼얹는다.

8 불을 줄이고 뚜껑을 덮은 상태에서 약 7~9분간 원하는 굽기 정도가 될 때까지 익힌다. 스테이크의 내부 온도가 55~58℃이면 미디엄 레어, 60℃이면 미디엄으로 완성된다.

9 조리된 양고기를 팬에서 꺼내 포일로 덮고 약 5분간 레스팅하여 육즙이 고르게 퍼지도록 한다.

10 큰 접시에 레스팅한 양고기를 올리고 마늘, 로메인 그릴드를 곁들인다.

11 레몬즙을 살짝 뿌린 뒤 파르미지아노 레지아노 치즈를 갈아 음식 위에 골고루 뿌린다.

12 팬에서 나온 육즙을 양고기 위에 뿌리고 허브를 올려 마무리한다.

홈메이드 양고기 스테이크와 가장 잘 어울리는 술 ①

이름	샤또 에르베 라로크 2016	종류	레드와인	매칭	● ● ● ○ ○
	Chateau Herve – Laroque 2016				

페어링

양고기의 강한 육향이 와인 특유의 강한 향과 어우러져 절묘한 페어링을 이룬다. 술의 탄닌이 양고기 스테이크의 기름을 감싸 주어 고소함을 더한다. 알코올 외에도 무거운 바디감이 양고기의 강한 무게감과 비슷하게 느껴지며 양고기와 함께 먹으면 목넘김이 좋다.

술 정보

알코올	14.5%
시각	진한 루비색, 맑게 투과된 검붉은색
향	상큼한 크랜베리향, 버터향, 체리향,
	약한 오랜 가죽향, 약한 새콤한 향, 약한 멜론향,
	버섯향
단맛	○ ○ ○ ○ ○
짠맛	◐ ○ ○ ○ ○
신맛	● ○ ○ ○ ○
쓴맛	◐ ○ ○ ○ ○
감칠맛	● ○ ○ ○ ○
목넘김	● ● ◐ ○ ○
바디감	● ● ◐ ○ ○
탄닌	● ● ● ○ ○

종합적 평가

단맛이 없어 점성이 적고 마지막에는 초콜릿 느낌이 남는다. 다양한 향에 비해 맛은 다소 단순하며, 와인에 채워지지 않는 구조감이 있다. 이 때문에 음식의 다양한 맛과 페어링하기 좋다.

Made by

- **제조사** 샤또 물랭 오 라 로크 Château Moulin Haut–Laroque
- **생산 지역** 프랑스 〉 보르도
- **주요 품종** 메를로 Merlot, 카베르네프랑 Cabernet Franc, 카베르네쇼비뇽 Cabernet Sauvignon
  - 메를로 : 프랑스 레드 품종으로 상당히 광범위한 향과 맛을 낸다. 실키한 탄닌과 딸기, 라즈베리, 검은 체리, 블랙커런트, 자두, 무화과와 말린 자두 같은 풍미를 낸다.
  - 카베르네 프랑 : 카베르네 소비뇽과 메를로의 교배 품종이다. 라스베리, 블랙커런트, 제비꽃, 흑연, 그리고 녹색 계열과 야채 계열의 아로마를 지니며, 입안에서 부드러운 감촉을 지닌다.
  - 카베르네 소비뇽 : 거의 모든 와인 생산국에서 재배되는 레드 품종이다. 블랙커런트, 블랙체리, 자두향이 특징적이며, 숙성되면 삼나무와 담배 상자 풍미를 낸다.
- **음용 온도** 16~18℃
- **홈페이지** https://www.moulinhautlaroque.com

홈메이드 양고기 스테이크와 두 번째로 잘 어울리는 술 ②

이름 **마한17**	종류 **증류주**	원료 **쌀, 입국, 정제수, 진원액**

페어링

증류주의 주니퍼베리(노간주 열매) 풍미가 양고기 스테이크의 향과 어우러져 풍미가 더욱 좋아진다. 알코올 맛이 강하지 않지만, 양고기 스테이크의 기름을 깔끔하게 씻어 내면서 고소한 맛과 감칠맛을 살려 준다. 차지키 소스를 찍으면 허브와 레몬의 청량함이 더해져 술의 허브와 잘 어울린다.

술 정보

알코올	17%
시각	맑고 투명함
향	약한 허브향, 진(GIN)과 비슷한 향, 주니퍼베리, 바닐라향, 쌀향
단맛	○○○○○
짠맛	○○○○○
신맛	○○○○○
쓴맛	●○○○○
감칠맛	◑○○○○
목넘김	●●●○○
바디감	●○○○○

종합적 평가

알코올 느낌이 거의 없으며 도수가 낮고, 약한 주니퍼베리(노간주열매) 향과 맛이 술의 부족한 맛을 보완해 준다. 마지막에 약간의 바닐라향이 느껴지며, 부담 없는 목넘김과 도수 대비 깔끔한 맛이 좋다.

홈메이드 양고기 스테이크와 세 번째로 잘 어울리는 술 ③

이름 **타카치요 준마이슈 히이레 퍼플** 高千代 純米酒 火入れ 紫	종류 **사케**	분류 **준마이슈**	쌀품종 **미야마니시키** 美山錦	정미율 **65%**

페어링

술의 알코올이 양고기 스테이크의 기름기를 깔끔하게 정리해 고소한 맛을 살려 준다. 술의 단맛이 양고기 스테이크의 시즈닝 풍미를 중화시켜 주고 신맛과 감칠맛이 고기의 맛을 살려 준다. 무거운 차지키 소스를 술의 알코올과 단맛이 가볍게 만들어 양고기 스테이크와 잘 어울린다.

술 정보

알코올	15%
시각	연한 미색, 투명
향	쌀향, 참외향, 멜론향, 바나나향, 바닐라향, 단 향,
단맛	●◑○○○
짠맛	◑○○○○
신맛	●○○○○
쓴맛	◑○○○○
감칠맛	●●○○○
목넘김	●●●○○
바디감	●○○○○

종합적 평가

향에 비해 단맛이 적고, 감칠맛과 산도가 적절히 섞여 있어 맛의 밸런스가 좋다. 마지막에 약간의 쓴맛이 있어 입안을 깔끔하게 정리해 주며 부담 없이 마시기 좋다.

술과 음식의 더 맛있는 만남

The Pairing
더 페어링

저자 강지영 · 김혜원 · 백수진 · 안동균 · 이대형
발행인 장상원
편집인 이명원
초판 1쇄 2025년 4월 25일
발행처 (주)비앤씨월드 출판등록 1994.1.21 제 16-818호
주소 서울특별시 강남구 선릉로 132길 3-6 서원빌딩 3층
전화 (02)547-5233 **팩스** (02)549-5235 **홈페이지** http://bncworld.co.kr
블로그 http://blog.naver.com/bncbookcafe **인스타그램** @bncworld_books
사진 이재희 **디자인** 박갑경
ISBN 979-11-86519-96-7 13590